Lambacher Schweizer 10

Mathematik für Gymnasien – G9

Niedersachsen

herausgegeben von
Matthias Janssen und Klaus-Peter Jungmann

erarbeitet von
Ilona Bernhard
Wiebke Bucholzki
Karen Kaps
Joachim Krick
Michaela Ruckh

Ernst Klett Verlag
Stuttgart · Leipzig

Inhalt

Kapitel I ist in kürzerer Form (beschränkt auf rechtwinklige Dreiecke) auch im Arbeitsheft für die 9. Klasse vorhanden.

* Dieser Inhalt geht über das Kerncurriculum hinaus.

Reelle Zahlen

1 Ordne die Zahlen auf den Kärtchen in das abgebildete Mengendiagramm ein.

$\frac{1}{2}$ $\sqrt{2}$ $-0{,}6$ $-1{,}414$ -2 2

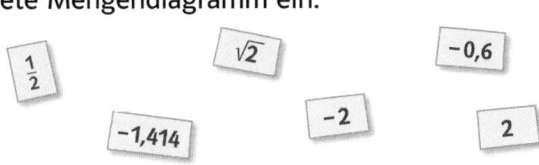

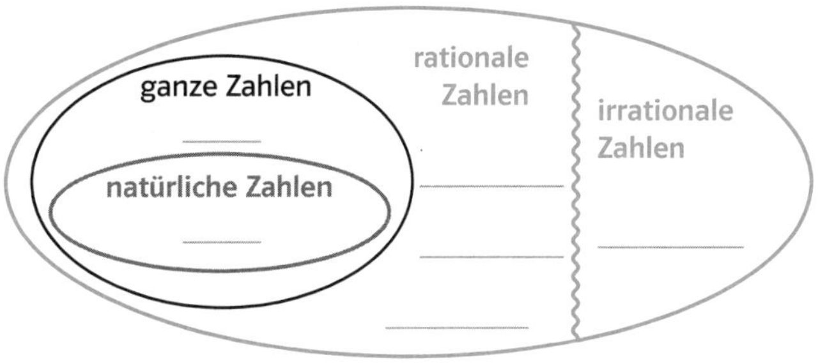

2 Bestimme die Wurzeln, wenn möglich im Kopf. Schreibe in das Feld ein n, falls die Wurzel eine natürliche Zahl ist, ein r für eine rationale Zahl und ein i für eine irrationale Zahl. Gib die irrationalen Wurzeln mit einer Nachkommastelle an.

Regeln:
$\sqrt{a \cdot b} = \sqrt{a} \cdot \sqrt{b}$
$\sqrt{\frac{a}{b}} = \frac{\sqrt{a}}{\sqrt{b}}$

a) $\sqrt{121}$ = ______ n
b) $\sqrt{0{,}25}$ ______
c) $\sqrt{10}$ ______
d) $\sqrt{0{,}64}$ ______
e) $\sqrt{\frac{32}{72}}$ ______
f) $\sqrt{4900}$ ______
g) $\sqrt{\frac{144}{36}}$ ______
h) $\sqrt{2{,}56}$ ______
i) $\sqrt{0{,}0625}$ ______
j) $\sqrt{1{,}96}$ ______
k) $\sqrt{7^2}$ ______
l) $\sqrt{36 \cdot 49}$ ______

3 Ziehe teilweise die Wurzel.

a) $\sqrt{27} = \sqrt{9 \cdot 3} = 3 \cdot \sqrt{3}$
b) $\sqrt{32} =$ ______
c) $\sqrt{52} =$ ______
d) $\sqrt{360} =$ ______
e) $\sqrt{\frac{50}{12}} =$ ______
f) $\sqrt{\frac{24}{98}} =$ ______

4 Vereinfache durch Ausmultiplizieren bzw. durch Ausklammern.

a) $\sqrt{8} \cdot (\sqrt{8} + \sqrt{32}) =$ ______
b) $5 \cdot \sqrt{5} - 3 \cdot \sqrt{5} =$ ______
c) $\sqrt{11} \cdot 4 + 2 \cdot \sqrt{11} =$ ______
d) $3 \cdot \sqrt{7} - \sqrt{7} \cdot 7 =$ ______
e) $\sqrt{5} \cdot (\sqrt{125} - \sqrt{45}) =$ ______
f) $(\sqrt{54} + \sqrt{96}) \cdot \sqrt{6} =$ ______

5 Finde die Fehler und korrigiere in der Zeile darunter. Welcher Fehler wurde gemacht?

a) $\frac{1}{\sqrt{5}} + \frac{4}{\sqrt{5}} = \frac{5}{\sqrt{5}} = \frac{5 \cdot \sqrt{5}}{\sqrt{5} \cdot \sqrt{5}} = \frac{5 \cdot \sqrt{5}}{25} = 5 \cdot \sqrt{5}$

______

b) $\sqrt{\frac{9}{8}} + \sqrt{\frac{25}{8}} = \frac{3}{\sqrt{8}} + \frac{5}{\sqrt{8}} = \frac{8}{\sqrt{64}} = \frac{8}{8} = 1$

______

c) $3 \cdot \sqrt{27} + 9 \cdot \sqrt{3} = 3 \cdot \sqrt{3 \cdot 9} + 9 \cdot \sqrt{3} = 3 \cdot \sqrt{3} \cdot 3 + 9 \cdot \sqrt{3} = \sqrt{3} \cdot 9 + 9 \cdot \sqrt{3} = \sqrt{3} \cdot 18 \cdot \sqrt{3} = 3 \cdot 18 = 54$

______

d) $\frac{1}{\sqrt{2} + \sqrt{3}} = \frac{1}{(\sqrt{2} + \sqrt{3})} \cdot \frac{(\sqrt{2} - \sqrt{3})}{(\sqrt{2} - \sqrt{3})} = \frac{\sqrt{2} - \sqrt{3}}{3 - 2} = \frac{\sqrt{2} - \sqrt{3}}{1} = \sqrt{2} - \sqrt{3}$

______

1 Gib die Koordinaten des Scheitelpunktes bzw. den Funktionsterm der verschobenen Normalparabel an. Skizziere dann den Graphen in das Koordinatensystem.

a) $f(x) = x^2 + 2$ S(____ | ____)

b) $g(x) =$ ____________ S(−2 | 1)

c) $h(x) = (x - 1)^2 - 1$ S(____ | ____)

d) $k(x) =$ ____________ S(3 | 0)

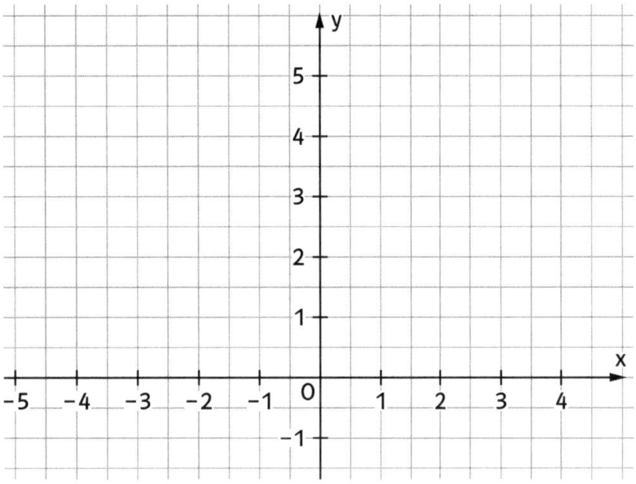

2 Lies die Koordinaten des Scheitelpunktes ab und gib den Funktionsterm zum Graphen an. [T1]

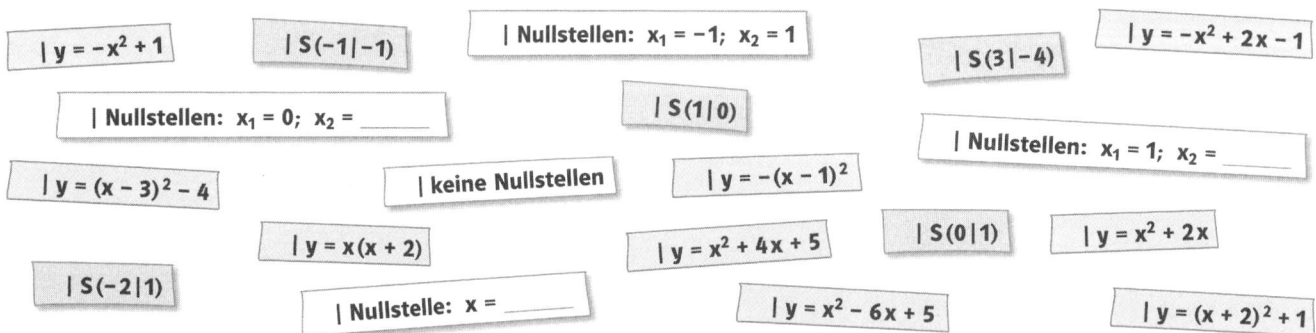

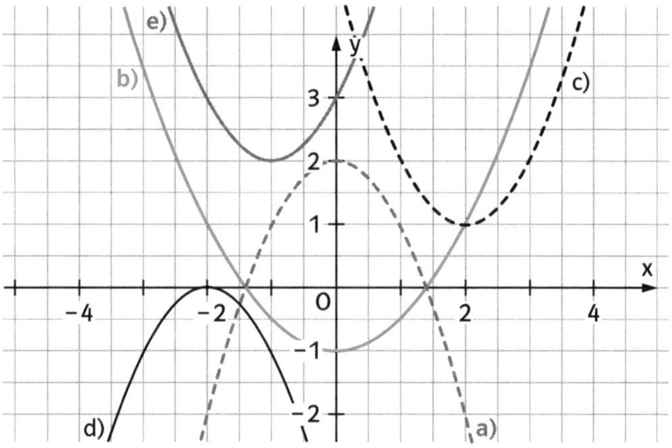

a) S(____ | ____) f(x) = ____________

b) S(____ | ____) f(x) = ____________

c) S(____ | ____) f(x) = ____________

d) S(____ | ____) f(x) = ____________

e) S(____ | ____) f(x) = ____________

3 Beschrifte zusammengehörende Kärtchen mit denselben Buchstaben. Ergänze die fehlenden Nullstellen.

| $y = -x^2 + 1$

| S(−1 | −1)

| Nullstellen: $x_1 = -1$; $x_2 = 1$

| S(3 | −4)

| $y = -x^2 + 2x - 1$

| Nullstellen: $x_1 = 0$; $x_2 =$ ______

| S(1 | 0)

| Nullstellen: $x_1 = 1$; $x_2 =$ ______

| $y = (x - 3)^2 - 4$

| keine Nullstellen

| $y = -(x - 1)^2$

| $y = x(x + 2)$

| $y = x^2 + 4x + 5$

| S(0 | 1)

| $y = x^2 + 2x$

| S(−2 | 1)

| Nullstelle: $x =$ ______

| $y = x^2 - 6x + 5$

| $y = (x + 2)^2 + 1$

4 Erläutere, wie der Graph der Funktion f aus der Normalparabel entstanden ist.

a) $f(x) = 2(x + 1)^2 + 3$

Die Normalparabel wurde um eine Einheit nach ____________ und um ____________ verschoben

b) $f(x) = -(x - 4)^2$

____

____

c) $f(x) = -\frac{1}{2}x^2 - 2$

____

____

[T1] Achte auch auf eine mögliche Streckung der Parabel.

5 Ergänze die Tabelle.

Funktionsterm in faktorisierter Form	Nullstellen	Mittelwert x_s der Nullstellen	Funktionswert $f(x_s)$ des Mittelwertes	Scheitelpunkt
a) $f(x) = (x + 4)\,x$	−4 und 0	−2		
b) $f(x) = 0{,}5(x + 2)(x - 6)$				
c) $f(x) = -x(x - 10)$				
d) $f(x) = -2(x + 7)(x + 1)$				

6 Wandle in die allgemeine Form um.

a) $f(x) = -\frac{1}{2}x(x + 8) =$ $-\frac{1}{2}x^2$

b) $f(x) = (x + 4)(x - 3) =$

c) $f(x) = (x - 5)^2 - 10 =$

7 Bestimme die Lösungen der Gleichung. [T1]

a) $\frac{1}{4}x^2 - 25 = 0$

$x_1 =$; $x_2 =$

b) $2x^2 + 4x = 0$

$x_1 =$; $x_2 =$

c) $x^2 + 3x - 10 = 0$

$x_{1,2} =$

$x_{1,2} =$

$x_1 =$; $x_2 =$

d) $6(x - 4)(x + 4) = 0$

e) $\frac{1}{2}x^2 - 4x + 8 = 0$

f) $\frac{1}{3}x^2 + 2x + 10 = 0$

8 Die 2005 eingeweihte neue Svinesund-Brücke verbindet Norwegen und Schweden. Die Stützweite des parabelförmigen Bogens der Brücke beträgt 247 m bei einer Konstruktionshöhe von 92 m.

a) Bestimme einen Funktionsterm für den Bogen der Brücke. Skizziere zuerst das Koordinatensystem in das Foto. [T2]

b) Die Fahrbahn verläuft etwa 37 m unterhalb des Bogenscheitels. Berechne die Fahrbahnlänge innerhalb des Brückenbogens.

9 Die Summe zweier Zahlen ist 18. Bestimme die beiden Zahlen so, dass die Summe ihrer Quadrate minimal ist.

Lösung mit GTR:

[T2] Wähle das Koordinatensystem so, dass der Term möglichst einfach wird.

[T1] Nutze die pq-Formel nur, wenn du durch Umformen oder Ausklammern nicht zum Ziel kommst.

1 Die Schülerinnen und Schüler der Klasse 10 a haben alle 140 Mitschülerinnen und Mitschüler ihres Jahrgangs befragt, ob sie bereits einen Tanzkurs besucht haben.

	Tanzkurs besucht	Keinen Tanzkurs besucht	Gesamt
Mädchen			84
Jungen	21		
Gesamt	63		

a) Vervollständige die Vierfeldertafel.

b) Berechne die Wahrscheinlichkeit dafür, dass eine im Jahrgang zufällig ausgewählte Person ein Junge mit Tanzkurserfahrung ist. Kreise die benötigten Werte in der Vierfeldertafel ein und berechne.

c) Berechne die Wahrscheinlichkeit dafür, dass ein zufällig ausgewählter Junge einen Tanzkurs besucht hat. Markiere die benötigten Werte und berechne.

d) Bestimme die Wahrscheinlichkeit dafür, dass ein zufällig von einer Tanzkursliste ausgewählter Name aus diesem 10. Jahrgang einem Jungen gehört.

e) Entscheide, welche Wahrscheinlichkeit sich durch $\frac{42}{63} = 0{,}\overline{6} = 66{,}\overline{6}\,\%$ berechnen lässt. Kreuze an.

☐ Die Wahrscheinlichkeit dafür, dass eine zufällig ausgewählte Person ein Mädchen ist und schon einen Tanzkurs besucht hat.

☐ Die Wahrscheinlichkeit dafür, dass ein zufällig ausgewähltes Mädchen einen Tanzkurs besucht hat.

☐ Die Wahrscheinlichkeit dafür, dass eine zufällig ausgewählte Person, die schon einen Tanzkurs besucht hat, ein Mädchen ist.

f) Die Klasse hat folgende Abkürzungen gewählt: M für Mädchen, J für Jungen und T für den Tanzkursbesuch. Notiere den Buchstaben der Teilaufgabe vor der passenden Abkürzung der berechneten Wahrscheinlichkeit.

___ $P_T(M)$ ___ $P(J \text{ und } T)$ ___ $P_T(J)$ ___ $P_J(T)$

2 Bei einer Medikamentenstudie nahmen 58 % aller Testpersonen das Medikament (M), die restlichen Personen stattdessen ein Placebo ein. 98 % der medikamentös Behandelten wurden gesund (G), allerdings wurden auch 5 % der anderen Testpersonen gesund.

a) Ergänze das Baumdiagramm. Runde auf zwei Nachkommastellen.

b) Erstelle die Vierfeldertafel.

c) Erstelle nun das umgekehrte Baumdiagramm.

d) Gib die Wahrscheinlichkeit dafür an, dass eine Person ein Medikament erhalten hat und gesund geworden ist. Markiere den Wert in beiden Baumdiagrammen und der Vierfeldertafel, wenn er vorkommt.

e) Bestimme die Wahrscheinlichkeiten dafür, dass eine gesund gewordene Testperson ein Medikament und eine nicht gesund gewordene Testperson ein Placebo erhalten hat. Lies die gesuchten Wahrscheinlichkeiten im passenden Baumdiagramm ab und berechne sie auch mithilfe der Vierfeldertafel.

Zu a)

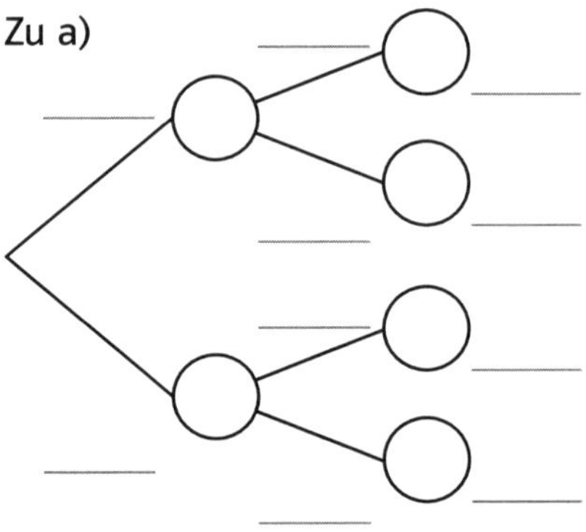

Zu b)

	G	$\overline{G}$	Gesamt
M			
$\overline{M}$			
Gesamt			1

Zu c)

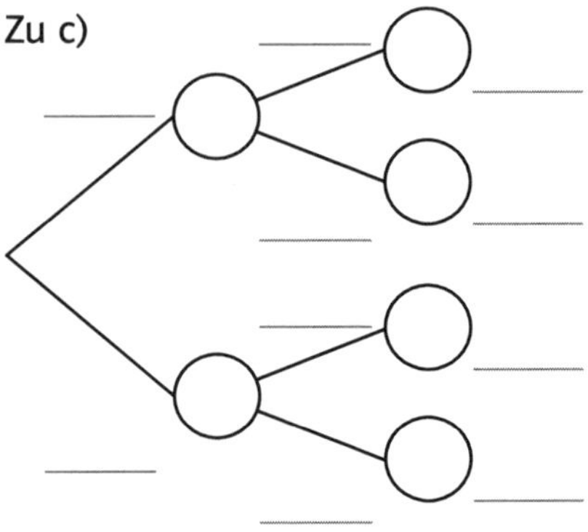

1 a) Zeichne ein ähnliches Fünfeck mit dem Vergrößerungsfaktor $\frac{1}{2}$ und bezeichne die entsprechenden Seiten der entstandenen Figur mit a′, b′, c′, d′ und e′.

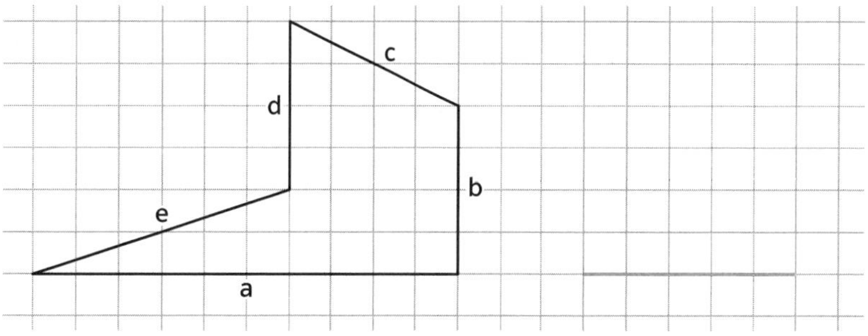

b) Fülle die Lücken aus.
Bei ähnlichen Figuren sind die entsprechenden Winkel ______________.

Auch die entsprechenden Seitenverhältnisse sind __________. So gilt z. B. $\frac{a}{a'} = \frac{b}{\quad} = \frac{\quad}{\quad} = \frac{\quad}{\quad} = \frac{\quad}{\quad}$.

2 a) Konstruiere über der Seite c ein Dreieck mit a = 2,7 cm und b = 3,6 cm.
b) Konstruiere rechts daneben ein ähnliches Dreieck mit b′ = 4,8 cm. Berechne zunächst den Vergrößerungsfaktor

____

und die übrigen Seitenlängen:

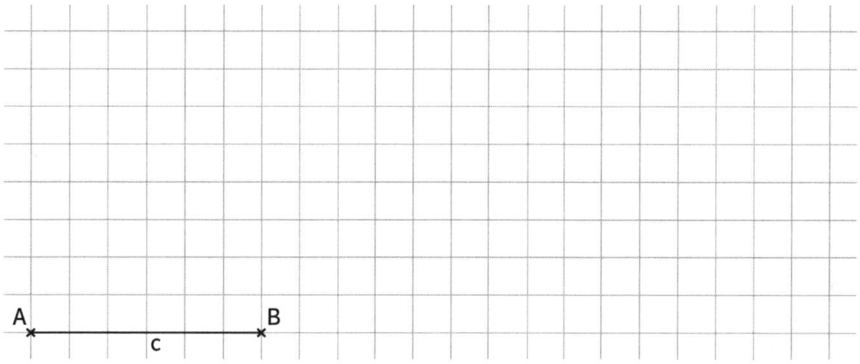

a′ = ______________________________ cm; c′ = ______________________________ cm.

3 Berechne die fehlenden Längen. Kennzeichne zunächst die gegebenen Stücke in der Skizze farbig.

Skizze	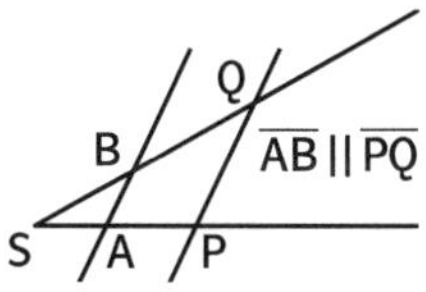	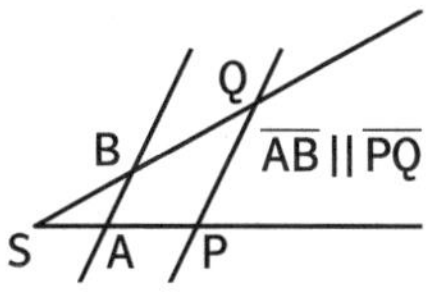
$\overline{SA}$	12 cm	5 cm
$\overline{SP}$	20 cm	
$\overline{SB}$	16 cm	2,5 cm
$\overline{SQ}$		3,5 cm
$\overline{AB}$	6 cm	
$\overline{PQ}$		4,2 cm

4 Die Strecken g, h und i sind parallel. Fülle die Lücken geeignet aus.

$\frac{d+e}{d} = \frac{\quad}{\quad}$

$\frac{a}{c} = \frac{\quad}{\quad}$

$\frac{g}{h} = \frac{c}{\quad}$

$\frac{h}{i} = \frac{\quad}{b+f} = \frac{\quad}{\quad}$

$\frac{b+f}{a} = \frac{\quad}{g} = \frac{\quad}{\quad}$

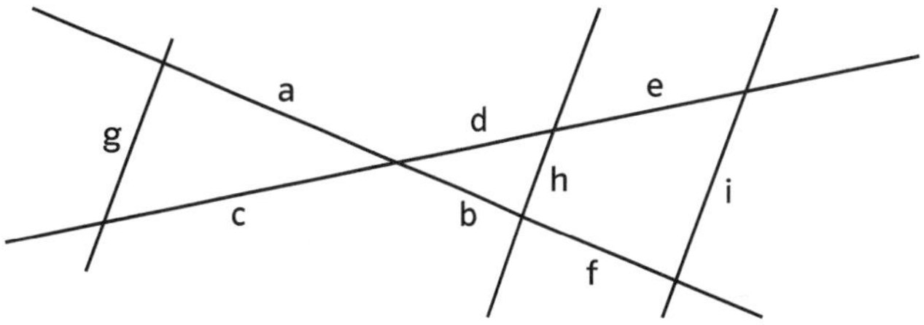

1 Berechne die Länge der fehlenden Seite.

a)

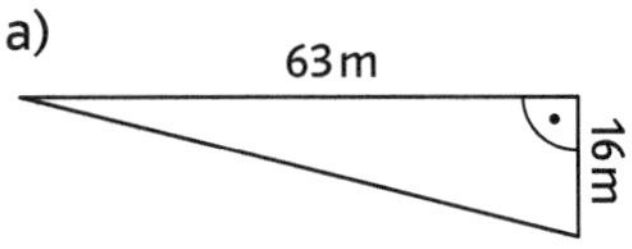

b)

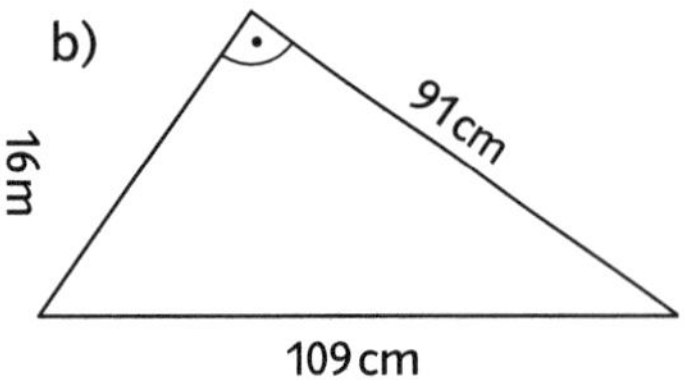

2 Überprüfe rechnerisch, ob das Dreieck rechtwinklig ist. Markiere gegebenenfalls den rechten Winkel.

a)

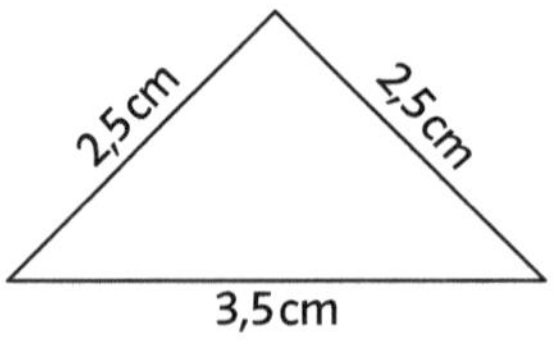

b)

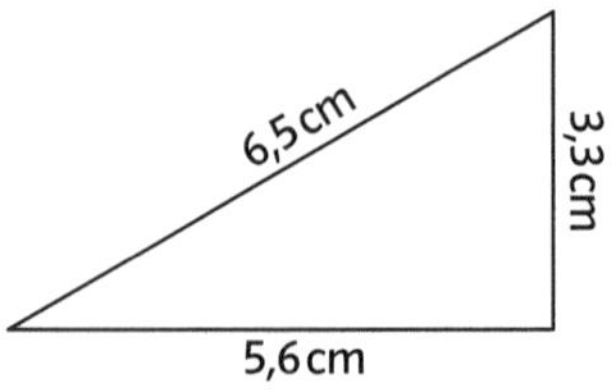

3 Bei einem starken Sturm wurde eine 15,2 m hohe Fichte 3,8 m über dem Erdboden abgeknickt. Berechne, in welchem Umkreis sie einem zufällig Vorbeikommenden hätte gefährlich werden können. Fertige auch eine beschriftete Skizze an.

4 Berechne schrittweise die Längen der blau gestrichelten und der blauen Strecke.

a)

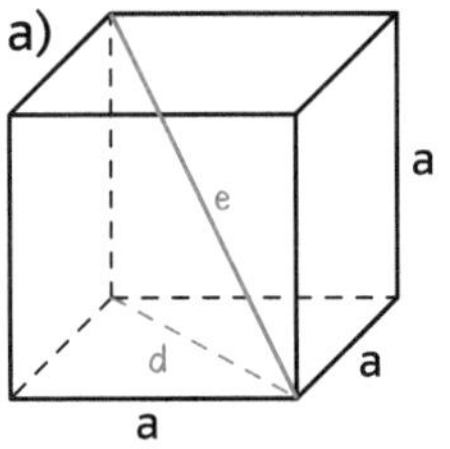

a = 10 cm

b)

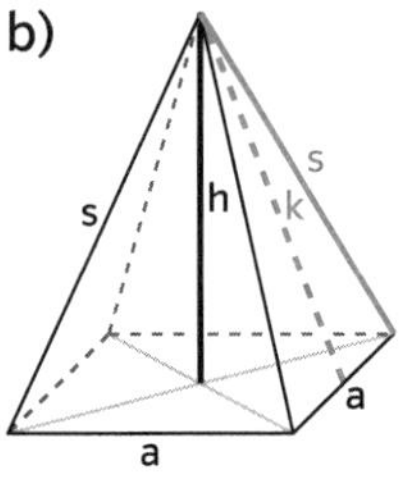

a = 8 cm; h = 10 cm

5 Berechne die Länge der Höhe h und der Strecke x.

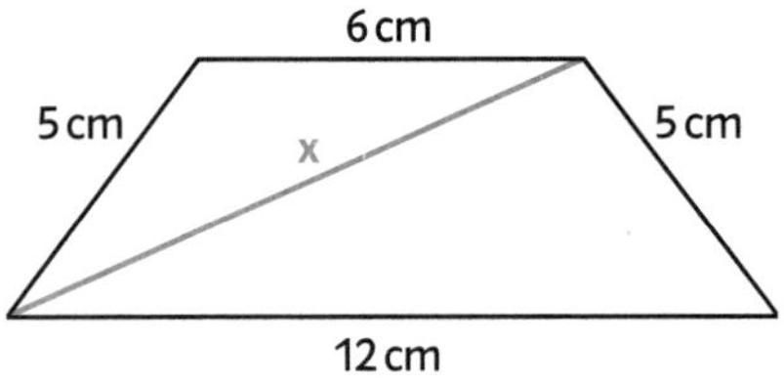

6 Berechne die Längen der blau markierten Strecken. [T1]

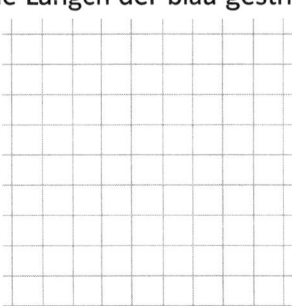

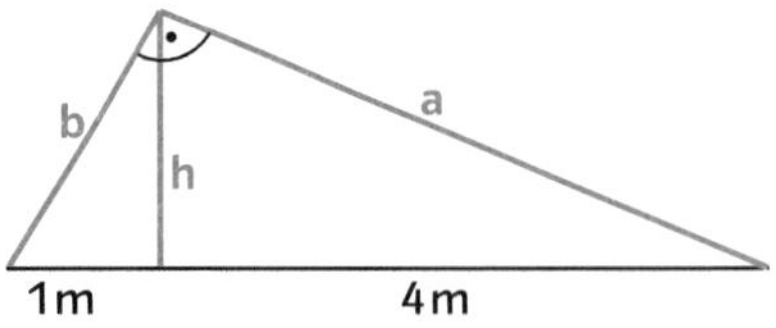

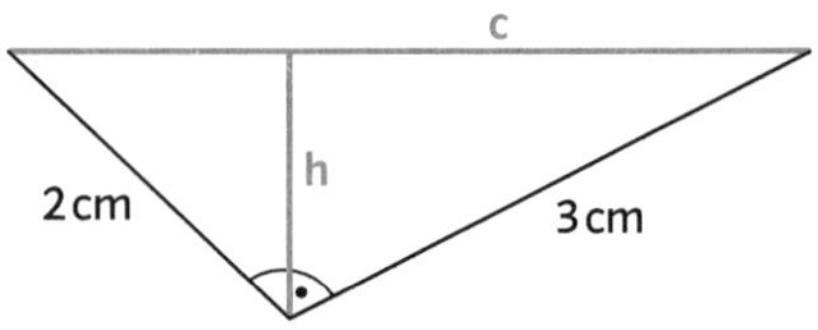

[T1] Du benötigst auch den Höhensatz $h^2 = p \cdot q$ und den Kathetensatz $a^2 = p \cdot c$.

Seitenverhältnisse in rechtwinkligen Dreicken (1)

1 Ergänze die fehlenden Angaben.

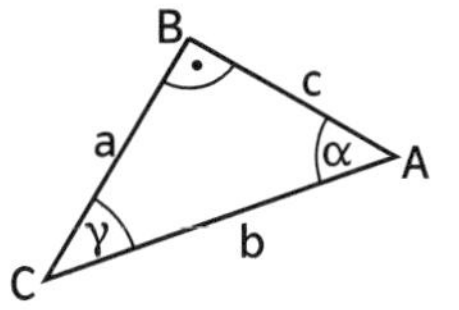

a) $\sin(\alpha) = \frac{\quad}{\quad}$ b) $\cos(\gamma) = \frac{\quad}{\quad}$ c) $\tan(\alpha) = \frac{\quad}{\quad}$

d) $\cos(\quad) = \frac{c}{\quad}$ e) $\tan(\quad) = \frac{\quad}{a}$ f) $\sin(\quad) = \frac{c}{\quad}$

2 a) Markiere im rechtwinkligen Dreieck jeweils die Ankathete, Gegenkathete und Hypotenuse von α.
b) Bestimme mit dem Satz des Pythagoras die Länge der Hypotenuse.

A: ______________________ ; B: ______________________ ; C: ______________________

c) Ordne den Dreiecken geeignete Kärtchen zu.

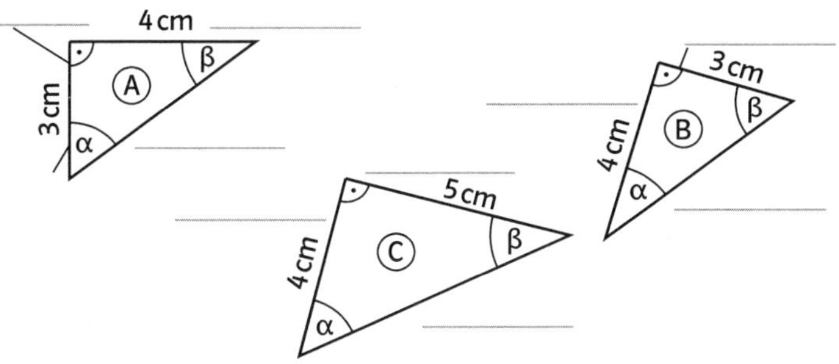

$\tan(\beta) = \frac{4}{3}$ |

$\sin(\beta) = 0{,}8$ |

$\tan(\alpha) = 1{,}25$ |

$\cos(\beta) = \frac{4}{5}$ |

$\cos(\alpha) = 0{,}6$ |

$\sin(\alpha) = 0{,}8$ |

3 Berechne die fehlenden Seitenlängen und Winkelgrößen für das rechtwinklige Dreieck ABC.

Bei diesen Dreiecken sind neben dem rechten Winkel noch ein __________ und eine __________ gegeben.

	a) 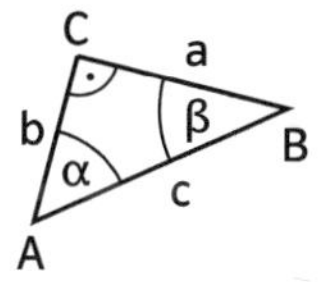	b) 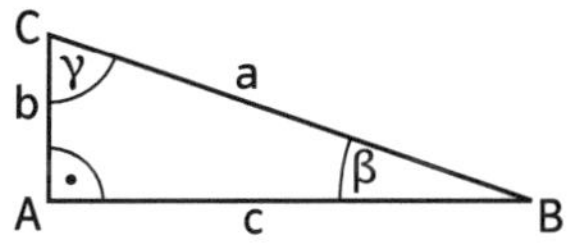	c) 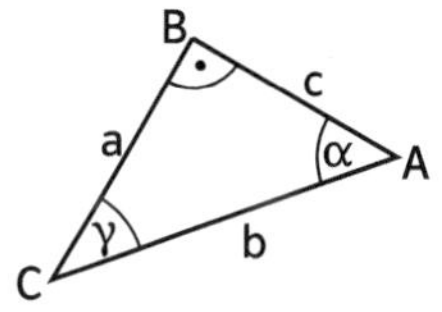
a			
b	6 cm		4 cm
c		8 m	
α	30°	90°	65°
β		20°	90°
γ	90°		

4 Paul (blaue Karten) und Anna (graue Karten) haben Winkelgrößen in einem rechtwinkligen Dreieck ABC berechnet. Wähle jeweils die richtige Lösung aus und streiche die falsche durch. Fülle die Lücken bei der richtigen Lösung.

a) b = 5 cm; c = 7 cm; α = 90°

$\tan(\beta) = \frac{5}{7}$ $\beta = \tan^{-1}\left(\frac{5}{7}\right) \approx$ ______

$\sin(\beta) = \frac{5}{7}$ $\beta = \sin^{-1}\left(\frac{5}{7}\right) \approx$ ______

b) a = 3 cm; c = 6 cm; γ = 90°

$\sin(\alpha) = \frac{6}{3}$ $\alpha = \sin^{-1}(2) \approx$ ______

$\sin(\alpha) = \frac{3}{6}$ $\alpha = \sin^{-1}\left(\frac{1}{2}\right) =$ ______

c) a = 1,5 m; b = 2 m; β = 90°

$\cos(\alpha) = \frac{1{,}5}{2}$ $\alpha = \cos^{-1}\left(\frac{3}{4}\right) \approx$ ______

$\sin(\alpha) = \frac{1{,}5}{2}$ $\alpha = \sin^{-1}\left(\frac{3}{4}\right) \approx$ ______

5 Richtig oder falsch? Kreuze an. Korrigiere vorhandene Fehler in den Brüchen.

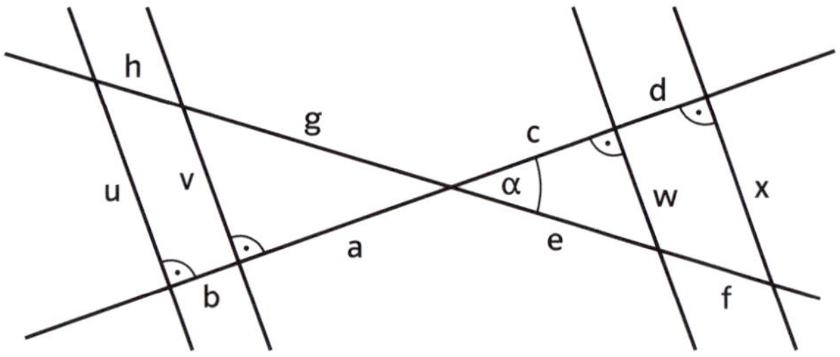

a)

	richtig	falsch	Korrektur, z. B.
$\sin(\alpha) = \frac{c}{e}$	○	⊗	$\sin(\alpha) = \frac{w}{e}$
$\sin(\alpha) = \frac{u}{h+g}$	○	○	
$\sin(90° - \alpha) = \frac{c}{e}$	○	○	[T1]

b)

	richtig	falsch	Korrektur, z. B.
$\cos(\alpha) = \frac{c+d}{e+f}$	○	○	
$\cos(\alpha) = \frac{u}{h+g}$	○	○	
$\cos(90° - \alpha) = \frac{a}{g}$	○	○	

c)

	richtig	falsch	Korrektur, z. B.
$\tan(\alpha) = \frac{c}{w}$	○	○	
$\tan(\alpha) = \frac{u}{a+b}$	○	○	
$\tan(90° - \alpha) = \frac{v}{a}$	○	○	

6 Von einem symmetrischen Dach sind die Höhe $h = 3{,}10\,m$ und die Dachbodenbreite $b = 8{,}50\,m$ bekannt.
Bestimme den Neigungswinkel α des Daches.

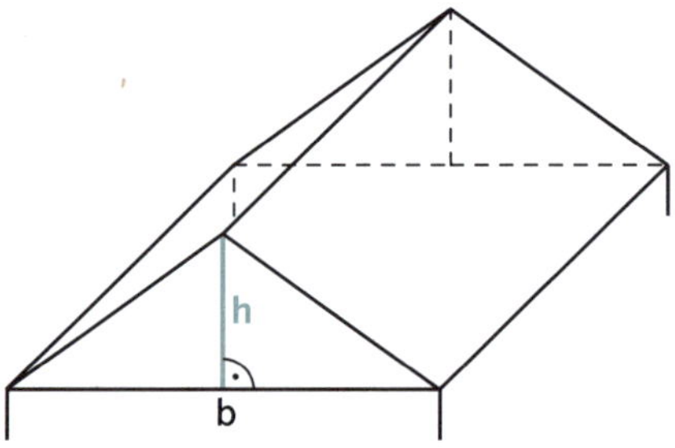

7 Von der Uferpromenade am See zur Straße wird eine Treppe mit Zufahrt gebaut. Die Stufen der Treppe haben eine Tiefe von 40 cm und eine Höhe von 22 cm.

a) Wie groß ist der Neigungswinkel α des Treppengeländers?

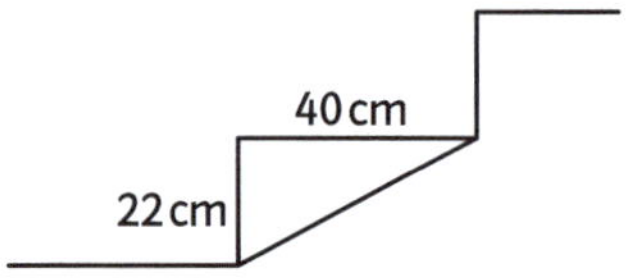

b) Welche Steigung (in %) müssen Fahrradfahrer und Kinderwagen auf der Zufahrt überwinden? [T2]

8 Der Öffnungswinkel α eines Zirkels mit 15 cm langen Schenkeln beträgt 60°.

a) Berechne, in welcher Höhe sich der Griff G über dem Papier befindet. [T3]

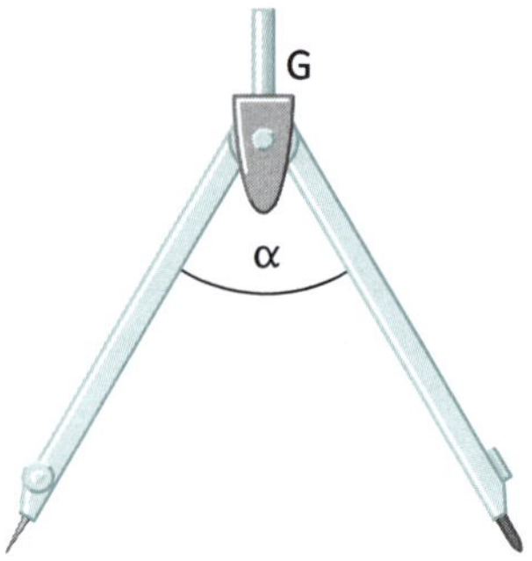

b) Berechne, welchen Radius der Kreis hat, der gezeichnet wird.

[T1] Wenn $\gamma = 90°$ gilt, so ist im Dreieck (mit den Winkeln α, β und γ) $\beta = 90° - \alpha$.
[T2] $m = \tan(\alpha)$; wandle die Steigung in % um.
[T3] Zeichne ein Dreieck, das die Höhe enthält, und beschrifte dieses mit allen Maßen, die du kennst.

1 a) Zeichne in der nebenstehenden Abbildung mit unterschiedlichen Farben ein: sin (25°), cos (25°) und tan (25°).
b) Trage den zugehörigen Winkel ein.

sin (25°) = cos (________); cos (25°) = sin (________)

c) Lies mithilfe der Abbildung einen Näherungswert ab.

sin (65°) ≈ ________ , cos (65°) ≈ ________ , tan (25°) ≈ ________

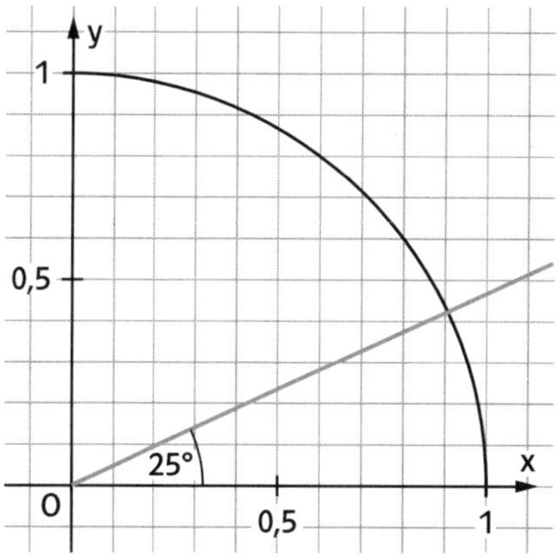

2 Bestimme den zugehörigen Winkel grafisch.

sin (α) = 0,6; α ≈ ______ tan (α) = 1,5; α ≈ ______ cos (α) = 0,2; α ≈ ______ tan (α) = 0,6; α ≈ ______

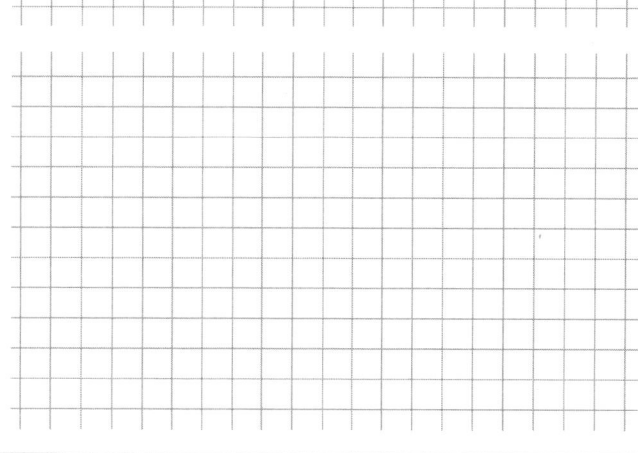

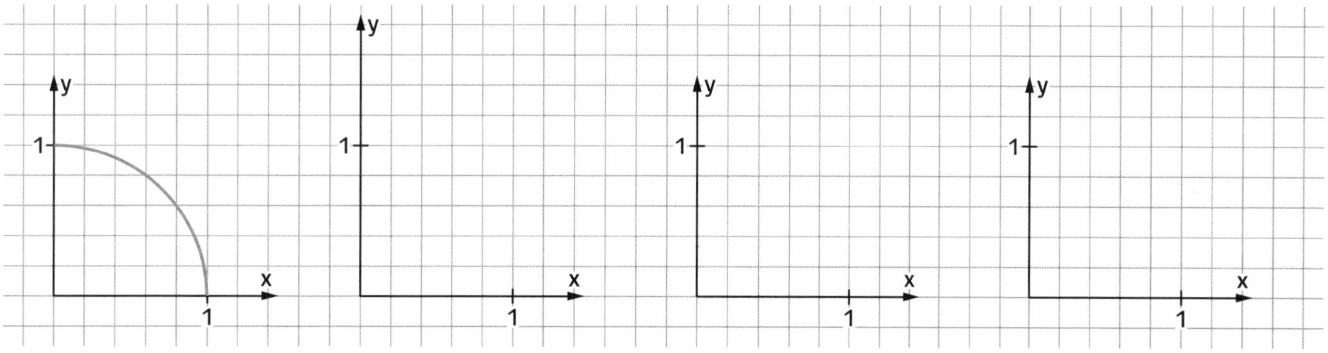

3 Berechne genaue Werte für sin (α) und tan (α) für einen Winkel α, für den jeweils cos (α) den Wert auf den blauen Karten annimmt. [T1]
Fülle anschließend die Lücken auf den weißen und den grauen Karten und verbinde sie passend.

a) **cos (α) =** $\frac{5}{13}$ **sin (α) =** $\frac{8}{\square}$ **tan (α) = 3** $\frac{\square}{\square}$

b) **cos (α) =** $\frac{15}{17}$ **sin (α) =** $\frac{24}{\square}$ **tan (α) = 2** $\frac{\square}{\square}$

c) **cos (α) =** $\frac{7}{25}$ **sin (α) =** $\frac{12}{\square}$ **tan (α) =** $\frac{\square}{\square}$

4 Finde den Fehler und verbessere die Gleichung.

a) $\tan^2(\alpha) = \frac{\sin^2(\alpha)}{\cos^2(\alpha)} = \frac{1 + \cos^2(\alpha)}{\cos^2(\alpha)} = \frac{1}{\cos^2(\alpha)} + 1$

b) $\cos(\alpha) \cdot \tan(\alpha) = \cos(\alpha) \cdot \frac{\cos(\alpha)}{\sin(\alpha)}$
$= \frac{\cos^2(\alpha)}{\sin(\alpha)} = \frac{1 - \sin^2(\alpha)}{\sin(\alpha)} = \frac{1}{\sin(\alpha)} - \sin(\alpha)$

c) $\sin(\alpha) \cdot \sqrt{1 + \tan^2(\alpha)} = \sin(\alpha) \cdot \sqrt{1 + \frac{\sin^2(\alpha)}{\cos^2(\alpha)}}$
$= \sin(\alpha) \cdot \cos(\alpha) \cdot \sqrt{\cos^2(\alpha) + \sin^2(\alpha)}$
$= \sin(\alpha) \cdot \cos(\alpha)$

[T1] Nutze zuerst die Gleichung $\sin^2(\alpha) + \cos^2(\alpha) = 1$ aus.

1 In den Dreiecken sind gegebene Seiten bzw. Winkel grau markiert und gesuchte blau. Ordne die Kärtchen A bis D den Dreiecken so zu, dass du die fehlenden Werte nur mithilfe der gegebenen Seiten bzw. Winkel berechnen kannst.

C $\begin{vmatrix} \alpha + \beta = 90° \\ \sin(\alpha) = \frac{a}{c} \\ \cos(\alpha) = \frac{b}{c} \end{vmatrix}$

D $\begin{vmatrix} \alpha + \beta = 90° \\ \sin(\alpha) = \frac{a}{c} \\ \tan(\alpha) = \frac{a}{b} \end{vmatrix}$

B $\begin{vmatrix} a^2 + b^2 = c^2 \\ \tan(\alpha) = \frac{a}{b} \\ \tan(\beta) = \frac{b}{a} \end{vmatrix}$

A $\begin{vmatrix} b^2 = c^2 - a^2 \\ \sin(\alpha) = \frac{a}{c} \\ \cos(\beta) = \frac{a}{c} \end{vmatrix}$

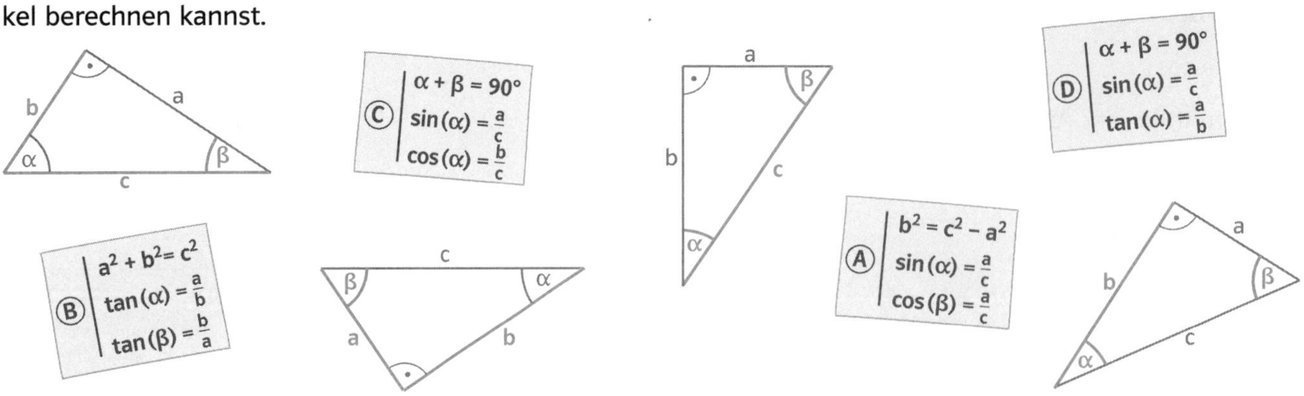

2 Ein Turm ist $d = 8\,m$ von einem geradlinig verlaufenden Fluss entfernt. Von der Aussichtsplattform in 20 m Höhe erscheint das jenseitige Flussufer unter einem Winkel von $\alpha = 50°$. Wie breit ist der Fluss?

a) Welche Skizze passt zur Aufgabe? Kreuze an.

b) Bestimme x mit _____ $(90° - \alpha) = $ _____ .

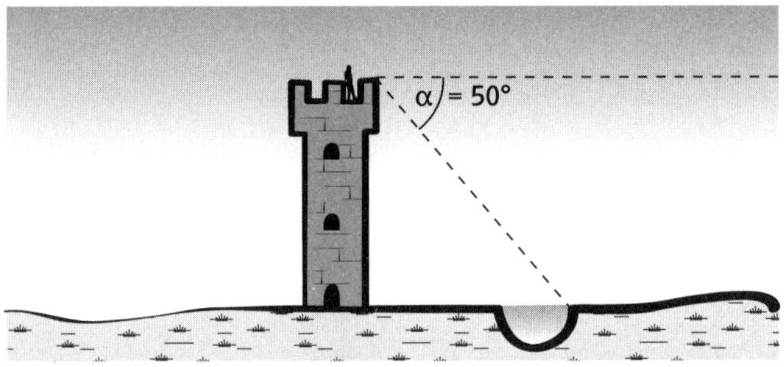

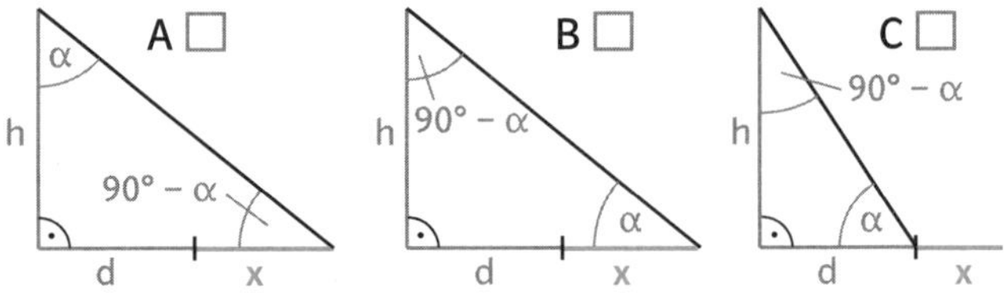

3 a) Ein Quader hat die Kantenlängen $a = 5\,cm$, $b = 4\,cm$ und $c = 3\,cm$. Schneidet man den Quader wie abgebildet durch, erhält man ein Viereck BCHE, in dem γ liegt. Berechne γ und fertige Planskizzen der Dreiecke an, die du dabei verwendest. [T1]

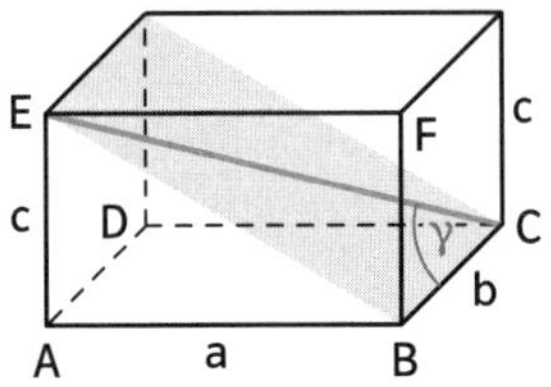

Skizzen:

b) Im gleichen Quader soll nun der Winkel α berechnet werden. Zeichne zuerst eine geeignete Schnittfläche ein (nutze dazu geeignete Hilfslinien). Berechne α und fertige Planskizzen der Dreiecke an, die du dabei verwendest. [T2]

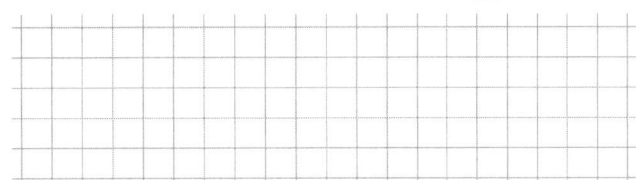

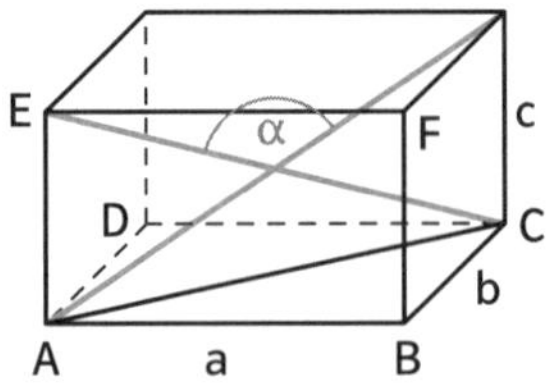

Skizzen:

[T1] Berechne zunächst die Länge der Strecke EB als Flächendiagonale mithilfe des Satzes des Pythagoras.

[T2] Betrachte das Rechteck ACGE. Der Schnittpunkt der Diagonalen liegt auf halber Höhe.

4 Eine quadratische Pyramide hat eine Grundkante von $a = 18\,cm$ und eine Höhe von $h = 24\,cm$.

a) Berechne den Winkel α zwischen einer Seitenfläche und der Grundfläche.

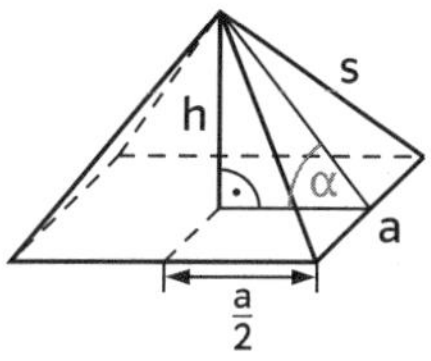

b) Berechne den Winkel β zwischen einer Seitenkante s und der Grundfläche.

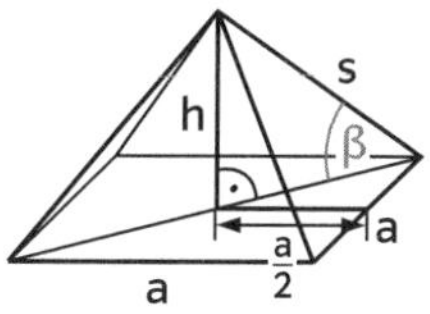

5 Ein Dach hat die rechts gezeigte Form. Bekannt sind die Länge a, die Breite b, die Firstlänge f und die Höhe h.
Markiere und beschrifte Hilfslinien und rechte Winkel, die zur Berechnung des Winkels α zwischen der Dachkante s und der Dachbodenfläche ABCD notwendig sind.

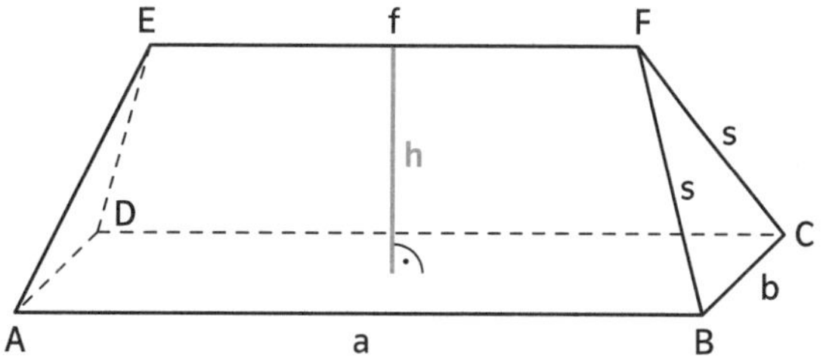

6 a) Mit welcher Geschwindigkeit bewegt sich der Außenfahrstuhl nach dem Start in die Höhe, wenn der Sehwinkel zur Horizontalen zunächst $\alpha = 40°$ und fünf Sekunden später $\beta = 48°$ misst und die horizontale Entfernung zum Fahrstuhl dabei $d = 20\,m$ beträgt?

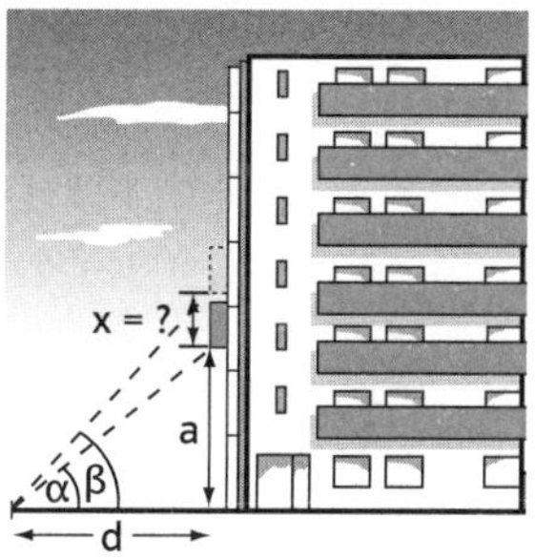

$\tan(\alpha) = \frac{\quad}{\quad}$; a = ______

= ______

$\tan(\beta) =$ ______ | ______

______ | ______

x = ______

Der Fahrstuhl steigt in fünf Sekunden um etwa ______ m. Dies entspricht einer Geschwindigkeit von ______ $\frac{m}{s}$.

Da $1\frac{m}{s} = 3{,}6\frac{km}{h}$, sind dies etwa ______ $\frac{km}{h}$.

b) Ein Heißluftballon verharrt kurz vor seiner Landung aufgrund einer herannahenden Böe in einer konstanten Höhe. Er erscheint dabei von Gunnars Standpunkt unter einem Blickwinkel von $\gamma = 54°$. Als sich Gunnar um 10 m auf den Ballon zubewegt, erscheint der Ballon unter einem Blickwinkel von $\delta = 62°$. In welcher Höhe befindet sich der Ballon, wenn Gunnars Augenhöhe 1,50 m über dem Boden ist?

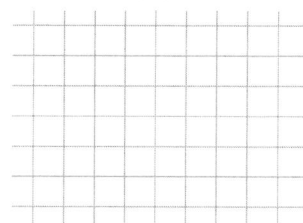

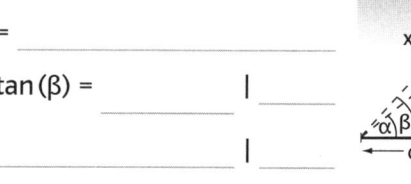

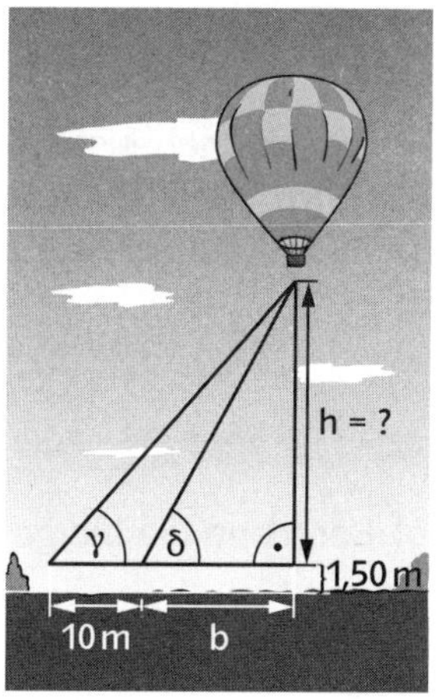

Es ist $\tan(\gamma) =$ ______ (1)

und $\tan(\delta) =$ ______ (2).

Aus (2) folgt durch Umformen b = ______.

Setzt man b in (1) ein, so folgt ______ [T1].

Der Ballon befindet sich in ______ m Höhe.

[T1] Bruchgleichungen löst man, indem man zuerst mit dem Nenner durchmultipliziert. Für die Gesamthöhe ist Gunnars Augenhöhe zu berücksichtigen.

1 Berechne die fehlenden Seitenlängen und Winkelgrößen des Dreiecks.

a)

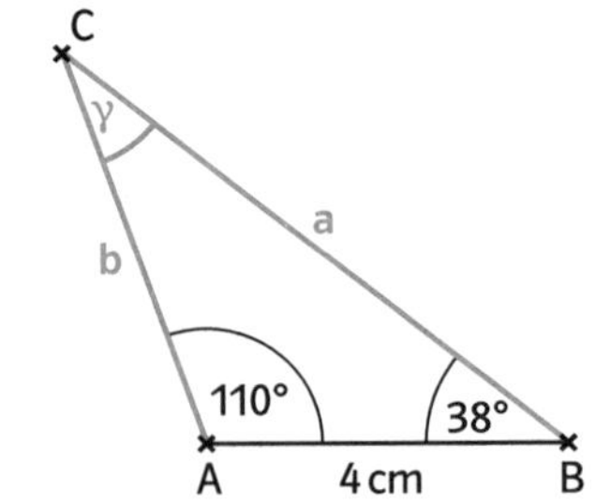

b)

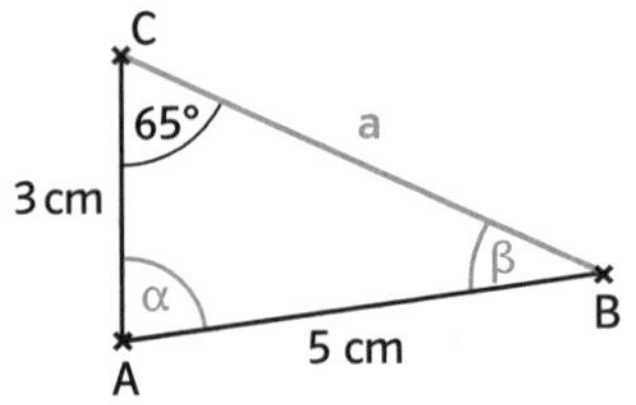

2 Bestimme – falls möglich – die fehlenden Größen des Dreiecks ABC.

	a	b	c	sin(α)	sin(β)	sin(γ)	α	β	γ
(1)			3,6 cm			0,7	60°		
(2)		8,2 cm	5,4 cm						17°
(3)		8,2 cm	5,4 cm						101°

3 Für die nebenstehende Abbildung gilt: α = 68°, β = 81° und γ = 22°, $\overline{AB}$ = 78 m und $\overline{BC}$ = 56 m.

a) Bringe die Schritte zur Berechnung der Strecke $\overline{PQ}$ in eine richtige Reihenfolge.

| Berechne $\overline{AQ}$ mit Sinussatz.

| Berechne $\overline{AP}$ mit Sinussatz.

| Berechne $\overline{AP} - \overline{AQ}$.

| Berechne $\overline{AC}$.

| Berechne Winkel bei Q und P.

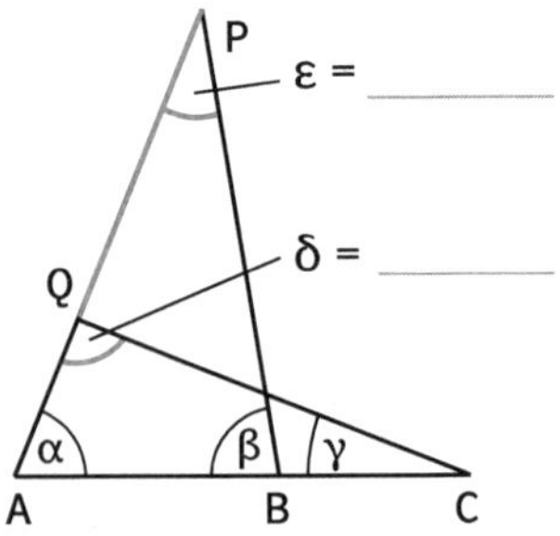

b) Berechne die Länge der Strecke $\overline{PQ}$.

4 Berechne die fehlenden Seitenlängen des Parallelogramms ABCD mit α = 45°, a = 5 cm und f = 4 cm. [T1]

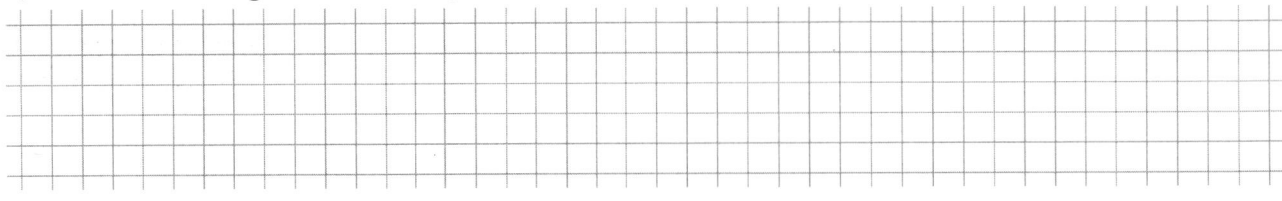

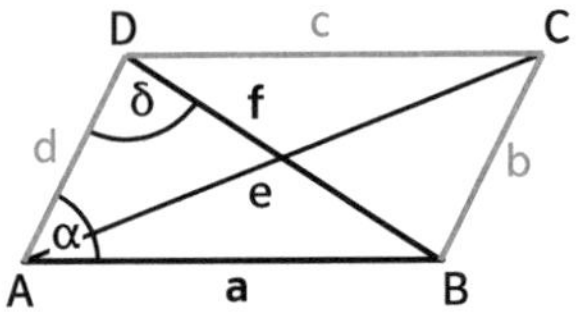

[T1] Beginne mit δ. Es gibt zwei Lösungen.

1 Berechne die fehlenden Seitenlängen und Winkelgrößen des Dreiecks.

a)

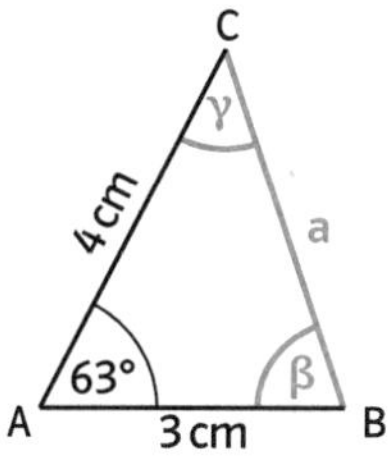

b)

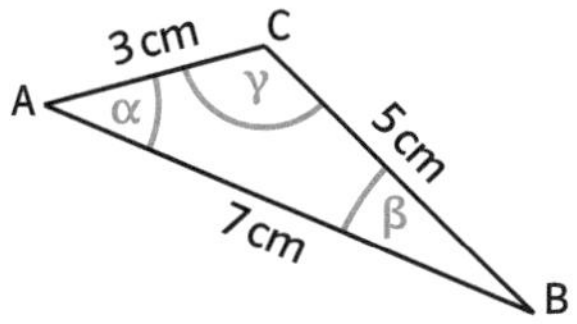

2 Berechne die Seitenlängen des symmetrischen Trapezes. [T1]

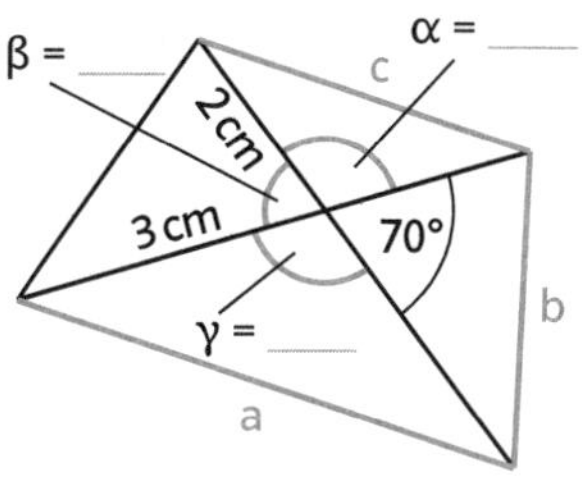

3 Gegeben ist das gleichschenklige Dreieck in der nebenstehenden Abbildung.

a) Notiere den Kosinussatz für den Winkel γ des gleichschenkligen Dreiecks.

b) Gib eine Formel zur Berechnung der Basis c in Abhängigkeit von b und γ an.

c) Bestimme die Seitenlänge von c für $\gamma_1 = 45°$, $\gamma_2 = 90°$ und $\gamma_3 = 120°$ in Abhängigkeit von b.

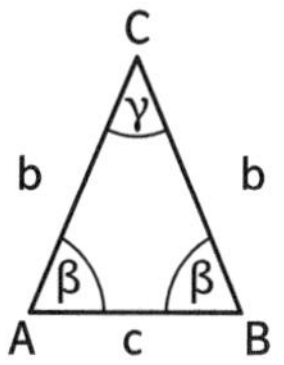

4 Bei einer Geländevermessung können die Strecken a, b und c nicht direkt gemessen werden. In D und B werden daher die angegebenen Winkel sowie von D aus die angegebenen Seiten gemessen.

a) Bringe folgende Rechenschritte zur Berechnung der Seiten a, b und c in eine sinnvolle Reihenfolge.

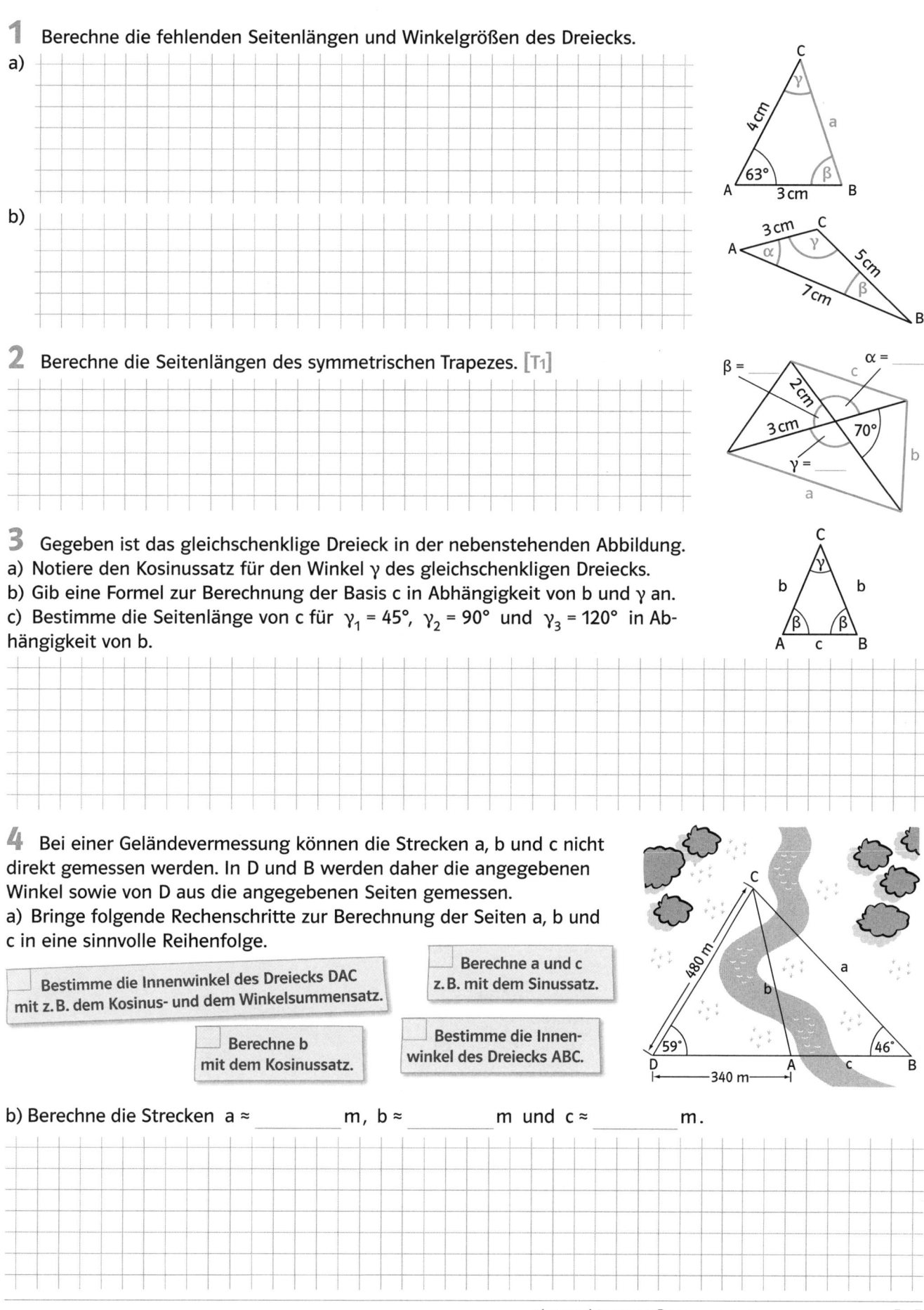

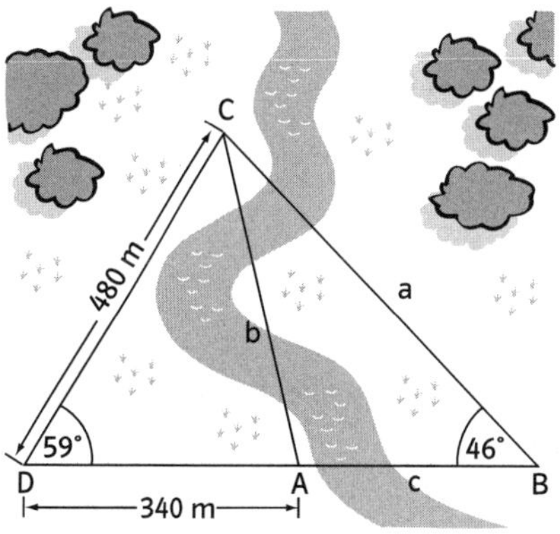

☐ Bestimme die Innenwinkel des Dreiecks DAC mit z. B. dem Kosinus- und dem Winkelsummensatz.

☐ Berechne a und c z. B. mit dem Sinussatz.

☐ Berechne b mit dem Kosinussatz.

☐ Bestimme die Innenwinkel des Dreiecks ABC.

b) Berechne die Strecken a ≈ ________ m, b ≈ ________ m und c ≈ ________ m.

[T1] Bestimme zunächst die Winkelgrößen α, β und γ.

1 a) Berechne die fehlenden Seitenlängen.

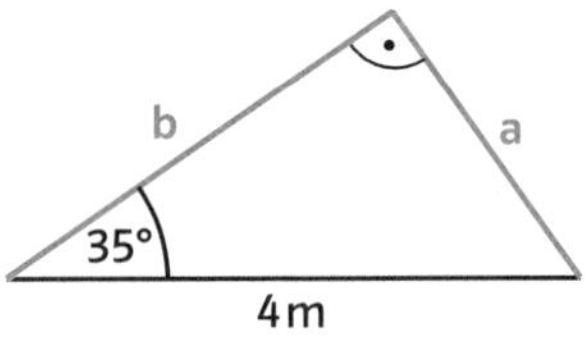

Die Seite a ist ________ lang, die Seite b ________.

b) Berechne die fehlenden Winkelgrößen.

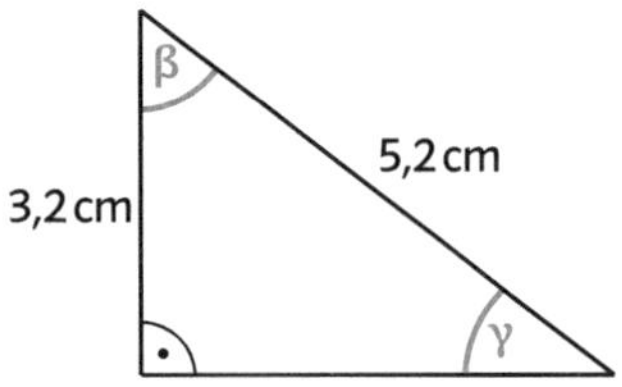

Der Winkel β ist ______ groß, der Winkel γ ______.

2 Wo findet man im nebenstehenden Einheitskreis
sin(80°),
cos(50°) und
tan(30°)?
Zeichne mit unterschiedlichen Farben ein und bestimme grafisch einen Näherungswert:

sin(80°) ≈ __________ ; cos(50°) ≈ __________ ; tan(30°) ≈ __________

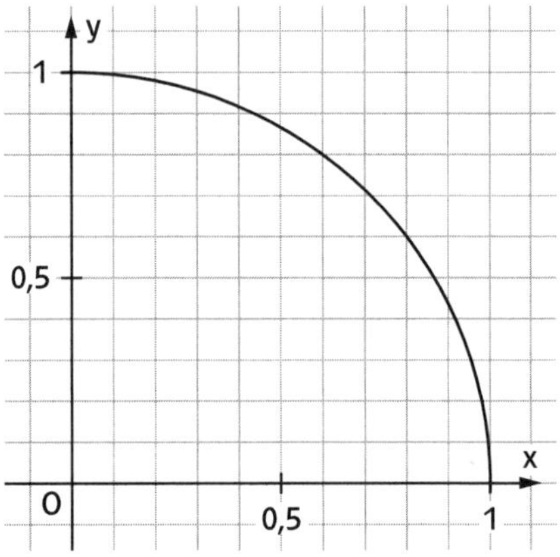

3 Ergänze die Tabelle zu den zwei rechtwinkligen Dreiecken. Fertige zunächst eine Skizze an, in der du die Winkel und Seiten beschriftest. Umkreise die Bezeichnungen der gesuchten Größen.

	Skizze	a	b	c	α	β	γ
a)		4,6 cm	2,8 cm		90°	sin(β) = —— β ≈ ______	
b)		3,2 cm			48°	42°	

4 Berechne die fehlenden Seiten und Winkel.

a)

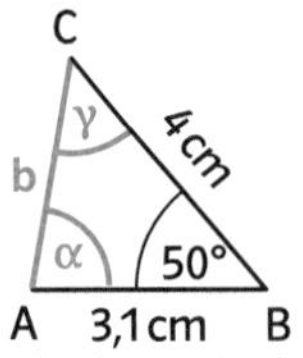

b)

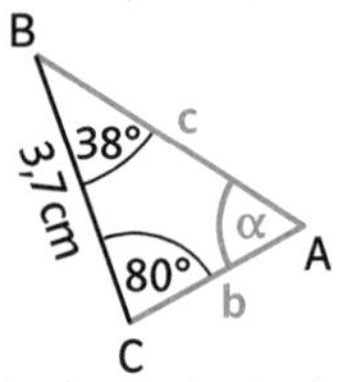

5 Bevor sie einen Fluss überqueren, möchten Toni und Luca die Breite des Flusses berechnen. Sie messen dabei den Winkel α zwischen dem Flussufer und dem angepeilten Baum auf der anderen Seite des Flusses. Dann messen sie die Strecke d entlang ihrer Uferseite, bis sie dem Baum direkt gegenüberstehen. Die Länge dieser Strecke beträgt 8 m, für den Winkel α messen sie 43°.
Wie breit ist der Fluss? Ergänze zunächst die Skizze.

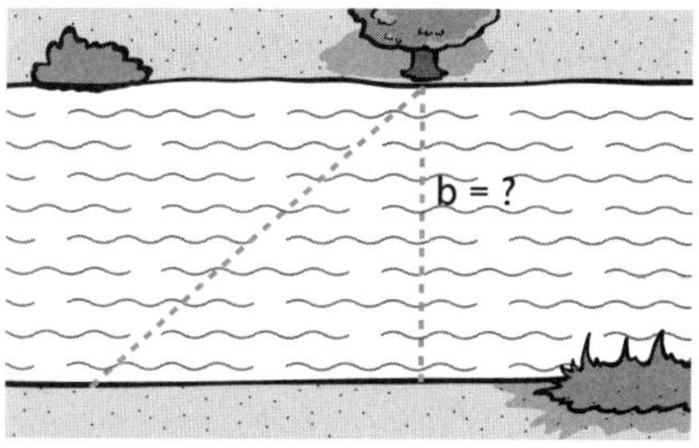

Es ist $\tan(\alpha) = \frac{\_\_\_}{\_\_\_}$, also b = ______ = ______ ≈ ______. Der Fluss ist ______ breit.

6 Ein Architekt plant ein Haus, das eine rechteckige Grundfläche mit einer Breite von b = 11 m und einer Länge von d = 10 m haben soll. Bei der Planung muss die Vorgabe der Stadt berücksichtigt werden, dass die Dachneigung mindestens 25° und höchstens 30° betragen soll. Die kürzeren Dachbalken sind 6 m lang und schließen mit dem Dachboden einen Winkel von 30° ein.

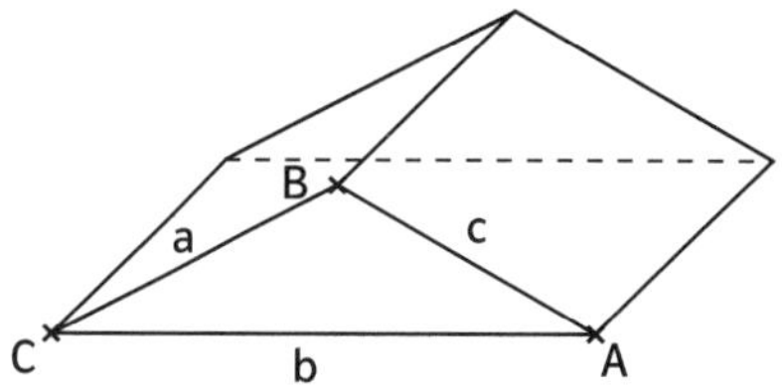

a) Berechne die Länge der längeren Dachbalken. [T1]
b) Berechne die Höhe des Dachstuhls.
c) Prüfe, ob die Vorgabe bezüglich der Dachneigung eingehalten wird.

7 Ein Spat ist ein Körper, der von sechs paarweise kongruenten, in parallelen Ebenen liegenden Parallelogrammen begrenzt wird.
Im Folgenden wird ein Spat betrachtet, dessen Kantenlängen a mit 8 cm alle gleich lang sind und dessen Grundfläche ein Quadrat ist. Der Neigungswinkel α ist 60° groß.
Dieser Spat wird so in zwei Stücke gesägt, dass die graue Schnittfläche entsteht. Berechne den Flächeninhalt dieser Schnittfläche. [T2]

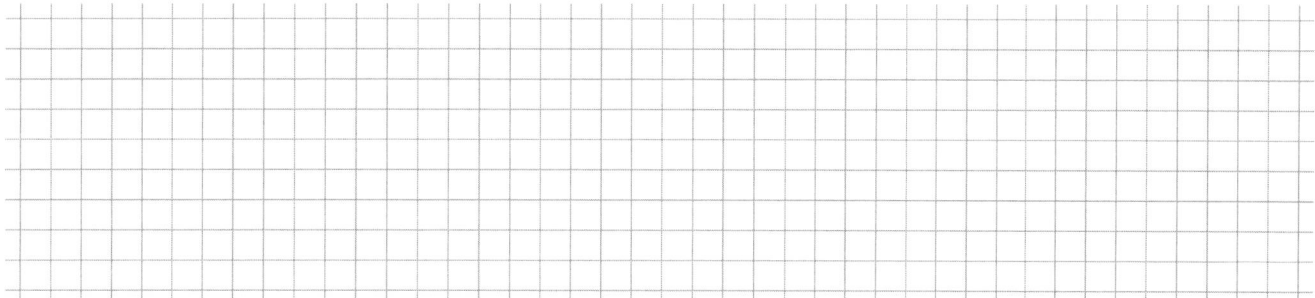

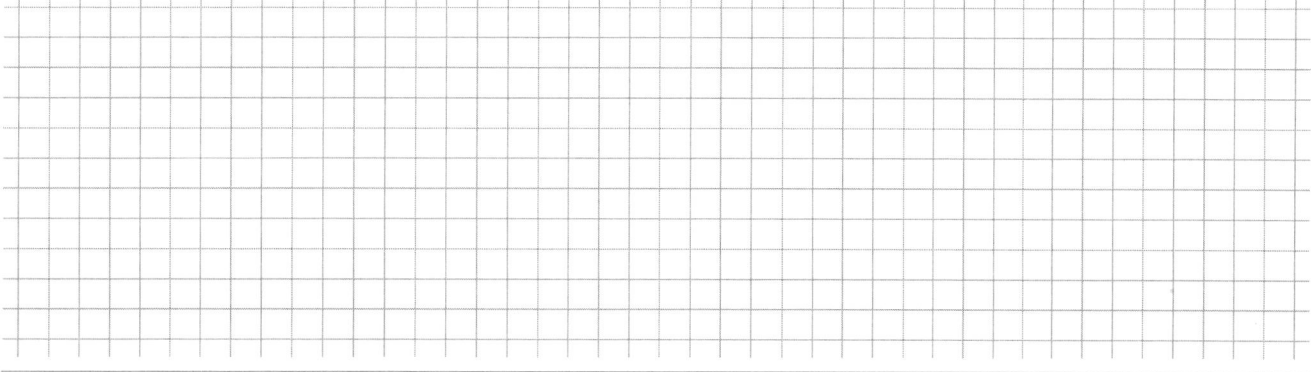

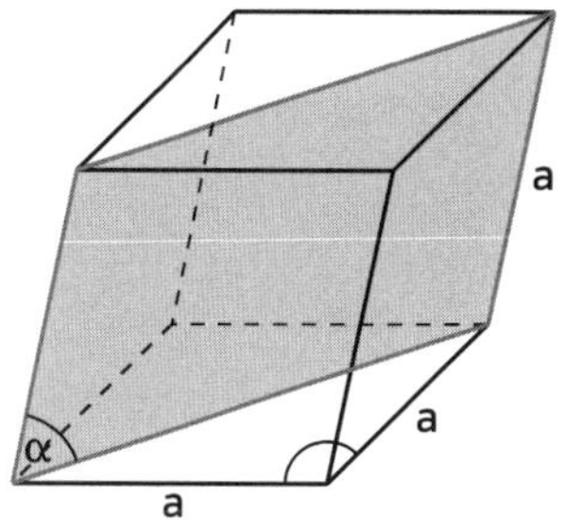

[T1] Markiere die gegebenen Größen in der Abbildung. Denke an den Sinus- und Kosinussatz.
[T2] 1. Zeichne eine Planskizze der Schnittfläche. Es handelt sich um ein Parallelogramm.
2. Berechne die Höhe des Parallelogramms.
3. Fertige zur Berechnung der Länge der Grundseite des Parallelogramms eine weitere Planskizze an.

Potenzen mit ganzzahligen Exponenten

1 Markiere Kärtchen mit gleichem Wert. Einige Kärtchen bleiben übrig.

3^4 | $\left(\frac{1}{3}\right)^{-4}$ | $\left(\frac{1}{9}\right)^{2}$ | $\left(\frac{1}{81}\right)^{-1}$ | $\left(\frac{1}{8}\right)^{-2}$ | $(-4)^3$

-8^2 | $(-2)^6$ | $\left(-\frac{1}{2}\right)^{6}$ | 2^6 | 4^3 | 9^2

2 Gib in wissenschaftlicher Schreibweise an.

a) 84 000 000 000 = ______ b) 50 000 000 000 000 = ______ c) 0,000 000 000 08 = ______

d) 0,000 549 = ______ e) $0{,}000\,022 \cdot 10^{-2}$ = ______ f) $0{,}04 \cdot 10^{9}$ = ______

3 Schreibe ohne die Verwendung von Zehnerpotenzen.

a) $7{,}34 \cdot 10^{7}$ = ______ b) $2{,}9 \cdot 10^{-3}$ = ______ c) $1052 \cdot 10^{-5}$ = ______

d) $62 \cdot 10^{4}$ = ______ e) $0{,}41 \cdot 10^{5}$ = ______ f) $507 \cdot 10^{-6}$ = ______

4 Drei der Umformungen sind fehlerhaft. Streiche in dem Fall den Wert rechts vom Gleichheitszeichen und korrigiere ihn.

$4^{-2} = \frac{1}{4^2}$ ______ $-\frac{1}{4^{-2}} = 4^2$ ______ $(-4)^{-2} = \frac{1}{16}$ ______

$\frac{1^3}{3} = \frac{1}{27}$ ______ $\left(-\frac{1}{3}\right)^3 = -\frac{1}{27}$ ______ $\left(\frac{1}{3}\right)^{-3} = -\frac{1}{27}$ ______

5 Schreibe mit positiven Exponenten.

a) $5^{-7} \cdot 3^{2}$ = ______ b) $\frac{6^6}{5^{-1}}$ = ______ c) $\frac{2^{-6}}{7^{-5}}$ = ______

d) $8^{9} : 3^{-2}$ = ______ e) $2^{9} \cdot \frac{1}{4^{-3}}$ = ______ f) $6^{-1} : 7^{-5}$ = ______

6 Schreibe als Potenz mit negativem Exponenten.

a) $\frac{1}{36} = \frac{1}{6^2} =$ ______ b) $\frac{1}{125}$ = ______ c) $\frac{1}{32}$ = ______

d) $\frac{1}{27}$ = ______ e) 0,25 = ______ f) 0,0001 = ______

7 Berechne.

a) $5 \cdot (-2)^3$ b) $-4 + \left(\frac{1}{2}\right)^{-4}$ c) $4 - 3^3$

= ______ = ______ = ______ = ______

d) $6 : 3^{-2}$ e) $50 + 250 : 5^3$ f) $18 \cdot 6^{-1} + 2$

= ______ = ______ = ______

Zur Erinnerung:
1. Potenzieren
2. Punktrechnung
3. Strichrechnung

8 Eine Lichtsekunde beträgt rund 300 000 km. Die 1966 gestartete Raumsonde Voyager hatte im Jahr 2013 einen Abstand von ca. 18 Lichtstunden zur Erde.
Gib die Entfernung in km mit und ohne Zehnerpotenz an.

Mit Zehnerpotenz: ______

Ohne Zehnerpotenz: ______

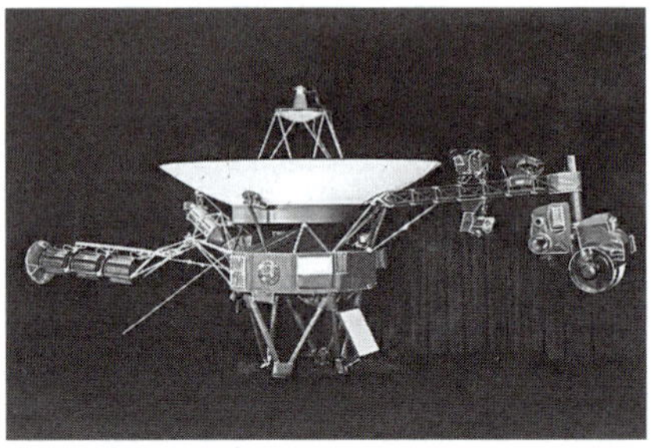

1 Erkläre einem Mitschüler, der das Potenzgesetz nicht versteht, warum es gilt.

a) Potenzen mit gleicher Basis werden multipliziert, indem die Exponenten addiert werden.

Beispiel: $x^3 \cdot x^4 = (x \cdot x \cdot x) \cdot (\_\_\_\_\_\_\_\_\_\_\_\_) = x^{\square} = x^{3\,\square}$

b) Potenzen mit gleicher Basis werden dividiert, indem die Exponenten

____________ werden.

Beispiel: $y^{\square} : y^{\square} =$ ________________________

2 Vereinfache.

a) $a^5 \cdot a^4 =$ ______ b) $b^9 : b^3 =$ ______ c) $c^7 \cdot c^{-2} =$ ______ d) $d^{-4} \cdot d^{-1} =$ ______

e) $r^{-3} : r^{-2} =$ ______ f) $s^8 : s^{-3} =$ ______ g) $t^{-4} \cdot t^8 =$ ______ h) $u^{-5} : u =$ ______

3 Korrigiere die notierte Regel und ergänze das Beispiel.

Potenzen werden potenziert, indem man die Exponenten addiert.

____

____

$(z^3)^2 = (z^3) \cdot (\_\_\_\_)$

$= (z \cdot \_\_\_\_) \cdot (\_\_\_\_)$

$= z^{\square} = z^{3\,\square}$

4 Notiere drei verschiedene Potenzen, die wertgleich mit der vereinfachten Potenz sind.

	Wertgleiche Potenzen			Vereinfachung
a)	$(2^4)^4$	$(2^2)^8$		2^{16}
b)				x^{-12}
c)				3^{-4}
d)				y^{6m}
e)				z^{2n}

5 Streiche falsche Umformungen durch.

	Pauls Lösung	Maries Lösung
a)	$a^3 \cdot a^5 = a^{15}$	$a^3 \cdot a^5 = a^8$
b)	$(b^2)^3 = (b^3)^2$	$(b^2)^3 = b^{3^2}$
c)	$c^4 \cdot c^{-2} = c^2$	$c^4 \cdot c^{-2} = c^2$
d)	$d^3 : d^{-1} = d^2$	$d^3 : d^{-1} = d^4$
e)	$a^x \cdot a^x = a^{2x}$	$a^x \cdot a^x = (a^2)^x$
f)	$3f^2 2g^3 = 6(fg)^5$	$3f^2 2g^3 = 6f^2g^3$
g)	$g^{n+3} : g^{n-1} = g^4$	$g^{n+3} : g^{n-1} = g^2$

__________ hat mehr richtige Umformungen.

6 Vereinfache den Term so weit wie möglich.

a) $\frac{1}{2}z^6 \cdot 6z^{-3} =$ ____________ b) $5w^8 : w^3 =$ ____________

c) $2{,}4c^2 : 0{,}8c^2 =$ ____________ d) $7a^{n+2} \cdot a^{-n} =$ ____________

e) $x^{k-2} \cdot x^2 =$ ____________ f) $\frac{b^{m-1}}{b^{1+m}} =$ ____________

7 Finde den Fehler und korrigiere die Rechnung.

a) $\frac{u^3 \cdot 8v^7}{4u \cdot v^6} = \frac{8}{4} \cdot \frac{u^3 \cdot v^7}{u \cdot v^6} = 2u^{3+1}v^{7+6} = 2u^4v^{13}$ ____________

b) $\frac{8a^7b}{2a^5b^3} = \frac{8}{2} \cdot \frac{a^7b}{a^5b^3} = 4 \cdot a^{7-5} \cdot b^{-3} = 4a^2b^{-3}$ ____________

c) $\frac{7x^4 \cdot (-3y^{-2})}{3x^3 \cdot 14y} = \frac{7 \cdot (-3)}{3 \cdot 14} \cdot \frac{x^4}{x^3} \cdot \frac{y^{-2}}{y} = -\frac{1}{2} \cdot x \cdot y^{-1}$ ____________

1 Ergänze die Aussagen und die Beweise zu den Potenzgesetzen für die Multiplikation und Division von Potenzen mit gleichen Exponenten.
Für beliebige Basen a und b (≠ 0) und einen natürlichen Exponenten n gilt:

a) $a^n \cdot b^n =$ ___ Beweis: $a^n \cdot b^n = \underbrace{a \cdot \ldots \cdot a}_{\_\text{-mal}} \cdot \underbrace{b \cdot \ldots \cdot b}_{\_\text{-mal}} = \underbrace{(\_\_) \cdot \ldots \cdot (\_\_)}_{\_\text{-mal}} = (a \cdot b)^n$

b) $a^n : b^n = \frac{a^n}{b^n} = \left(\frac{\_\_}{\_\_}\right)^{\_}$ Beweis: $\frac{a^n}{b^n} = \frac{a \cdot \ldots \cdot a}{b \cdot \ldots \cdot b} = \frac{a}{b} \cdot \ldots \cdot \frac{a}{b} = \left(\frac{\_\_}{\_\_}\right)^{\_}$

2 Berechne im Kopf.

a) $21^4 : 7^4 = (21 : 7)^4 = 3^4 =$ ___

b) $20^3 \cdot \left(\frac{1}{4}\right)^3 =$ ___

c) $(-0{,}3)^{-3} \cdot 10^{-3} =$ ___

d) $8^{-5} : 16^{-5} =$ ___

e) $\left(\frac{1}{3}\right)^6 \cdot (-6)^6 =$ ___

f) $(-18)^4 : 6^4 =$ ___

3 Ergänze die fehlende Zahl oder Variable.

a) $\left(\frac{2}{3}\right)^n \cdot 3^n = 2^{\_}$

b) $6{,}5^m : 5^m = \_\_^m$

c) $\left(\frac{1}{8}\right)^x \cdot \_\_^x = \left(\frac{1}{2}\right)^x$

d) $(-8)^p : 4^p = \_\_^p$

e) $20^{3k} : 10^{3k} = 2^{\_}$

f) $\left(\frac{3}{4}\right)^w \cdot \_\_^w = \left(\frac{3}{5}\right)^w$

g) $\left(\frac{5}{8}\right)^q : \_\_^q = \left(\frac{1}{3}\right)^q$

h) $\_\_^z \cdot 3^{-z} = 4^z$

4 Markiere falsche Umformungen mit „f" und verbessere.

$7^{2k} \cdot 2^{2k} = 14^{2k}$

$3^{x+2} : \left(\frac{1}{3}\right)^{x+2} = 1^{x+2}$

$(6a)^z : (2a)^z = (3a)^z$

$(5b)^{3y} \cdot b^{3y} = (5b^2)^{3y}$

$30^{-m} : 3^m = 10^{-m}$

$(4x)^{n-1} \cdot x^{1-n} = (4x^2)^{n-1}$

5 Forme mithilfe der Potenzgesetze so um, dass am Ende eine Potenz mit nur einer Basis und nur einem Exponenten steht.

a) $2^4 \cdot 9^2 = 2^4 \cdot (3^2)^2 =$ ___

b) $8^2 \cdot 6^6 =$ ___

c) $\left(\frac{1}{25}\right)^2 \cdot 35^4 =$ ___

6 Der abgebildete Quader hat eine quadratische Grundfläche.

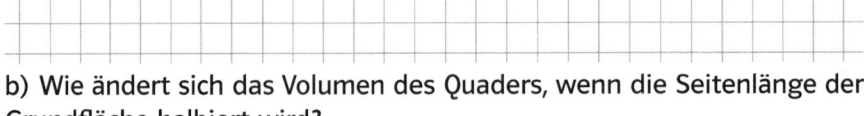

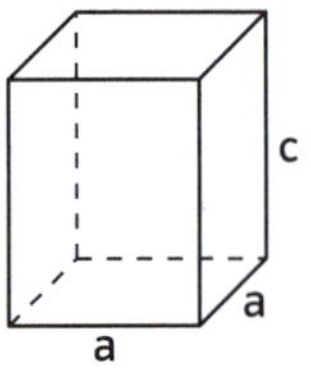

a) Die Seitenlänge a der Grundfläche wird verdreifacht, während die Höhe c gleich bleibt. Wie ändert sich dadurch das Volumen des Quaders?

b) Wie ändert sich das Volumen des Quaders, wenn die Seitenlänge der Grundfläche halbiert wird?

1 Lea und Tim haben die Festlegung (Definition) $a^{\frac{1}{n}} = \sqrt[n]{a}$ kennengelernt.
Sie überlegen, wie $10^{\frac{3}{4}}$ sinnvoll gedeutet werden kann.

$a^{\frac{1}{n}} = \sqrt[n]{a}$

Lea:
$10^{\frac{3}{4}} \overset{A}{=} (10^3)^{\frac{1}{4}} \overset{B}{=} \sqrt[4]{10^3}$

Tim:
$10^{\frac{3}{4}} \overset{C}{=} 10^{\frac{1}{4}+\frac{1}{4}+\frac{1}{4}} = 10^{\frac{1}{4}} \cdot 10^{\frac{1}{4}} \cdot 10^{\frac{1}{4}} \overset{D}{=} \sqrt[4]{10} \cdot \sqrt[4]{10} \cdot \sqrt[4]{10} \overset{E}{=} (\sqrt[4]{10})^3$

a) Welche Gesetze (P1 bis P5) oder Definitionen (D1 und D2) haben Lea bzw. Tim verwendet? Notiere zu den Buchstaben am Gleichheitszeichen die entsprechende Abkürzung.

A: ______ B: ______ C: ______ D: ______ E: ______

D1 | $\underbrace{a \cdot a \cdot \ldots \cdot a}_{n \text{ Faktoren}} = a^n$

P1 | $a^p \cdot a^q = a^{p+q}$

P4 | $a^p : a^q = a^{p-q}$

D2 | $a^{\frac{1}{n}} = \sqrt[n]{a}$

P3 | $a^p : b^p = \frac{a^p}{b^p} = \left(\frac{a}{b}\right)^p$

P2 | $a^p \cdot b^p = (ab)^p$

P5 | $(a^p)^q = a^{pq}$

b) Ändere Leas Weg ein wenig, sodass auch sie $(\sqrt[4]{10})^3$ erhält. $10^{\frac{3}{4}} =$ ______

2 Markiere Kärtchen mit gleichem Wert.

$3^{\frac{2}{3}}$ | $\sqrt[3]{2^2}$ | $\sqrt[3]{3}$ | $\sqrt{3^3}$ | $3^{\frac{3}{2}}$ | $\sqrt[3]{3^2}$ | $(\sqrt{3})^3$ | $2^{\frac{2}{3}}$ | $3^{\frac{1}{3}}$ | $(\sqrt[3]{3})^2$ | $(\sqrt[3]{2})^2$

3 Berechne im Kopf.

$36^{\frac{1}{2}} =$ ______
$27^{\frac{2}{3}} =$ ______
$8^{\frac{1}{3}} =$ ______
$\left(\frac{1}{81}\right)^{\frac{1}{2}} =$ ______
$4^{\frac{5}{2}} =$ ______
$1000^{\frac{2}{3}} =$ ______
$16^{-\frac{1}{4}} =$ ______
$9^{-\frac{3}{2}} =$ ______

4 Schreibe ohne Wurzeln und vereinfache dann.

a) $\sqrt[3]{4} \cdot \sqrt[3]{2} =$ ______
b) $\sqrt[3]{3} : \sqrt{3} =$ ______
c) $\sqrt[10]{x^3} : \sqrt[5]{x} =$ ______
d) $\sqrt[4]{y} \cdot \sqrt[3]{y^2} =$ ______

5 Vereinfache und verwende gegebenenfalls die Wurzelschreibweise.

a) $6^{\frac{2}{3}} \cdot 6^{\frac{4}{3}} =$ ______
b) $\left(81^{-\frac{6}{7}}\right)^{\frac{7}{12}} =$ ______
c) $7^{-1,3} \cdot 7^{0,3} =$ ______
d) $45^{\frac{3}{5}} : 3^{\frac{3}{5}} =$ ______
e) $\left(a^{\frac{1}{6}}\right)^{-\frac{3}{4}} =$ ______
f) $b^{-\frac{5}{6}} : b^{\frac{1}{3}} =$ ______

6 a) Die Abbildung zeigt eine Würfelfigur. Sie besteht aus vier gleich großen Würfeln mit der Kantenlänge a. Das Gesamtvolumen V der Figur berechnet man aus der Kantenlänge a mit der Formel V = ______.

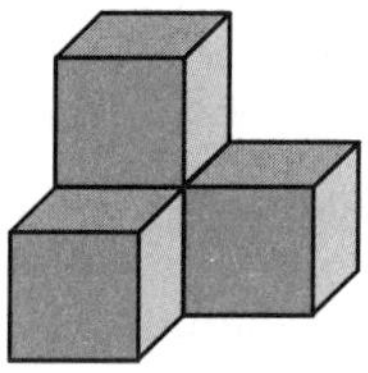

Berechne jeweils das Volumen der Würfelfigur für die angegebene Kantenlänge:

a = 3 cm V = ______ ; a = 5 cm V = ______ ; a = 1,5 m V = ______.

b) Umgekehrt kann aus dem Volumen der Würfelfigur die Kantenlänge eines Teilwürfels berechnet werden. Fülle die Tabelle aus.

Volumen V	32 cm³	0,5 m³	4 m³	Allgemeine Formel:
Kantenlänge a				a = ______

c) Um das Volumen der Würfelfigur zu verdoppeln, muss man a mit dem Faktor ______ multiplizieren.

1 Berechne zuerst die Funktionswerte.
Dann lässt sich der Graph leichter zeichnen.

	0	$\frac{1}{2}$	1	2
a) $f(x) = x^2$				
b) $f(x) = 0{,}25x^4$				
c) $f(x) = x^3$				
d) $f(x) = -x^3$				

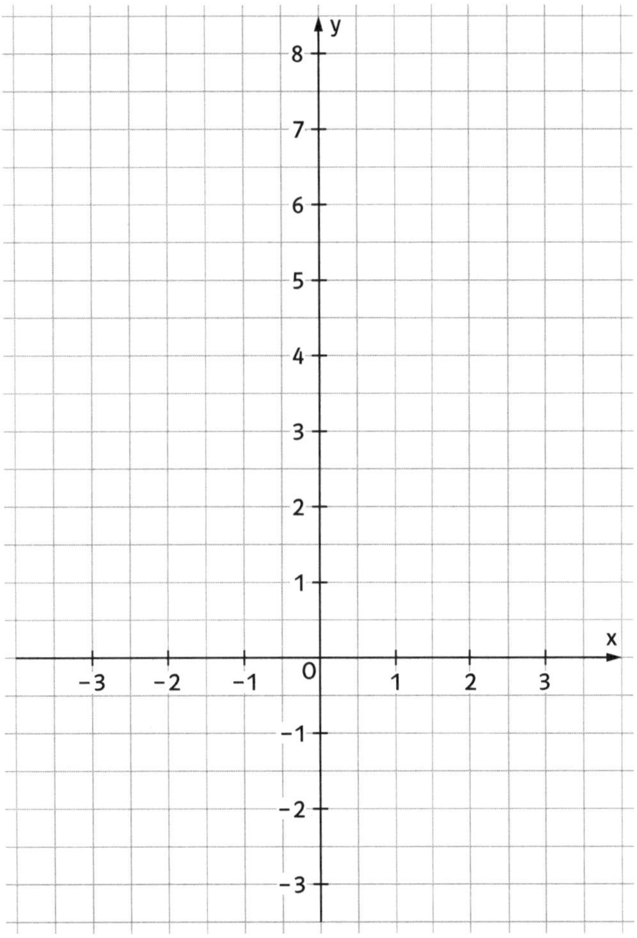

2 Die Punkte liegen auf dem Graphen der Funktion mit $f(x) = \frac{1}{3}x^3$.
Bestimme die fehlende Koordinate.

P(6 | ______) Q(−2 | ______)

R(______ | $-\frac{1}{3}$) S(______ | 9)

3 Notiere zur Funktionsgleichung den Buchstaben des zugehörigen Graphen.

a) $f(x) = 0{,}2x^6$

b) $f(x) = \frac{1}{2}x^3$

c) $f(x) = -x^5$

d) $f(x) = 3x^3$

e) $f(x) = \frac{1}{16}x^4$

f) $f(x) = -0{,}2x^6$

Lösungswort:

___ ___ ___ ___ ___ ___

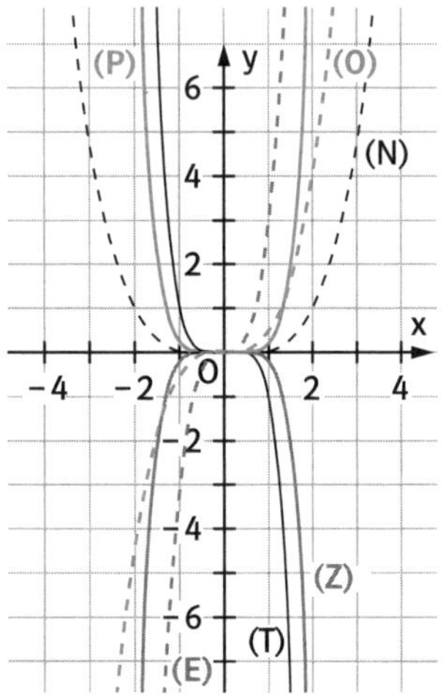

4 Gib den Funktionsterm einer möglichen Potenzfunktion mit $f(x) = a \cdot x^n$ an.

a) Der Graph der Funktion 5. Grades verläuft durch den Punkt P(1 | 1,5). f(x) = ______

b) Der Graph verläuft durch die Punkte Q(−1 | −2) und R(1 | −2). f(x) = ______

c) Der Graph durch den Punkt A(−1 | 1) ist punktsymmetrisch zum Ursprung. f(x) = ______

5 Die Graphen g_1, g_2 und g_3 sind aus dem Graphen von f mit $f(x) = x^4$ durch Verschiebung oder durch Streckung entstanden.

a) Beschreibe, wie die Graphen g jeweils entstanden sind.

g_1: Spiegelung an der ______ -Achse und Streckung mit a = ______ .

g_2: Verschiebung um ______

g_3: Verschiebung um ______

b) Gib den Funktionsterm der Graphen g an.

$g_1(x)$ = ______ ; $g_2(x)$ = ______ ; $g_3(x)$ = ______

c) Vervollständige die Aussagen zur Symmetrie:

Die Graphen von f, g_1 und g_2 sind symmetrisch zur ______ .

Der Graph von g_3 ist symmetrisch zur ______ .

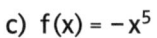

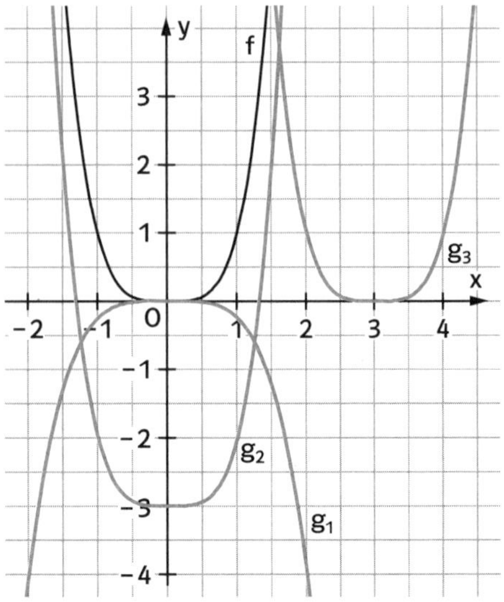

1 a) Ordne jeder Potenzgleichung alle Zahlen zu, die Lösung dieser Potenzgleichung sind. Zwei Potenzgleichungen und mehrere Zahlen bleiben übrig.

$x^3 = 8$ | $x^4 = 16$ | $x^5 = -1$ | $x^4 = -4$ | $x^3 = -8$ | $x^4 = 4$ | $x^4 = -16$ | $x^2 = 1$

4 | 2 | 0 | -2 | $\sqrt{2}$ | -1 | -4 | 1 | $-\sqrt{2}$

b) Warum konnte den beiden übrigen Potenzgleichungen keine der vorgeschlagenen Zahlen als Lösung zugeordnet werden? Kreuze die richtige Begründung an.

- ☐ Die beiden Potenzgleichungen haben andere Zahlen als Lösungen.
- ☐ Die beiden Potenzgleichungen haben keine Lösung.
- ☐ Die beiden Gleichungen sind keine Potenzgleichungen.

c) Gib für jede der übrig gebliebenen Zahlen eine Potenzgleichung an, die diese Zahl als Lösung hat.

2 a) Berechne die Lösung der Gleichungen
(1) $0{,}5x^4 = 2$ und (2) $2x^3 = -1$.

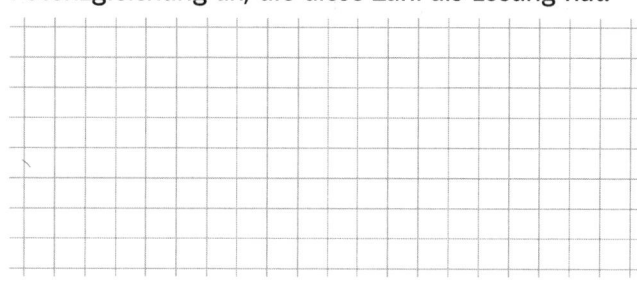

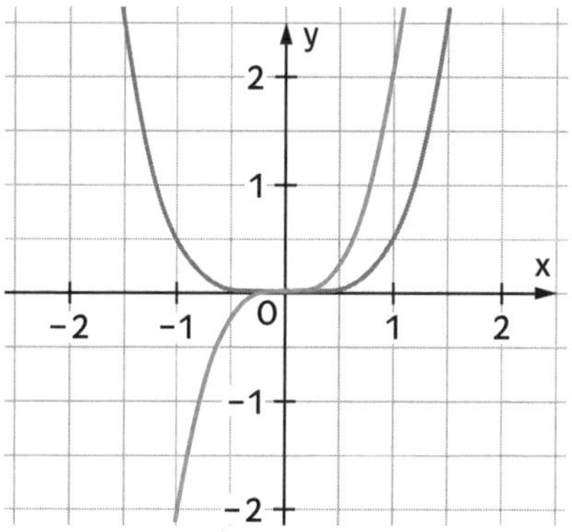

b) Veranschauliche die Lösungen anhand der gegebenen Graphen.

3 Löse die Gleichung.

a) $x^{-3} = 125$

b) $x^{-2} = 7$

c) $x^{\frac{4}{3}} = 16$

d) $x^{\frac{1}{2}} = -0{,}5$

4 Schreibe die Wurzel als Potenz und löse die Gleichung.

a) $\sqrt[4]{x-5} = 3$

b) $3 + \sqrt[3]{x^4} = 9$

5 Kreuze an, ob die Aussage richtig oder falsch ist. Begründe bei falschen Aussagen mit einem (oder mehreren) Gegenbeispiel(en).

Aussage	Richtig	Falsch	Gegenbeispiel(e)
Es gibt keine Potenzgleichung, die nur die Lösung -3 hat.			
Es gibt keine Potenzgleichung, die die beiden Lösungen 1 und 3 hat.			
Es gibt nur eine Potenzgleichung, die die Lösung $\sqrt{3}$ hat.			
Jede Potenzgleichung mit geradem Exponenten hat entweder zwei Lösungen oder keine.			
Jede Potenzgleichung mit ungeradem Exponenten hat genau eine Lösung.			

1 a) Welche Karten haben denselben Wert? Verbinde. Tipp: Einmal gehören drei Karten zusammen.

$67 \cdot 10^3$ | $0{,}067$ | $670 \cdot 10^{-3}$ | $6{,}7$ | $6{,}7 \cdot 10^{-2}$ | 6700 | $0{,}067 \cdot 10^4$ | $0{,}67$ | $670 \cdot 10^{-4}$ | $6{,}7 \cdot 10^3$ | $67\,000$ | $670 \cdot 10^{-2}$ | 670

b) Kreise alle Kärtchen ein, auf denen eine Zahl in wissenschaftlicher Schreibweise steht.

2 Wende die Potenzgesetze an. Berechne, wenn möglich, den Wert des Terms.

a) $-(5^4)^2 =$ ______

b) $(-5^4)^2 =$ ______

c) $(-3^4)^3 =$ ______

d) $(x^3)^{-3} =$ ______

e) $3^u \cdot 8^u =$ ______

f) $\frac{15^4}{5^4} =$ ______

g) $\frac{(2a)^3}{4a \cdot a^{-5}} =$ ______

3 Vereinfache.

a) $x^{\frac{4}{5}} : x^{-\frac{1}{5}} =$ ______

b) $\left(y^{-\frac{5}{8}}\right)^{\frac{1}{5}} =$ ______

c) $(3^z \cdot 12^z)^{0,5} =$ ______

d) $r^{0,3} : r^{-2} =$ ______

e) $\left(s^3 \cdot s^{\frac{1}{4}}\right)^4 =$ ______

f) $\left(\sqrt{2}^{\sqrt{2}}\right)^{\sqrt{2}} =$ ______

4 Ergänze.

a) $a^2 \cdot a^{-3} = a^{\square}$

b) $(b^5)^{\square} = b^{10}$

c) $\frac{c^4}{c^{\square}} = c^6$

d) $\left(d^{\square}\right)^3 = d^{-6}$

e) $r^3 \cdot \square^3 = -8r^3$

f) $s^{\square} : s^5 = s^{-7}$

5 Verbinde Kärtchen mit gleichem Wert.

$\sqrt[5]{7^4}$ | $\sqrt[4]{7^{-5}}$ | $\left(\sqrt[4]{\frac{1}{7^5}}\right)$ | $-7^{\frac{4}{5}}$ | $7^{-\frac{5}{4}}$ | $\sqrt[5]{7^{-4}}$ | $\sqrt[5]{\left(\frac{1}{7^4}\right)}$ | $(\sqrt[5]{7})^4$ | $7^{\frac{4}{5}}$ | $-\sqrt[5]{7^4}$ | $7^{0,8}$ | $7^{-\frac{4}{5}}$

6 Welche der folgenden Zuordnungsvorschriften stellen Potenzfunktionen dar? Unterstreiche sie.

a: $f(x) = 5x^4$;

b: $f(x) = x^x$;

c: $f(x) = \sqrt{2}\,x^{\sqrt{4}}$;

d: $f(x) = x^3 \cdot \sqrt{x}$

7 Berechne im Kopf.

a) $4^{\frac{3}{2}} =$ ______

b) $36^{-0,5} =$ ______

c) $\left(\frac{1}{64}\right)^{\frac{1}{2}} =$ ______

d) $8^{\frac{2}{3}} =$ ______

e) $125^{-\frac{1}{3}} =$ ______

f) $243^{\frac{2}{5}} =$ ______

8 Ergänze die Tabelle.

		Umwandlung der Einheit	Wissenschaftliche Schreibweise	Dezimalschreibweise
a)	Wellenlänge von Schwarzlicht: 350 nm	$350 \cdot 10^{-9}$ m		
b)	Dicke eines Haares: 0,12 mm	m		
c)	Luftdruck am Nanga Parbat: 350 hPa	Pa		
d)	Tiefe des Marianengrabens: 11 km	m		

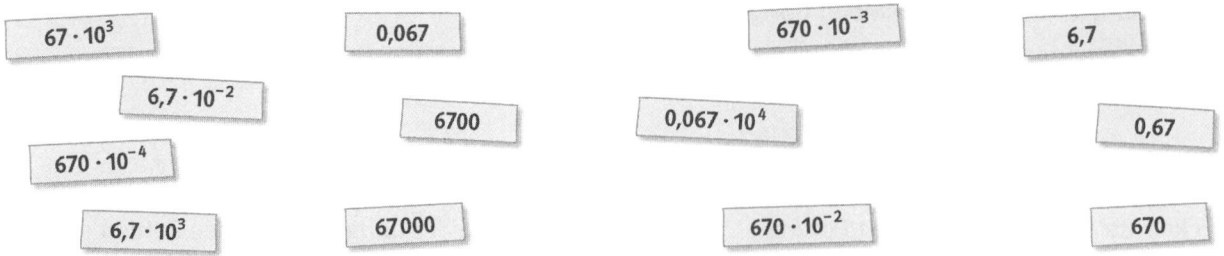

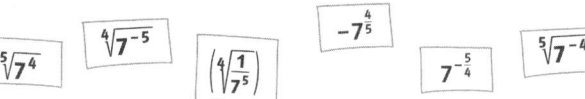

9 a) Die Graphen f und g sind aus den Graphen von Potenzfunktionen entstanden. Vervollständige die Funktionsgleichungen.
$f(x) = x^3$ ____ ; $g(x) = ($ ____ $)^4$
b) Beschreibe die Symmetrie der Graphen von f und g:

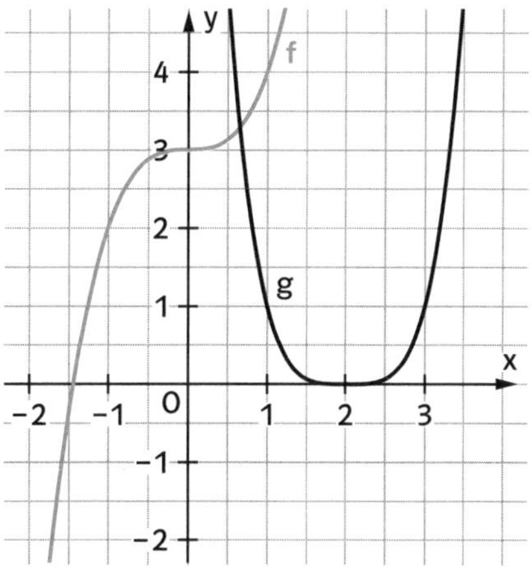

10 Schreibe als Potenz und vereinfache so weit wie möglich.

a) $\sqrt[6]{25^3} =$

b) $\sqrt[3]{4^{-9}} =$

c) $\sqrt{\sqrt[3]{1000}} =$

d) $\sqrt[4]{\sqrt[3]{\frac{1}{64}}} =$

11 Finde die Fehler in den Rechungen und korrigiere.

$14a^2 : 7c^2 = 2$

$\frac{u^2 \cdot 8v^5}{4u \cdot v^6} = \frac{8}{4} \cdot \frac{u^2 \cdot v^5}{u \cdot v^6} = 2uv$

$\frac{12xy^6}{4x^5y^3} = \frac{12}{4} \cdot \frac{x}{x^5} \cdot \frac{y^6}{y^3} = 4x^4y^3$

12 Gib den Funktionsterm einer Potenzfunktion an, zu der die Aussage passt.

a) Der Graph ist symmetrisch zur y-Achse und verläuft durch den Punkt P(1|1).
f(x) =

b) Die Funktionswerte sind alle negativ oder null.
f(x) =

c) Der Graph ist punktsymmetrisch zum Ursprung und enthält den Punkt R(−1|−3).
f(x) =

13 Löse die Gleichung.

a) $(x + 3)^3 = 27$ x =

b) $(3x - 1)^4 = 81$ x ___ =

c) $\sqrt[5]{6 - 2x} = 2$ x =

14 Der Mond hat eine Masse von $7{,}349 \cdot 10^{22}$ kg. Die Masse der Erde beträgt $5{,}972 \cdot 10^{21}$ t. Wie viele Monde hätten zusammen die gleiche Masse wie die Erde?

15 Die Zahlen $u = (10^{10})^{10}$ und $v = 10^{(10^{10})}$ sollen auf kariertes DIN-A4-Papier in Ziffern ausgeschrieben werden. Dabei soll in jedem Kästchen eine Ziffer stehen. Ein kariertes DIN-A4-Blatt hat in der Breite 42 und in der Länge 58 ganze Kästchen. Wie viel Platz wird benötigt, um die Zahlen u und v aufzuschreiben? [T1]

[T1] Der Exponent einer Zehnerpotenz gibt an, wie viele Nullen die Zahl hat.

Flächeninhalt eines Kreises

1 Berechne die fehlenden Werte des Kreises.

	a)	b)	c)	d)
r	7 cm			
d		9 km		
A			28,3 m^2	0,79 cm^2

2 Eine Pizzeria wirbt mit dem abgebildeten Standplakat. Die kleine Pizza hat einen Durchmesser von 30 cm, der Durchmesser der großen Pizza beträgt 40 cm. Welches Angebot ist günstiger? Fülle die Lücken.

Der Flächeninhalt der kleinen Pizza beträgt ____________ cm^2.

Man erhält also pro Euro ____________ cm^2 Pizza.

Der Flächeninhalt der großen Pizza beträgt ____________ cm^2.

Man erhält hier pro Euro ____________ cm^2 Pizza.

Die ____________ Pizza ist günstiger.

3 Der Außenradius eines Lochverstärkers ist doppelt so groß wie der Innenradius.

a) Stelle einen Term für den Flächeninhalt in Abhängigkeit vom Innenradius r auf.

b) Ein Lochverstärker hat einen Außendurchmesser von 13 mm. Berechne seinen Flächeninhalt.

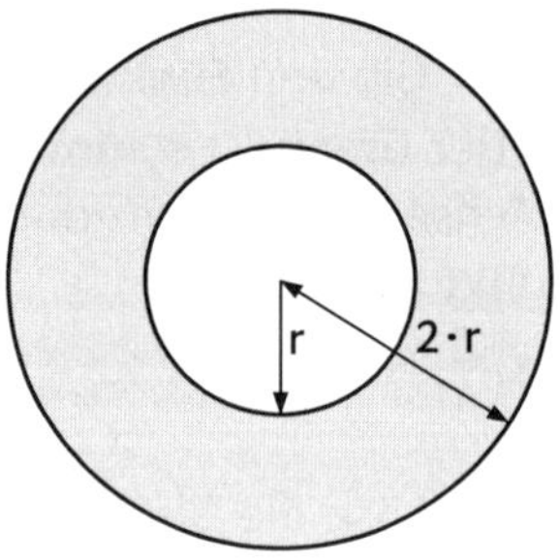

4 Berechne den Flächeninhalt der Figur (1 Kästchenlänge = 0,4 cm). Runde auf zwei Nachkommastellen.

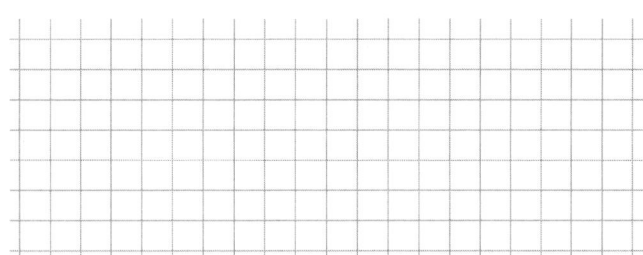

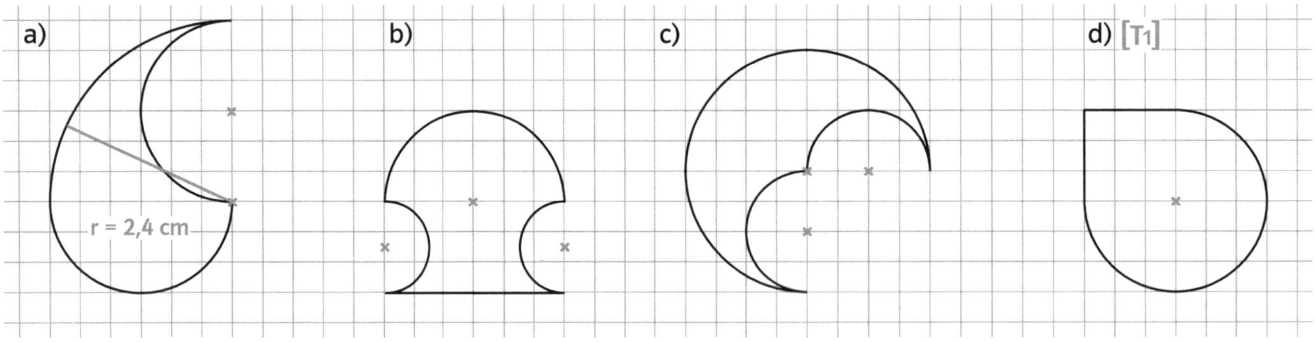

[T1] Die Figur kann man in ein Quadrat und einen Dreiviertelkreis zerlegen.

Lambacher Schweizer 10

Mathematik für Gymnasien – G9

Niedersachsen

herausgegeben von
Matthias Janssen und Klaus-Peter Jungmann

erarbeitet von
Ilona Bernhard
Wiebke Bucholzki
Karen Kaps
Joachim Krick
Michaela Ruckh

Ernst Klett Verlag
Stuttgart · Leipzig

Reelle Zahlen

1 Ordne die Zahlen auf den Kärtchen in das abgebildete Mengendiagramm ein.

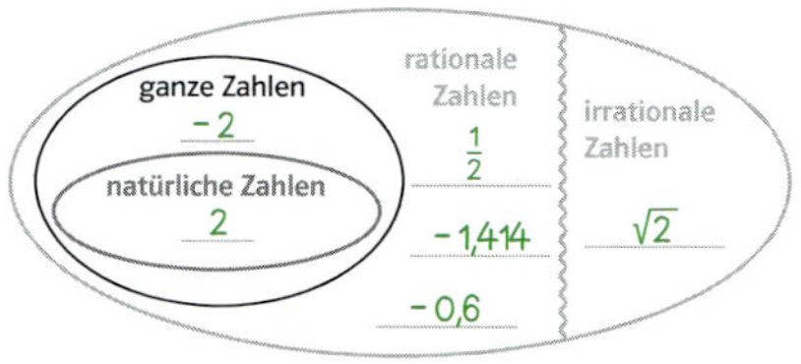

2 Bestimme die Wurzeln, wenn möglich im Kopf. Schreibe in das Feld ein n, falls die Wurzel eine natürliche Zahl ist, ein r für eine rationale Zahl und ein i für eine irrationale Zahl. Gib die irrationalen Wurzeln mit einer Nachkommastelle an.

Regeln:
$\sqrt{a \cdot b} = \sqrt{a} \cdot \sqrt{b}$
$\sqrt{\frac{a}{b}} = \frac{\sqrt{a}}{\sqrt{b}}$

a) $\sqrt{121} = 11$	n	b) $\sqrt{0,25} = 0,5$	r	c) $\sqrt{10} \approx 3,2$	i
d) $\sqrt{0,64} = 0,8$	r	e) $\sqrt{\frac{32}{72}} = \sqrt{\frac{4}{9}} = \frac{2}{3}$	r	f) $\sqrt{4900} = 70$	n
g) $\sqrt{\frac{144}{36}} = \frac{12}{6} = 2$	n	h) $\sqrt{2,56} = 1,6$	r	i) $\sqrt{0,0625} = 0,25$	r
j) $\sqrt{1,96} = 1,4$	r	k) $\sqrt{7^2} = 7$	n	l) $\sqrt{36 \cdot 49} = 6 \cdot 7 = 42$	n

3 Ziehe teilweise die Wurzel.

a) $\sqrt{27} = \sqrt{9 \cdot 3} = 3 \cdot \sqrt{3}$
b) $\sqrt{32} = \sqrt{16 \cdot 2} = 4 \cdot \sqrt{2}$
c) $\sqrt{52} = \sqrt{4 \cdot 13} = 2 \cdot \sqrt{13}$
d) $\sqrt{360} = \sqrt{36 \cdot 10} = 6 \cdot \sqrt{10}$
e) $\sqrt{\frac{50}{12}} = \sqrt{\frac{25 \cdot 2}{4 \cdot 3}} = \frac{5}{2} \cdot \sqrt{\frac{2}{3}}$
f) $\sqrt{\frac{24}{98}} = \sqrt{\frac{4 \cdot 6}{49 \cdot 2}} = \frac{2}{7} \cdot \sqrt{3}$

4 Vereinfache durch Ausmultiplizieren bzw. durch Ausklammern.

a) $\sqrt{8} \cdot (\sqrt{8} + \sqrt{32}) = 8 + \sqrt{256} = 8 + 16 = 24$
b) $5 \cdot \sqrt{5} - 3 \cdot \sqrt{5} = (5 - 3) \cdot \sqrt{5} = 2 \cdot \sqrt{5}$
c) $\sqrt{11} \cdot 4 + 2 \cdot \sqrt{11} = (4 + 2) \cdot \sqrt{11} = 6 \cdot \sqrt{11}$
d) $3 \cdot \sqrt{7} - \sqrt{7} \cdot 7 = \sqrt{7} \cdot (3 - 7) = -4 \cdot \sqrt{7}$
e) $\sqrt{5} \cdot (\sqrt{125} - \sqrt{45}) = \sqrt{5 \cdot 125} - \sqrt{5 \cdot 45} = \sqrt{5 \cdot 5 \cdot 25} - \sqrt{5 \cdot 5 \cdot 9} = 5 \cdot 5 - 5 \cdot 3 = 25 - 15 = 10$
f) $(\sqrt{54} + \sqrt{96}) \cdot \sqrt{6} = \sqrt{9 \cdot 6 \cdot 6} + \sqrt{16 \cdot 6 \cdot 6} = 3 \cdot 6 + 4 \cdot 6 = 18 + 24 = 42$

5 Finde die Fehler und korrigiere in der Zeile darunter. Welcher Fehler wurde gemacht?

a) $\frac{1}{\sqrt{5}} + \frac{4}{\sqrt{5}} = \frac{5}{\sqrt{5}} = \frac{5 \cdot \sqrt{5}}{\sqrt{5} \cdot \sqrt{5}} = \frac{5 \cdot \sqrt{5}}{25} = 5 \cdot \sqrt{5}$ (durchgestrichen)
(Wurzelzeichen vergessen) $= \frac{5 \cdot \sqrt{5}}{\sqrt{25}} = \frac{5 \cdot \sqrt{5}}{5} = \sqrt{5}$

b) $\sqrt{\frac{9}{8}} + \sqrt{\frac{25}{8}} = \frac{3}{\sqrt{8}} + \frac{5}{\sqrt{8}} = \frac{8}{\sqrt{64}} = \frac{8}{8} = 1$ (durchgestrichen)
$= \frac{8}{\sqrt{8}} = \frac{8 \cdot \sqrt{8}}{\sqrt{8} \cdot \sqrt{8}} = \frac{8\sqrt{8}}{8} = \sqrt{8}$ (Der gemeinsame Nenner bleibt gleich.)

c) $3 \cdot \sqrt{27} + 9 \cdot \sqrt{3} = 3 \cdot \sqrt{3 \cdot 9} + 9 \cdot \sqrt{3} = 3 \cdot \sqrt{3} \cdot 3 + 9 \cdot \sqrt{3} = \sqrt{3} \cdot 9 + 9 \cdot \sqrt{3} = \sqrt{3} \cdot 18 \cdot \sqrt{3} = 3 \cdot 18 = 54$ (durchgestrichen)
(Punkt vor Strich nicht beachtet) $= \sqrt{3} \cdot (9 + 9) = 18 \cdot \sqrt{3}$

d) $\frac{1}{\sqrt{2} + \sqrt{3}} = \frac{1}{(\sqrt{2} + \sqrt{3})} \cdot \frac{(\sqrt{2} - \sqrt{3})}{(\sqrt{2} - \sqrt{3})} = \frac{\sqrt{2} - \sqrt{3}}{3 - 2} = \frac{\sqrt{2} - \sqrt{3}}{1} = \sqrt{2} - \sqrt{3}$ (durchgestrichen)
$= \frac{\sqrt{2} - \sqrt{3}}{2 - 3} = \frac{\sqrt{2} - \sqrt{3}}{-1} = \sqrt{3} - \sqrt{2}$ (Im Nenner wurden die Zahlen vertauscht.)

1 Gib die Koordinaten des Scheitelpunktes bzw. den Funktionsterm der verschobenen Normalparabel an. Skizziere dann den Graphen in das Koordinatensystem.

a) $f(x) = x^2 + 2$ — S(0 | 2)

b) $g(x) = (x + 2)^2 + 1$ — S(−2|1)

c) $h(x) = (x - 1)^2 - 1$ — S(1 | −1)

d) $k(x) = (x - 3)^2$ — S(3|0)

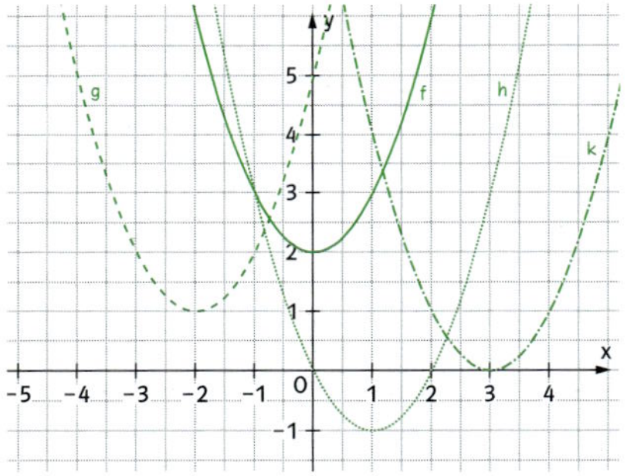

2 Lies die Koordinaten des Scheitelpunktes ab und gib den Funktionsterm zum Graphen an. [T1]

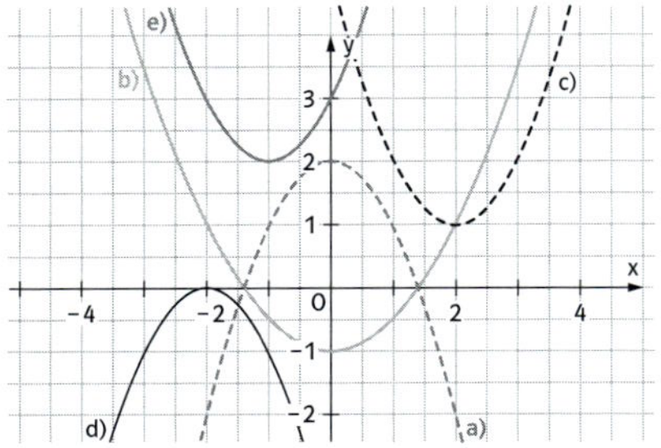

a) S(0 | 2) — $f(x) = -x^2 + 2$

b) S(0 | −1) — $f(x) = 0{,}5 \cdot x^2 - 1$

c) S(2 | 1) — $f(x) = (x - 2)^2 + 1$

d) S(−2 | 0) — $f(x) = -(x + 2)^2$

e) S(−1 | 2) — $f(x) = (x + 1)^2 + 2$

3 Beschrifte zusammengehörende Kärtchen mit denselben Buchstaben. Ergänze die fehlenden Nullstellen.

A | $y = -x^2 + 1$ — B | S(−1|−1) — A | Nullstellen: $x_1 = -1$; $x_2 = 1$ — C | S(3|−4) — E | $y = -x^2 + 2x - 1$

B | Nullstellen: $x_1 = 0$; $x_2 = -2$ — E | S(1|0) — C | Nullstellen: $x_1 = 1$; $x_2 = 5$

C | $y = (x - 3)^2 - 4$ — D | keine Nullstellen — E | $y = -(x - 1)^2$

B | $y = x(x + 2)$ — D | $y = x^2 + 4x + 5$ — A | S(0|1) — B | $y = x^2 + 2x$

D | S(−2|1) — E | Nullstelle: $x = 1$ — C | $y = x^2 - 6x + 5$ — D | $y = (x + 2)^2 + 1$

4 Erläutere, wie der Graph der Funktion f aus der Normalparabel entstanden ist.

a) $f(x) = 2(x + 1)^2 + 3$

Die Normalparabel wurde um eine Einheit nach links und um drei Einheiten nach oben verschoben und mit dem Faktor 2 in y-Achsenrichtung gestreckt.

b) $f(x) = -(x - 4)^2$

Die Normalparabel wurde an der x-Achse gespiegelt und um vier Einheiten nach rechts verschoben.

c) $f(x) = -\frac{1}{2}x^2 - 2$

Die Normalparabel wurde an der x-Achse gespiegelt, um zwei Einheiten nach unten verschoben und mit dem Faktor $\frac{1}{2}$ in y-Achsenrichtung gestaucht.

[T1] Achte auch auf eine mögliche Streckung der Parabel.

5 Ergänze die Tabelle.

Funktionsterm in faktorisierter Form	Nullstellen	Mittelwert x_s der Nullstellen	Funktionswert $f(x_s)$ des Mittelwertes	Scheitelpunkt
a) $f(x) = (x + 4)x$	−4 und 0	−2	$f(-2) = (-2 + 4)(-2) = -4$	S(−2|−4)
b) $f(x) = 0{,}5(x + 2)(x - 6)$	−2 und 6	2	$f(2) = 0{,}5(2 + 2)(2 - 6) = -8$	S(2|−8)
c) $f(x) = -x(x - 10)$	0 und 10	5	$f(5) = -5(5 - 10) = 25$	S(5|25)
d) $f(x) = -2(x + 7)(x + 1)$	−7 und −1	−4	$f(-4) = -2(-4 + 7)(-4 + 1) = 18$	S(−4|18)

6 Wandle in die allgemeine Form um.

a) $f(x) = -\frac{1}{2}x(x + 8) = -\frac{1}{2}x^2 - 4x$

b) $f(x) = (x + 4)(x - 3) = x^2 - 3x + 4x - 12 = x^2 + x - 12$

c) $f(x) = (x - 5)^2 - 10 = x^2 - 10x + 25 - 10 = x^2 - 10x + 15$

7 Bestimme die Lösungen der Gleichung. [T1]

a) $\frac{1}{4}x^2 - 25 = 0$ | +25
⇔ $\frac{1}{4}x^2 = 25$ | ·4
⇔ $x^2 = 100$
$x_1 = 10$; $x_2 = -10$

b) $2x^2 + 4x = 0$
$2x \cdot (x + 2) = 0$
$x_1 = 0$; $x_2 = -2$

c) $x^2 + 3x - 10 = 0$
$x_{1,2} = -1{,}5 \pm \sqrt{1{,}5^2 + 10}$
$x_{1,2} = -1{,}5 \pm 3{,}5$
$x_1 = 2$; $x_2 = -5$

d) $6(x - 4)(x + 4) = 0$
$x_1 = 4$; $x_2 = -4$

e) $\frac{1}{2}x^2 - 4x + 8 = 0$ | ·2
$x^2 - 8x + 16 = 0$
$(x - 4)^2 = 0$
$x = 4$

f) $\frac{1}{3}x^2 + 2x + 10 = 0$ | ·3
$x^2 + 6x + 30 = 0$
$x_{1,2} = -3 \pm \sqrt{9 - 30}$
keine Lösung

8 Die 2005 eingeweihte neue Svinesund-Brücke verbindet Norwegen und Schweden. Die Stützweite des parabelförmigen Bogens der Brücke beträgt 247 m bei einer Konstruktionshöhe von 92 m.
a) Bestimme einen Funktionsterm für den Bogen der Brücke. Skizziere zuerst das Koordinatensystem in das Foto. [T2]
b) Die Fahrbahn verläuft etwa 37 m unterhalb des Bogenscheitels. Berechne die Fahrbahnlänge innerhalb des Brückenbogens.

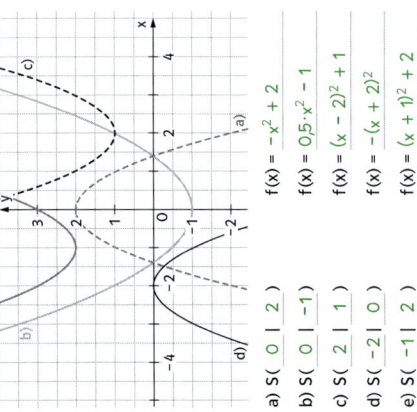

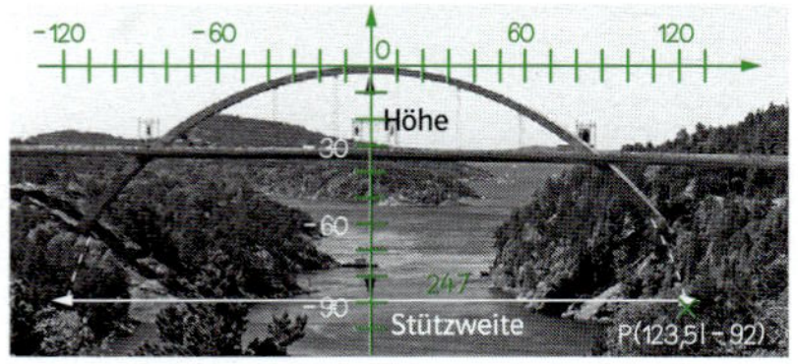

a) z.B. $y = ax^2$ mit P(123,5|−92)
$-92 = a \cdot 123{,}5^2$
$-0{,}00603 \approx a$
$y = -0{,}00603x^2$ (Alternativ zu a) $y = ax^2 + c$, P(0|92), Q(123,5|0), $y = -0{,}00603x^2 + 92$)

b) $-37 = -0{,}00603x^2$
$6136 \approx x^2$
$x \approx -78{,}33$ oder $x \approx 78{,}33$
$2 \cdot 78{,}33 = 156{,}66$
Die Fahrbahn hat innerhalb des Bogens eine Länge von fast 157 m.

9 Die Summe zweier Zahlen ist 18. Bestimme die beiden Zahlen so, dass die Summe ihrer Quadrate minimal ist.

$x + y = 18$, also $y = 18 - x$
$y = x^2 + (18 - x)^2$ soll minimal werden (Scheitelpunkt)

Lösung mit GTR: Für $x = 9$ und $y = 9$ wird die Summe minimal.

[T1] Nutze die pq-Formel nur, wenn du durch Umformen oder Ausklammern nicht zum Ziel kommst.
[T2] Wähle das Koordinatensystem so, dass der Term möglichst einfach wird.

1 Die Schülerinnen und Schüler der Klasse 10 a haben alle 140 Mitschülerinnen und Mitschüler ihres Jahrgangs befragt, ob sie bereits einen Tanzkurs besucht haben.

a) Vervollständige die Vierfeldertafel.

	Tanzkurs besucht	Keinen Tanzkurs besucht	Gesamt
Mädchen	42	42	84
Jungen	(21)	35	56
Gesamt	63	77	(140)

b) Berechne die Wahrscheinlichkeit dafür, dass eine im Jahrgang zufällig ausgewählte Person ein Junge mit Tanzkurserfahrung ist. Kreise die benötigten Werte in der Vierfeldertafel ein und berechne. $\frac{21}{140} = 0{,}15 = 15\,\%$

c) Berechne die Wahrscheinlichkeit dafür, dass ein zufällig ausgewählter Junge einen Tanzkurs besucht hat. Markiere die benötigten Werte und berechne. $\frac{21}{56} = 0{,}375 = 37{,}5\,\%$

d) Bestimme die Wahrscheinlichkeit dafür, dass ein zufällig von einer Tanzkursliste ausgewählter Name aus diesem 10. Jahrgang einem Jungen gehört. $\frac{21}{63} = 0{,}\overline{3} = 33{,}\overline{3}\,\%$

e) Entscheide, welche Wahrscheinlichkeit sich durch $\frac{42}{63} = 0{,}\overline{6} = 66{,}\overline{6}\,\%$ berechnen lässt. Kreuze an.

- ☐ Die Wahrscheinlichkeit dafür, dass eine zufällig ausgewählte Person ein Mädchen ist und schon einen Tanzkurs besucht hat.
- ☐ Die Wahrscheinlichkeit dafür, dass ein zufällig ausgewähltes Mädchen einen Tanzkurs besucht hat.
- ☒ Die Wahrscheinlichkeit dafür, dass eine zufällig ausgewählte Person, die schon einen Tanzkurs besucht hat, ein Mädchen ist.

f) Die Klasse hat folgende Abkürzungen gewählt: M für Mädchen, J für Jungen und T für den Tanzkursbesuch. Notiere den Buchstaben der Teilaufgabe vor der passenden Abkürzung der berechneten Wahrscheinlichkeit.

e $P_T(M)$ b $P(J \text{ und } T)$ d $P_T(J)$ c $P_J(T)$

2 Bei einer Medikamentenstudie nahmen 58 % aller Testpersonen das Medikament (M), die restlichen Personen stattdessen ein Placebo ein. 98 % der medikamentös Behandelten wurden gesund (G), allerdings wurden auch 5 % der anderen Testpersonen gesund.

a) Ergänze das Baumdiagramm. Runde auf zwei Nachkommastellen.

b) Erstelle die Vierfeldertafel.

c) Erstelle nun das umgekehrte Baumdiagramm.

d) Gib die Wahrscheinlichkeit dafür an, dass eine Person ein Medikament erhalten hat und gesund geworden ist. Markiere den Wert in beiden Baumdiagrammen und der Vierfeldertafel, wenn er vorkommt.

P(M und G) = 0,57 = 57 % (grüner Kreis in den Abbildungen)

e) Bestimme die Wahrscheinlichkeiten dafür, dass eine gesund gewordene Testperson ein Medikament und eine nicht gesund gewordene Testperson ein Placebo erhalten hat. Lies die gesuchten Wahrscheinlichkeiten im passenden Baumdiagramm ab und berechne sie auch mithilfe der Vierfeldertafel.

$P_G(M) = \frac{0{,}57}{0{,}59} \approx 0{,}97$; die gesund gewordene Person hat mit einer Wahrscheinlichkeit von 97 % das Medikament erhalten (grün markiert).

$P_{\overline{G}}(\overline{M}) = \frac{0{,}4}{0{,}41} \approx 0{,}98$; die nicht gesund gewordene Person hat mit einer Wahrscheinlichkeit von 98 % ein Placebo erhalten (grau markiert).

Zu a)

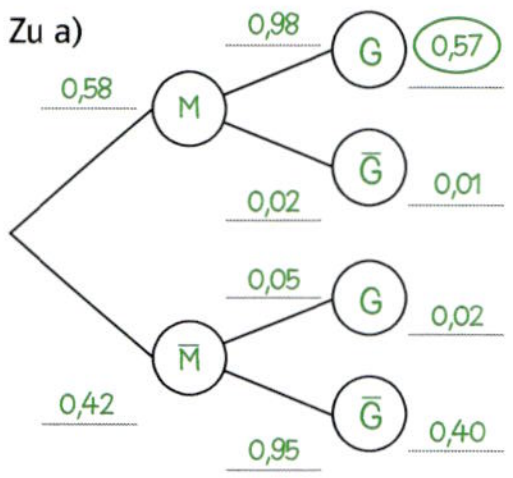

Zu b)

	G	$\overline{G}$	Gesamt
M	(0,57)	0,01	0,58
$\overline{M}$	0,02	0,40	0,42
Gesamt	0,59	0,41	1

Zu c)

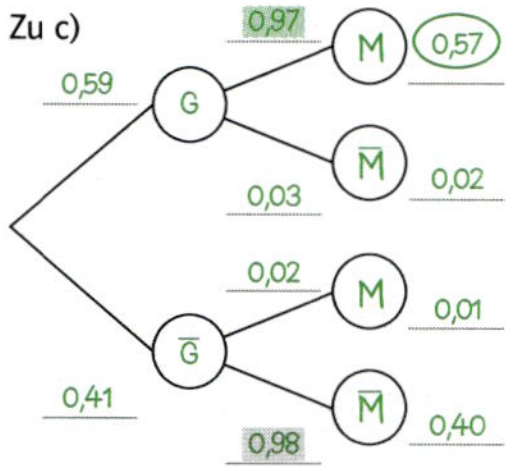

1 a) Zeichne ein ähnliches Fünfeck mit dem Vergrößerungsfaktor $\frac{1}{2}$ und bezeichne die entsprechenden Seiten der entstandenen Figur mit a', b', c', d' und e'.

b) Fülle die Lücken aus.

Bei ähnlichen Figuren sind die entsprechenden Winkel gleich groß.

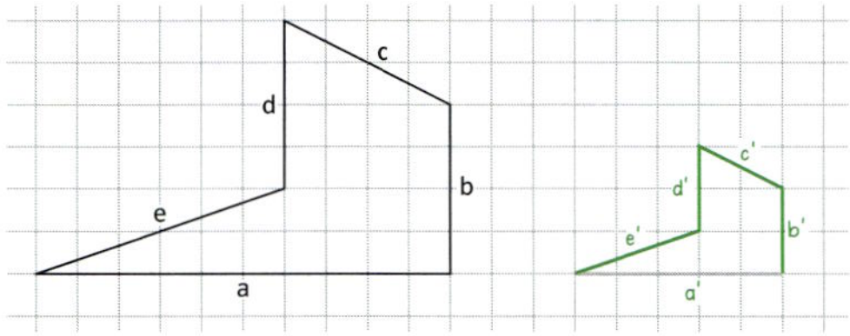

Auch die entsprechenden Seitenverhältnisse sind gleich. So gilt z. B. $\frac{a}{a'} = \frac{b}{b'} = \frac{c}{c'} = \frac{d}{d'} = \frac{e}{e'}$.

2 a) Konstruiere über der Seite c ein Dreieck mit a = 2,7 cm und b = 3,6 cm.

b) Konstruiere rechts daneben ein ähnliches Dreieck mit b' = 4,8 cm. Berechne zunächst den Vergrößerungsfaktor $\left(\frac{4{,}8}{3{,}6} = \frac{4}{3} = 1{,}\overline{3}\right)$ und die übrigen Seitenlängen:

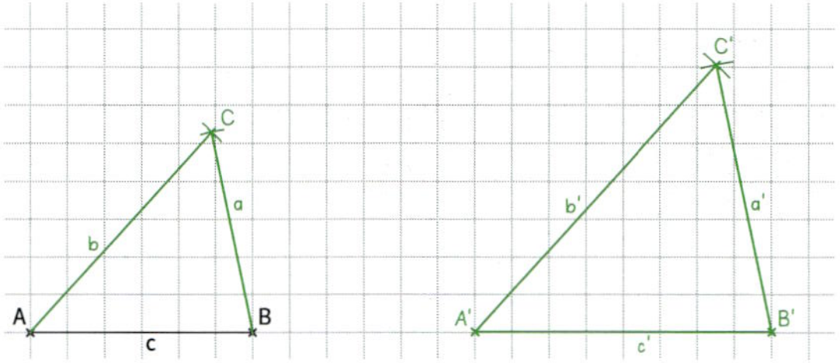

$a' = 2{,}7\,\text{cm} \cdot \frac{4}{3} = 3{,}6$ cm; $c' = 3\,\text{cm} \cdot \frac{4}{3} = 4$ cm.

3 Berechne die fehlenden Längen. Kennzeichne zunächst die gegebenen Stücke in der Skizze farbig.

Skizze	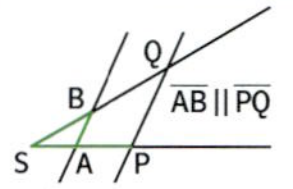	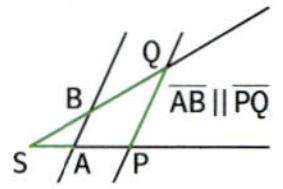
$\overline{SA}$	12 cm	5 cm
$\overline{SP}$	20 cm	7 cm
$\overline{SB}$	16 cm	2,5 cm
$\overline{SQ}$	$\frac{80}{3}$ cm = $26{,}\overline{6}$ cm	3,5 cm
$\overline{AB}$	6 cm	3 cm
$\overline{PQ}$	10 cm	4,2 cm

linke Spalte: z. B.:

$\frac{\overline{SQ}}{\overline{SB}} = \frac{\overline{SP}}{\overline{SA}}$

$\frac{\overline{SQ}}{16} = \frac{20}{12}$; $\overline{SQ} = \frac{80}{3}$ cm

$\frac{\overline{PQ}}{\overline{AB}} = \frac{\overline{SP}}{\overline{SA}}$

$\frac{\overline{PQ}}{6} = \frac{20}{12}$; $\overline{PQ} = 10$ cm

rechte Spalte: z. B.:

$\frac{\overline{SP}}{\overline{SA}} = \frac{\overline{SQ}}{\overline{SB}}$

$\frac{\overline{SP}}{5} = \frac{3{,}5}{2{,}5}$; $\overline{SP} = 7$ cm

$\frac{\overline{AB}}{\overline{PQ}} = \frac{\overline{SA}}{\overline{SP}}$

$\frac{\overline{AB}}{4{,}2} = \frac{5}{7}$; $\overline{AB} = 3$ cm

4 Die Strecken g, h und i sind parallel. Fülle die Lücken geeignet aus.

$\frac{d+e}{d} = \frac{b+f}{b}$ oder $\frac{d+e}{d} = \frac{i}{h}$ $\frac{a}{c} = \frac{b+f}{d+e}$ oder $\frac{a}{c} = \frac{b}{d}$

$\frac{g}{h} = \frac{c}{d}$ $\frac{h}{i} = \frac{b}{b+f} = \frac{d}{d+e}$

$\frac{b+f}{a} = \frac{i}{g} = \frac{d+e}{c}$

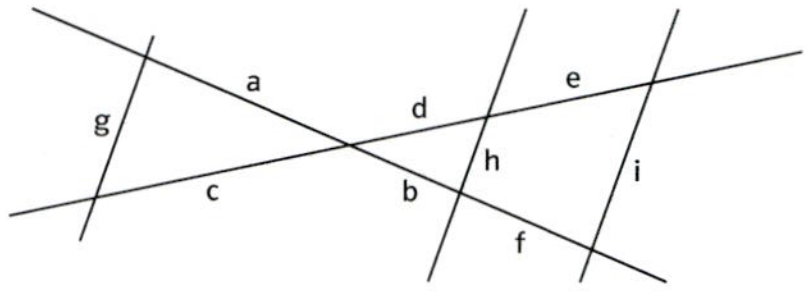

1 Berechne die Länge der fehlenden Seite.

a)

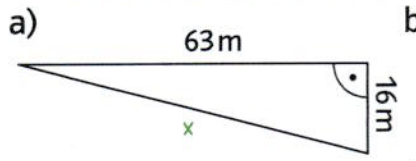

$x^2 = 63^2 + 16^2 = 4225$
$x = \sqrt{4225}\,m = 65\,m$

b)

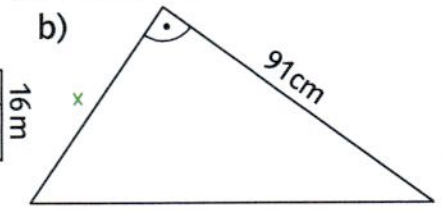

$x^2 + 91^2 = 109^2$
$x^2 = 109^2 - 91^2$
$= 3600$
$x = \sqrt{3600}\,cm = 60\,cm$

2 Überprüfe rechnerisch, ob das Dreieck rechtwinklig ist. Markiere gegebenenfalls den rechten Winkel.

a)

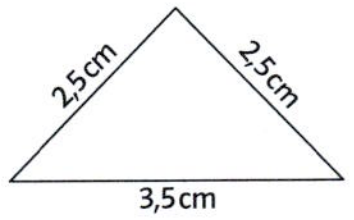

$2{,}5^2 + 2{,}5^2 = 12{,}5$
$3{,}5^2 = 12{,}25$
nicht rechtwinklig

b)

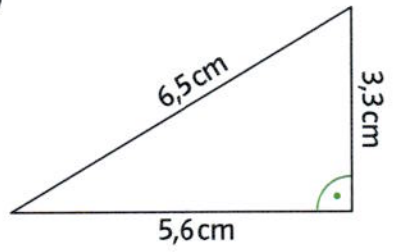

$3{,}3^2 + 5{,}6^2 = 42{,}25$
$6{,}5^2 = 42{,}25$
rechtwinklig

3 Bei einem starken Sturm wurde eine 15,2 m hohe Fichte 3,8 m über dem Erdboden abgeknickt. Berechne, in welchem Umkreis sie einem zufällig Vorbeikommenden hätte gefährlich werden können. Fertige auch eine beschriftete Skizze an.

$15{,}2 - 3{,}8 = 11{,}4$
$x^2 + 3{,}8^2 = 11{,}4^2$
$x^2 = 11{,}4^2 - 3{,}8^2 = 115{,}52$
$x = \sqrt{115{,}52}\,m$
$\approx 10{,}7\,m$
Gefahr droht im Umkreis von 10,7 m.

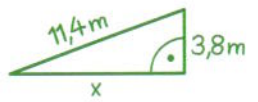

4 Berechne schrittweise die Längen der blau gestrichelten und der blauen Strecke.

a)

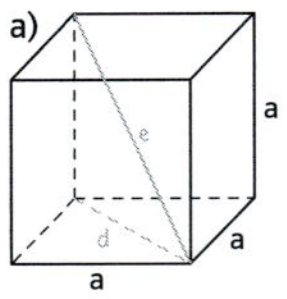

a = 10 cm

$d^2 = a^2 + a^2$
$= 10^2 + 10^2 = 200$
$d = \sqrt{200}\,cm \approx 14{,}1\,cm$
$e^2 = a^2 + d^2$
$= 10^2 + 200$
$e = \sqrt{300}\,cm \approx 17{,}3\,cm$

b)

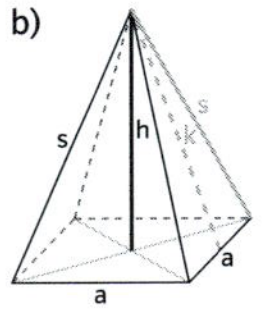

a = 8 cm; h = 10 cm

$k^2 = h^2 + \left(\frac{a}{2}\right)^2$
$= 10^2 + 4^2 = 116$
$k = \sqrt{116}\,cm \approx 10{,}8\,cm$
$s^2 = k^2 + \left(\frac{a}{2}\right)^2$
$= 116 + 4^2$
$s = \sqrt{132}\,cm \approx 11{,}5\,cm$

5 Berechne die Länge der Höhe h und der Strecke x.

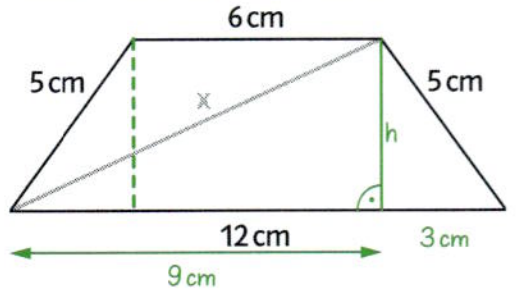

$h^2 + 3^2 = 5^2$
$h^2 = 25 - 9 = 16;\quad h = 4\,cm$
$x^2 = 9^2 + 4^2 = 97$
$x = \sqrt{97}\,cm \approx 9{,}8\,cm$

6 Berechne die Längen der blau markierten Strecken. [T1]

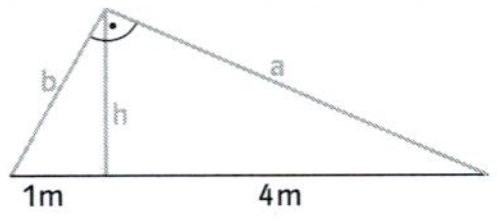

$h^2 = 1 \cdot 4 = 4$
$h = \sqrt{4}\,m = 2\,m$
$a^2 = 4^2 + 2^2 = 20$
$a = \sqrt{20}\,m \approx 4{,}5\,m$
$b^2 = 1^2 + 2^2 = 5$
$b = \sqrt{5}\,m \approx 2{,}2\,m$

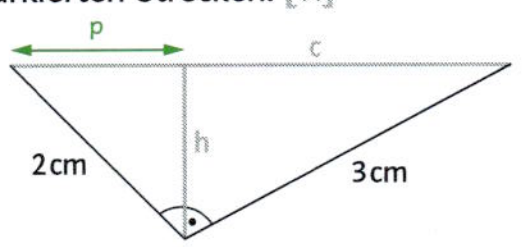

$c^2 = 2^2 + 3^2 = 13$
$c = \sqrt{13}\,cm \approx 3{,}6\,cm$
$a^2 = p \cdot c;\quad p = a^2 : c = 2^2 : 3{,}6$
$p \approx 1{,}1\,cm$
$2^2 = h^2 + 1{,}1^2;\quad h^2 = 2^2 - 1{,}1^2$
$h = \sqrt{2^2 - 1{,}1^2}\,cm \approx 1{,}7\,cm$

[T1] Du benötigst auch den Höhensatz $h^2 = p \cdot q$ und den Kathetensatz $a^2 = p \cdot c$.

Seitenverhältnisse in rechtwinkligen Dreiecken (1)

1 Ergänze die fehlenden Angaben.

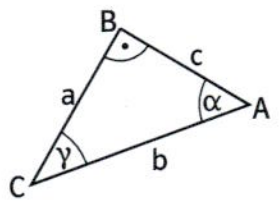

a) $\sin(\alpha) = \frac{a}{b}$ b) $\cos(\gamma) = \frac{a}{b}$ c) $\tan(\alpha) = \frac{a}{c}$

d) $\cos(\alpha) = \frac{c}{b}$ e) $\tan(\gamma) = \frac{c}{a}$ f) $\sin(\gamma) = \frac{c}{b}$

2 a) Markiere im rechtwinkligen Dreieck jeweils die Ankathete, Gegenkathete und Hypotenuse von α.
b) Bestimme mit dem Satz des Pythagoras die Länge der Hypotenuse.

A: $\sqrt{(3\,cm)^2 + (4\,cm)^2} = 5\,cm$; B: $\sqrt{(3\,cm)^2 + (4\,cm)^2} = 5\,cm$; C: $\sqrt{(4\,cm)^2 + (5\,cm)^2} = \sqrt{41}\,cm$

c) Ordne den Dreiecken geeignete Kärtchen zu.

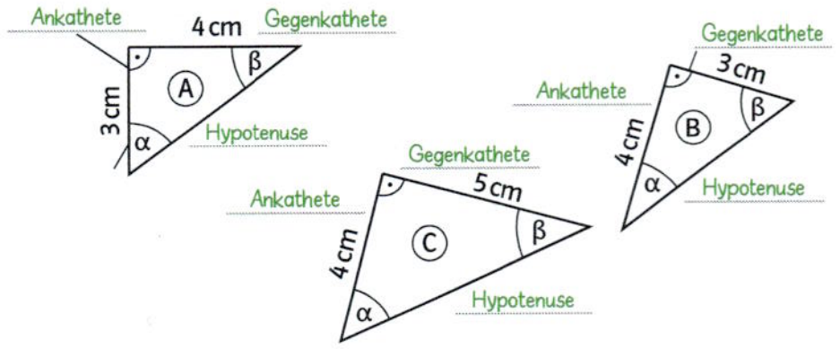

$\tan(\beta) = \frac{4}{3}$ | B
$\tan(\alpha) = 1{,}25$ | C
$\sin(\alpha) = 0{,}8$ | A
$\sin(\beta) = 0{,}8$ | B
$\cos(\beta) = \frac{4}{5}$ | A
$\cos(\alpha) = 0{,}6$ | A

3 Berechne die fehlenden Seitenlängen und Winkelgrößen für das rechtwinklige Dreieck ABC.

Bei diesen Dreiecken sind neben dem rechten Winkel noch ein Winkel und eine Seite gegeben.

	a) 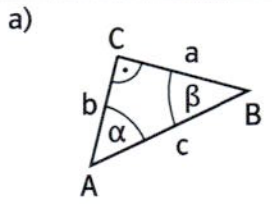	b) 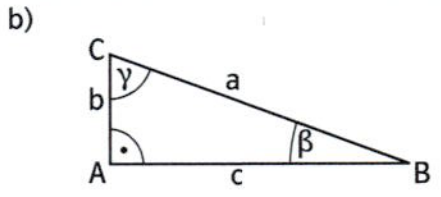	c) 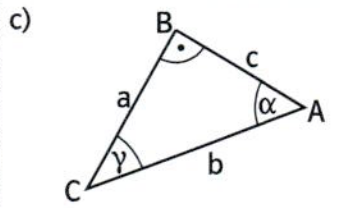
a	z.B. $\tan(30°) = \frac{a}{6}$; $a \approx 3{,}5\,cm$	z.B. $\sin(70°) = \frac{8}{a}$; $a \approx 8{,}5\,m$	z.B. $\cos(25°) = \frac{a}{4}$; $a \approx 3{,}6\,cm$
b	6 cm	z.B. $\tan(70°) = \frac{8}{b}$; $b \approx 2{,}9\,cm$	4 cm
c	z.B. $\cos(30°) = \frac{6}{c}$; $c \approx 6{,}9\,cm$	8 m	z.B. $\cos(65°) = \frac{c}{4}$; $c \approx 1{,}7\,cm$
α	30°	90°	65°
β	$180° - 30° - 90° = 60°$	20°	90°
γ	90°	$180° - 20° - 90° = 70°$	$180° - 65° - 90° = 25°$

4 Paul (blaue Karten) und Anna (graue Karten) haben Winkelgrößen in einem rechtwinkligen Dreieck ABC berechnet. Wähle jeweils die richtige Lösung aus und streiche die falsche durch. Fülle die Lücken bei der richtigen Lösung.

a) b = 5 cm; c = 7 cm; α = 90°
$\tan(\beta) = \frac{5}{7}$ $\beta = \tan^{-1}\left(\frac{5}{7}\right) \approx 35{,}5°$
~~$\sin(\beta) = \frac{5}{7}$ $\beta = \sin^{-1}\left(\frac{5}{7}\right) \approx$~~

b) a = 3 cm; c = 6 cm; γ = 90°
~~$\sin(\alpha) = \frac{6}{3}$ $\alpha = \sin^{-1}(2) \approx$~~
$\sin(\alpha) = \frac{3}{6}$ $\alpha = \sin^{-1}\left(\frac{1}{2}\right) = 30°$

c) a = 1,5 m; b = 2 m; β = 90°
~~$\cos(\alpha) = \frac{1{,}5}{2}$ $\alpha = \cos^{-1}\left(\frac{3}{4}\right) \approx$~~
$\sin(\alpha) = \frac{1{,}5}{2}$ $\alpha = \sin^{-1}\left(\frac{3}{4}\right) \approx 48{,}6°$

5 Richtig oder falsch? Kreuze an. Korrigiere vorhandene Fehler in den Brüchen.

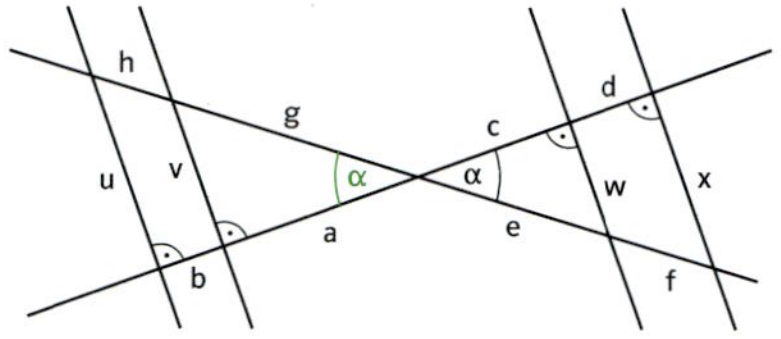

a)

	richtig	falsch	Korrektur, z. B.
$\sin(\alpha) = \frac{c}{e}$	○	⊗	$\sin(\alpha) = \frac{w}{e}$
$\sin(\alpha) = \frac{u}{h+g}$	⊗	○	
$\sin(90° - \alpha) = \frac{c}{e}$	⊗	○	[T1]

b)

	richtig	falsch	Korrektur, z. B.
$\cos(\alpha) = \frac{c+d}{e+f}$	⊗	○	
$\cos(\alpha) = \frac{u}{h+g}$	○	⊗	$\cos(\alpha) = \frac{a+b}{g+h}$
$\cos(90° - \alpha) = \frac{a}{g}$	○	⊗	$\cos(90° - \alpha) = \frac{v}{g}$

c)

	richtig	falsch	Korrektur, z. B.
$\tan(\alpha) = \frac{c}{w}$	○	⊗	$\tan(\alpha) = \frac{w}{c}$
$\tan(\alpha) = \frac{u}{a+b}$	⊗	○	
$\tan(90° - \alpha) = \frac{v}{a}$	○	⊗	$\tan(90° - \alpha) = \frac{a}{v}$

6 Von einem symmetrischen Dach sind die Höhe h = 3,10 m und die Dachbodenbreite b = 8,50 m bekannt.
Bestimme den Neigungswinkel α des Daches.

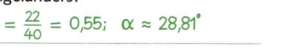

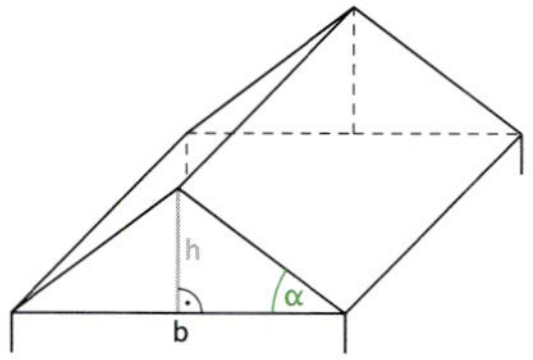

$\tan(\alpha) = \frac{3,1}{4,25} \approx 0,729$; also $\alpha = \tan^{-1}\left(\frac{3,1}{4,25}\right) = 36,11°$

Der Neigungswinkel des Daches hat eine Größe von 36,11°.

7 Von der Uferpromenade am See zur Straße wird eine Treppe mit Zufahrt gebaut. Die Stufen der Treppe haben eine Tiefe von 40 cm und eine Höhe von 22 cm.

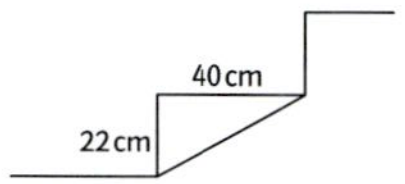

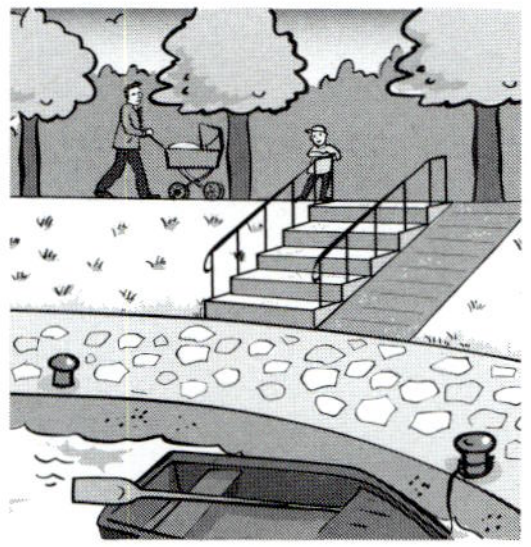

a) Wie groß ist der Neigungswinkel α des Treppengeländers?

$\tan(\alpha) = \frac{22}{40} = 0,55$; $\alpha \approx 28,81°$

Der Neigungswinkel ist 28,81°.

b) Welche Steigung (in %) müssen Fahrradfahrer und Kinderwagen auf der Zufahrt überwinden? [T2]

$\frac{22}{40} = 0,55 = 55\,\%$

8 Der Öffnungswinkel α eines Zirkels mit 15 cm langen Schenkeln beträgt 60°.

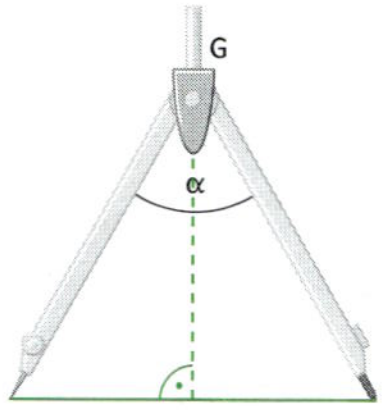

a) Berechne, in welcher Höhe sich der Griff G über dem Papier befindet. [T3]

$\cos\left(\frac{\alpha}{2}\right) = \frac{h}{15}$; also $h = \cos(30°) \cdot 15 \approx 12,99$

Die Griff G befindet sich 12,99 cm über dem Papier.

b) Berechne, welchen Radius der Kreis hat, der gezeichnet wird.

$\sin\left(\frac{\alpha}{2}\right) = \frac{\frac{r}{2}}{15} = \frac{r}{30}$; $r = \sin(30°) \cdot 30\,\text{cm} = 15\,\text{cm}$

Der gezeichnete Kreis hat einen Radius von 15 cm.

[T1] Wenn γ = 90° gilt, so ist im Dreieck (mit den Winkeln α, β und γ) β = 90° − α.
[T2] m = tan(α); wandle die Steigung in % um.
[T3] Zeichne ein Dreieck, das die Höhe enthält, und beschrifte dieses mit allen Maßen, die du kennst.

1 a) Zeichne in der nebenstehenden Abbildung mit unterschiedlichen Farben ein: sin(25°), cos(25°) und tan(25°).
b) Trage den zugehörigen Winkel ein.

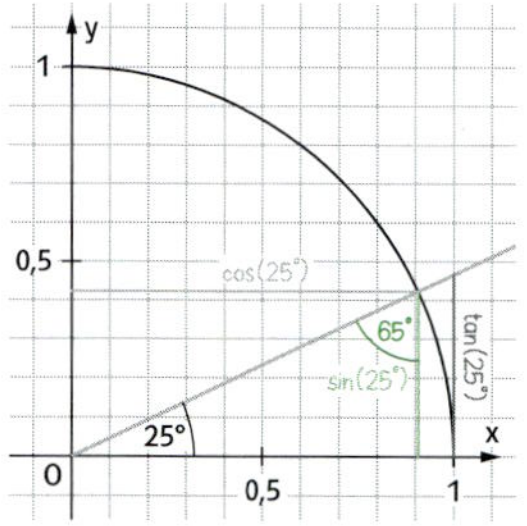

sin(25°) = cos(65°); cos(25°) = sin(65°)

c) Lies mithilfe der Abbildung einen Näherungswert ab.

sin(65°) ≈ 0,91 , cos(65°) ≈ 0,42 , tan(25°) ≈ 0,47

2 Bestimme den zugehörigen Winkel grafisch.

sin(α) = 0,6; α ≈ 37° tan(α) = 1,5; α ≈ 56° cos(α) = 0,2; α ≈ 78° tan(α) = 0,6; α ≈ 31°

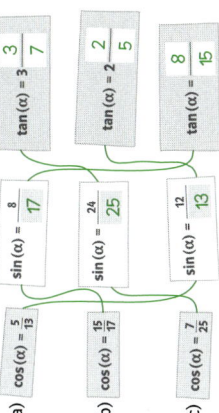

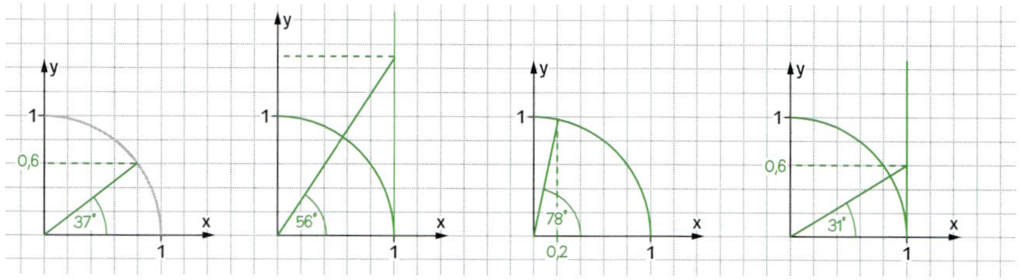

3 Berechne genaue Werte für sin(α) und tan(α) für einen Winkel α, für den jeweils cos(α) den Wert auf den blauen Karten annimmt. [T1]
Fülle anschließend die Lücken auf den weißen und den grauen Karten und verbinde sie passend.

a) $\cos(\alpha) = \frac{5}{13}$ | $\sin(\alpha) = \frac{8}{17}$ | $\tan(\alpha) = 3\frac{3}{7}$

b) $\cos(\alpha) = \frac{15}{17}$ | $\sin(\alpha) = \frac{24}{25}$ | $\tan(\alpha) = 2\frac{2}{5}$

c) $\cos(\alpha) = \frac{7}{25}$ | $\sin(\alpha) = \frac{12}{13}$ | $\tan(\alpha) = \frac{8}{15}$

a) $\sin^2(\alpha) = 1 - \cos^2(\alpha)$; $\tan(\alpha) = \frac{\sin(\alpha)}{\cos(\alpha)}$
$\sin^2(\alpha) = 1 - \frac{25}{169} = \frac{144}{169} \Rightarrow \sin(\alpha) = \frac{12}{13}$
$\tan(\alpha) = \frac{12}{13} : \frac{5}{13} = \frac{12}{5} = 2\frac{2}{5}$

b) $\sin^2(\alpha) = 1 - \frac{225}{289} = \frac{64}{289} \Rightarrow \sin(\alpha) = \frac{8}{17}$
$\tan(\alpha) = \frac{8}{17} : \frac{15}{17} = \frac{8}{15}$

c) $\sin^2(\alpha) = 1 - \frac{49}{625} = \frac{576}{625} \Rightarrow \sin(\alpha) = \frac{24}{25}$
$\tan(\alpha) = \frac{24}{25} : \frac{7}{25} = \frac{24}{7} = 3\frac{3}{7}$

4 Finde den Fehler und verbessere die Gleichung.

a) $\tan^2(\alpha) = \frac{\sin^2(\alpha)}{\cos^2(\alpha)} = \frac{1 \oplus \cos^2(\alpha)}{\cos^2(\alpha)} = \frac{1}{\cos^2(\alpha)} + 1$

b) $\cos(\alpha) \cdot \tan(\alpha) = \cos(\alpha) \cdot \frac{\cos(\alpha)}{\sin(\alpha)}$
$= \frac{\cos^2(\alpha)}{\sin(\alpha)} = \frac{1 - \sin^2(\alpha)}{\sin(\alpha)} = \frac{1}{\sin(\alpha)} - \sin(\alpha)$

c) $\sin(\alpha) \cdot \sqrt{1 + \tan^2(\alpha)} = \sin(\alpha) \cdot \sqrt{1 + \frac{\sin^2(\alpha)}{\cos^2(\alpha)}}$
$= \sin(\alpha) \cdot \cos(\alpha) \cdot \sqrt{\cos^2(\alpha) + \sin^2(\alpha)}$
$= \sin(\alpha) \cdot \cos(\alpha)$

a) $\tan^2(\alpha) = \frac{\sin^2(\alpha)}{\cos^2(\alpha)} = \frac{1 - \cos^2(\alpha)}{\cos^2(\alpha)} = \frac{1}{\cos^2(\alpha)} - 1$

b) $\cos(\alpha) \cdot \tan(\alpha) = \cos(\alpha) \cdot \frac{\sin(\alpha)}{\cos(\alpha)} = \sin(\alpha)$

c) $\sin(\alpha) \cdot \sqrt{1 + \tan^2(\alpha)} = \sin(\alpha) \cdot \sqrt{1 + \frac{\sin^2(\alpha)}{\cos^2(\alpha)}}$
$= \frac{\sin(\alpha)}{\cos(\alpha)} \cdot \sqrt{\cos^2(\alpha) + \sin^2(\alpha)} = \frac{\sin(\alpha)}{\cos(\alpha)} = \tan(\alpha)$

[T1] Nutze zuerst die Gleichung $\sin^2(\alpha) + \cos^2(\alpha) = 1$ aus.

1 In den Dreiecken sind gegebene Seiten bzw. Winkel grau markiert und gesuchte blau. Ordne die Kärtchen A bis D den Dreiecken so zu, dass du die fehlenden Werte nur mithilfe der gegebenen Seiten bzw. Winkel berechnen kannst.

(A) $b^2 = c^2 - a^2$; $\sin(\alpha) = \dfrac{a}{c}$; $\cos(\beta) = \dfrac{a}{c}$

(B) $a^2 + b^2 = c^2$; $\tan(\alpha) = \dfrac{a}{b}$; $\tan(\beta) = \dfrac{b}{a}$

(C) $\alpha + \beta = 90°$; $\sin(\alpha) = \dfrac{a}{c}$; $\cos(\alpha) = \dfrac{b}{c}$

(D) $\alpha + \beta = 90°$; $\sin(\alpha) = \dfrac{a}{c}$; $\tan(\alpha) = \dfrac{a}{b}$

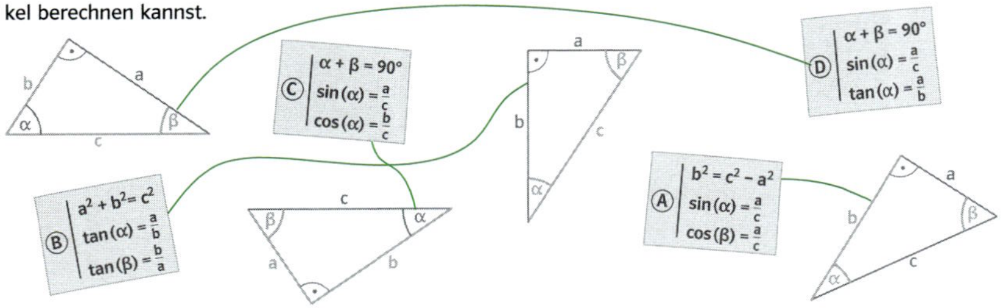

2 Ein Turm ist $d = 8$ m von einem geradlinig verlaufenden Fluss entfernt. Von der Aussichtsplattform in 20 m Höhe erscheint das jenseitige Flussufer unter einem Winkel von $\alpha = 50°$. Wie breit ist der Fluss?

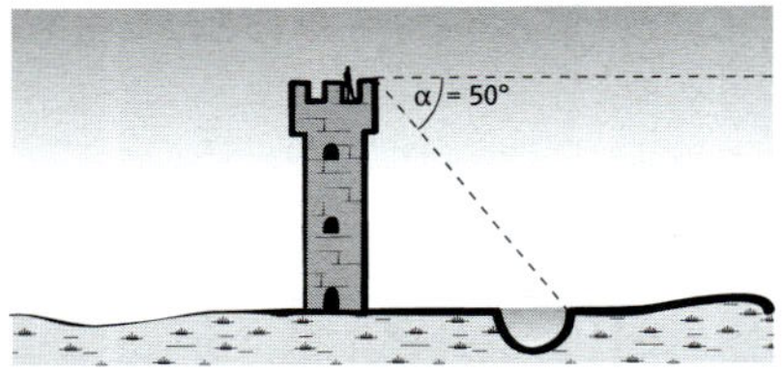

a) Welche Skizze passt zur Aufgabe? Kreuze an.

A □   B ⊠   C □

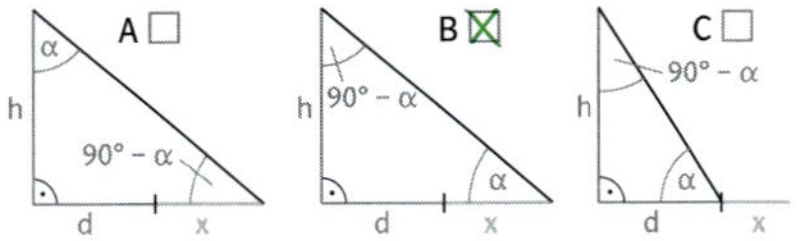

b) Bestimme x mit $\tan(90° - \alpha) = \dfrac{x + d}{h}$.

$h \cdot \tan(90° - \alpha) = x + d$

$x = h \cdot \tan(90° - \alpha) - d = 20 \cdot \tan(40°) - 8 \approx 8{,}78$

Der Fluss ist etwa 8,78 m breit.

3 a) Ein Quader hat die Kantenlängen $a = 5$ cm, $b = 4$ cm und $c = 3$ cm. Schneidet man den Quader wie abgebildet durch, erhält man ein Viereck BCHE, in dem γ liegt. Berechne γ und fertige Planskizzen der Dreiecke an, die du dabei verwendest. [T1]

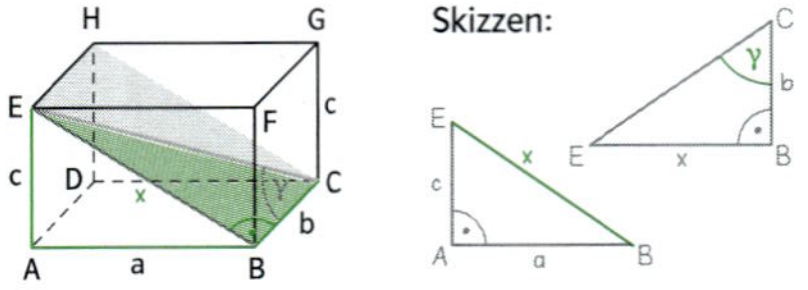

Skizzen:

ABE: $x^2 = a^2 + c^2$

$x = \sqrt{a^2 + c^2}$

$= \sqrt{5^2 + 3^2} = \sqrt{34}$

BCE: $\tan(\gamma) = \dfrac{x}{b}$

$\gamma = \tan^{-1}\!\left(\dfrac{x}{b}\right)$

$= \tan^{-1}\!\left(\dfrac{\sqrt{34}}{4}\right) \approx 55{,}6°$

b) Im gleichen Quader soll nun der Winkel α berechnet werden. Zeichne zuerst eine geeignete Schnittfläche ein (nutze dazu geeignete Hilfslinien). Berechne α und fertige Planskizzen der Dreiecke an, die du dabei verwendest. [T2]

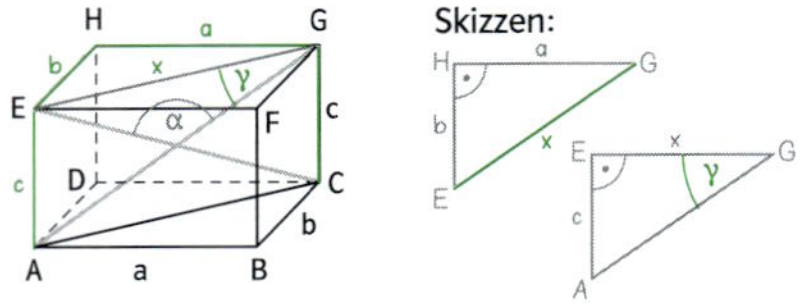

Skizzen:

EGH: $x^2 = a^2 + b^2$

$x = \sqrt{a^2 + b^2}$

$= \sqrt{5^2 + 4^2} = \sqrt{41}$

AGE: $\tan(\gamma) = \dfrac{c}{x}$

$\gamma = \tan^{-1}\!\left(\dfrac{c}{x}\right)$

$= \tan^{-1}\!\left(\dfrac{3}{\sqrt{41}}\right) \approx 25{,}1°$

$\alpha = 180° - 2 \cdot \gamma$

$\approx 180° - 2 \cdot 25{,}1°$

$= 129{,}8°$

[T1] Berechne zunächst die Länge der Strecke EB als Flächendiagonale mithilfe des Satzes des Pythagoras.

[T2] Betrachte das Rechteck ACGE. Der Schnittpunkt der Diagonalen liegt auf halber Höhe.

Berechnungen an Figuren (2)

4 Eine quadratische Pyramide hat eine Grundkante von $a = 18$ cm und eine Höhe von $h = 24$ cm.

a) Berechne den Winkel α zwischen einer Seitenfläche und der Grundfläche.

b) Berechne den Winkel β zwischen einer Seitenkante s und der Grundfläche.

a) $\tan(\alpha) = \dfrac{h}{\frac{a}{2}}$

$\alpha = \tan^{-1}\!\left(\dfrac{8}{3}\right) = \tan^{-1}\!\left(\dfrac{2h}{a}\right)$

$\approx 69{,}4°$

b) $x^2 = \left(\dfrac{a}{2}\right)^2 + \left(\dfrac{a}{2}\right)^2 = \dfrac{a^2}{4} + \dfrac{a^2}{4} = \dfrac{2a^2}{4} = \dfrac{a^2}{2} = \dfrac{18^2}{2} = 162$

$\Rightarrow x = \sqrt{162}$; $\tan(\beta) = \dfrac{h}{x}$

$\Rightarrow \beta = \tan^{-1}\!\left(\dfrac{h}{x}\right) = \tan^{-1}\!\left(\dfrac{24}{\sqrt{162}}\right) \approx 62{,}1°$

5 Ein Dach hat die rechts gezeigte Form. Bekannt sind die Länge a, die Breite b, die Firstlänge f und die Höhe h. Markiere und beschrifte Hilfslinien und rechte Winkel, die zur Berechnung des Winkels α zwischen der Dachkante s und der Dachbodenfläche ABCD notwendig sind.

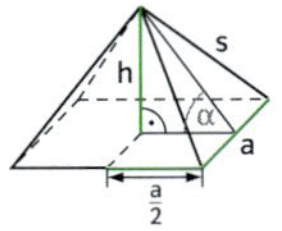

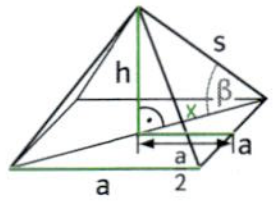

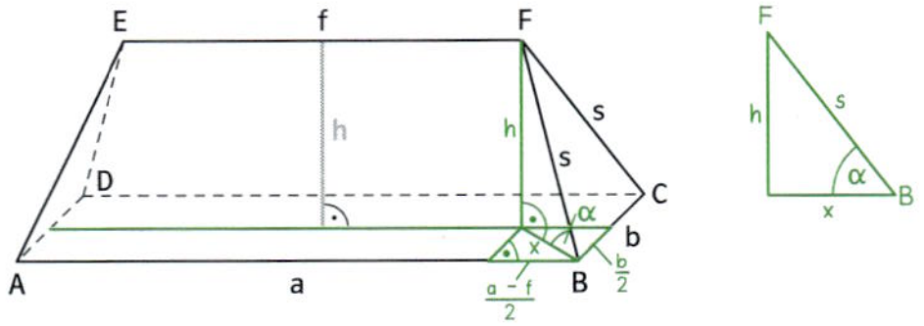

6 a) Mit welcher Geschwindigkeit bewegt sich der Außenfahrstuhl nach dem Start in die Höhe, wenn der Sehwinkel zur Horizontalen zunächst $\alpha = 40°$ misst und fünf Sekunden später $\beta = 48°$ misst und die horizontale Entfernung zum Fahrstuhl dabei $d = 20$ m beträgt?

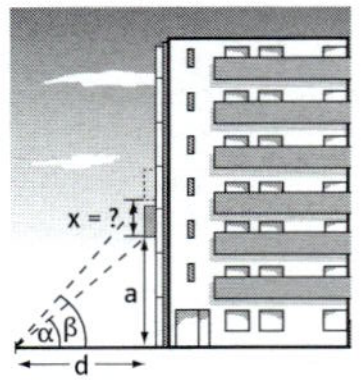

$\tan(\alpha) = \dfrac{a}{d}$; $a = d \cdot \tan(\alpha)$

$= 20 \cdot \tan(40°) \approx 16{,}78$

$\tan(\beta) = \dfrac{x + a}{d} \quad | \cdot d$

$x + a = \tan(\beta) \cdot d \quad | - a$

$x = \tan(\beta) \cdot d - a = \tan(48°) \cdot 20 - 16{,}78 \approx 5{,}4$

Der Fahrstuhl steigt in fünf Sekunden um etwa 5,4 m. Dies entspricht einer Geschwindigkeit von $(5{,}4 : 5)\,\frac{m}{s} = 1{,}08\,\frac{m}{s}$.

Da $1\,\frac{m}{s} = 3{,}6\,\frac{km}{h}$, sind dies etwa $3{,}9\,\frac{km}{h}$.

b) Ein Heißluftballon verharrt kurz vor seiner Landung aufgrund einer herannahenden Böe in einer konstanten Höhe. Er erscheint dabei von Gunnars Standpunkt unter einem Blickwinkel von $\gamma = 54°$. Als sich Gunnar um 10 m auf den Ballon zubewegt, erscheint der Ballon unter einem Blickwinkel von $\delta = 62°$. In welcher Höhe befindet sich der Ballon, wenn Gunnars Augenhöhe 1,50 m über dem Boden ist?

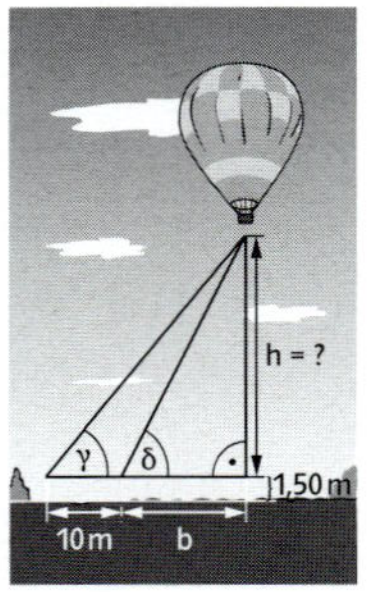

Es ist $\tan(\gamma) = \dfrac{h}{10 + b}$ (1)

und $\tan(\delta) = \dfrac{h}{b}$ (2).

Aus (2) folgt durch Umformen $b = \dfrac{h}{\tan(\delta)}$.

Setzt man b in (1) ein, so folgt (s.u.) [T1].

Der Ballon befindet sich in $\underline{51{,}3 + 1{,}5 = 52{,}8}$ m Höhe.

Nebenrechnung zu b):

$\tan(\gamma) = \dfrac{h}{10 + \frac{h}{\tan(\delta)}}$

$h = \tan(\gamma) \cdot \left(10 + \dfrac{h}{\tan(\delta)}\right)$

$h = 10 \cdot \tan(\gamma) + h \cdot \dfrac{\tan(\gamma)}{\tan(\delta)} \quad \Big| -h \cdot \dfrac{\tan(\gamma)}{\tan(\delta)}$

$\left(1 - \dfrac{\tan(\gamma)}{\tan(\delta)}\right) \cdot h = 10 \cdot \tan(\gamma)$

$h = \dfrac{10 \cdot \tan(\gamma)}{1 - \frac{\tan(\gamma)}{\tan(\delta)}} = \dfrac{10 \cdot \tan(54°)}{1 - \frac{\tan(54°)}{\tan(62°)}} \approx 51{,}3$

[T1] Bruchgleichungen löst man, indem man zuerst mit dem Nenner durchmultipliziert. Für die Gesamthöhe ist Gunnars Augenhöhe zu berücksichtigen.

1 Berechne die fehlenden Seitenlängen und Winkelgrößen des Dreiecks.

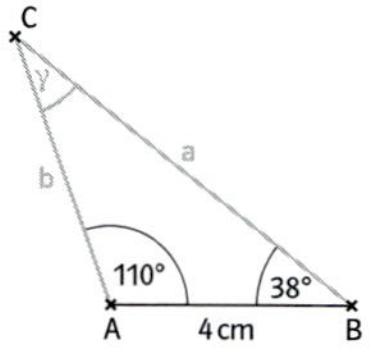

a) $\gamma = 180° - (110° + 38°) = 32°;\ \frac{a}{c} = \frac{\sin(\alpha)}{\sin(\gamma)} \Rightarrow a = \frac{\sin(110°)}{\sin(32°)} \cdot 4\,cm \approx 7{,}1\,cm$

$\frac{b}{c} = \frac{\sin(\beta)}{\sin(\gamma)} \Rightarrow b = \frac{\sin(38°)}{\sin(32°)} \cdot 4\,cm = 4{,}6\,cm$

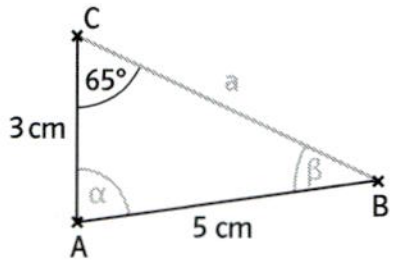

b) $\frac{\sin(\beta)}{\sin(\gamma)} = \frac{b}{c} \Rightarrow \sin(\beta) = \frac{3}{5} \cdot \sin(65°) \approx 0{,}54 \Rightarrow \beta \approx 32{,}94°$

$\Rightarrow \alpha = 180° - (65° + 32{,}94°) = 82{,}06°$

$\frac{a}{c} = \frac{\sin(\alpha)}{\sin(\gamma)} \Rightarrow a = \frac{\sin(82{,}06°)}{\sin(65°)} \cdot 5\,cm \approx 5{,}5\,cm$

2 Bestimme – falls möglich – die fehlenden Größen des Dreiecks ABC.

	a	b	c	sin (α)	sin (β)	sin (γ)	α	β	γ
(1)	4,5 cm	5,0 cm	3,6 cm	0,87	0,97	0,7	60°	75,6°	44,4°
(2)	12,6 cm 2,9 cm	8,2 cm	5,4 cm	0,68 0,16	0,44	0,29	137° 9°	26° 154°	17°
(3)	keine Lsg.	8,2 cm	5,4 cm	keine Lsg.	keine Lsg.	0,98	keine Lsg.	keine Lsg.	101°

(1) $\beta = 180° - 60° - 44{,}4° = 75{,}6°;\ a = \frac{\sin(60°)}{0{,}7} \cdot 3{,}6 \approx 4{,}5;\ b = \frac{\sin(75{,}6°)}{0{,}7} \cdot 3{,}6 \approx 5{,}0$

(2) $\sin(\beta) = \frac{b}{c} \cdot \sin(\gamma) = \frac{8{,}2}{5{,}4} \cdot \sin(17°) \approx 0{,}44 \Rightarrow \beta \approx 26°$ oder $\beta' \approx 180° - 26° = 154°;$

$\alpha = 180° - \beta - \gamma \approx 137°;$

$\alpha' = 180° - \beta' - \gamma \approx 9°;\ a = \frac{\sin(\alpha)}{\sin(\gamma)} \cdot c = \frac{\sin(9°)}{\sin(17°)} \cdot 5{,}4 \approx 2{,}9;\ a' = \frac{\sin(\alpha')}{\sin(\gamma)} \cdot c = \frac{\sin(137°)}{\sin(17°)} \cdot 5{,}4 \approx 12{,}6$

3 Für die nebenstehende Abbildung gilt: α = 68°, β = 81° und γ = 22°, $\overline{AB}$ = 78 m und $\overline{BC}$ = 56 m.

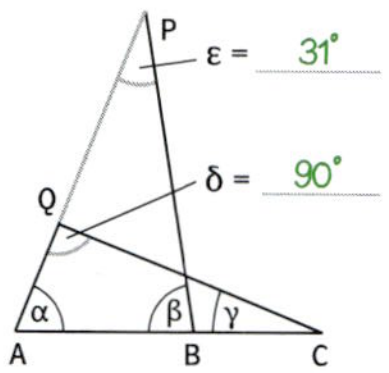

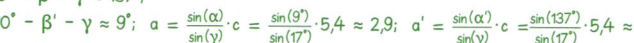

a) Bringe die Schritte zur Berechnung der Strecke $\overline{PQ}$ in eine richtige Reihenfolge.

3 | Berechne $\overline{AQ}$ mit Sinussatz.
4 | Berechne $\overline{AP}$ mit Sinussatz.
5 | Berechne $\overline{AP} - \overline{AQ}$.
2 | Berechne $\overline{AC}$.
1 | Berechne Winkel bei Q und P.

b) Berechne die Länge der Strecke $\overline{PQ}$. Mögliche Lösungen:

1) $\delta = 180° - 68° - 22° = 90°;\ \varepsilon = 180° - 68° - 81° = 31°$ 2) $\overline{AC} = 78\,m + 56\,m = 134\,m$

3) $\overline{AQ} = \frac{\sin(\gamma)}{\sin(\delta)} \cdot \overline{AC} = \frac{\sin(22°)}{\sin(90°)} \cdot 134\,m \approx 50{,}2\,m$ 4) $\overline{AP} = \frac{\sin(\beta)}{\sin(\varepsilon)} \cdot \overline{AB} = \frac{\sin(81°)}{\sin(31°)} \cdot 78\,m \approx 149{,}6\,m$

5) $\overline{PQ} = \overline{AP} - \overline{AQ} \approx 149{,}6\,m - 50{,}2\,m = 99{,}4\,m$

4 Berechne die fehlenden Seitenlängen des Parallelogramms ABCD mit α = 45°, a = 5 cm und f = 4 cm. [T1]

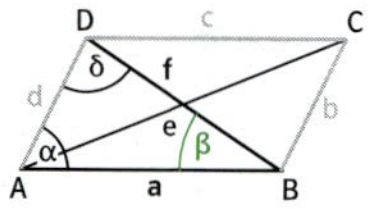

$\sin(\delta) = \frac{a}{f} \cdot \sin(\alpha) = \frac{5}{4} \cdot \sin(45°) \approx 0{,}88 \Rightarrow \delta \approx 61{,}6°$ bzw. $\delta' \approx 118{,}4°$

$\Rightarrow \beta \approx 73{,}4°$ bzw. $\beta' \approx 16{,}6°;\ b = d = \frac{\sin(\beta)}{\sin(\delta)} \cdot a = \frac{\sin(73{,}4°)}{\sin(61{,}6°)} \cdot 5\,cm \approx 5{,}4\,cm;$

$b' = d' = \frac{\sin(\beta')}{\sin(\delta')} \cdot a = \frac{\sin(16{,}6°)}{\sin(118{,}4°)} \cdot 5\,cm \approx 1{,}6\,cm$

[T1] Beginne mit δ. Es gibt zwei Lösungen.

1 Berechne die fehlenden Seitenlängen und Winkelgrößen des Dreiecks.

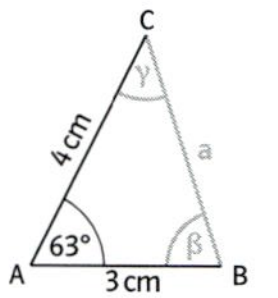

a) $a = \sqrt{b^2 + c^2 - 2bc \cdot \cos(\alpha)} = \sqrt{4^2 + 3^2 - 2 \cdot 4 \cdot 3 \cdot \cos(63°)} \approx 3{,}8$

$\Rightarrow a \approx 3{,}8\,cm$

$\cos(\beta) = \frac{b^2 - c^2 - a^2}{-2ac} \approx \frac{4^2 - 3^2 - 3{,}8^2}{-2 \cdot 3{,}8 \cdot 3} = 0{,}326 \Rightarrow \beta \approx 71{,}0°$

$\Rightarrow \gamma \approx 180° - 63° - 71° = 46°$

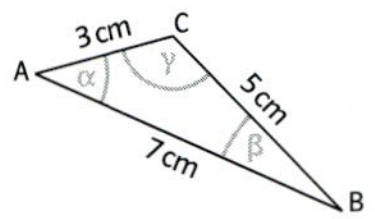

b) $\cos(\alpha) = \frac{a^2 - b^2 - c^2}{-2bc} \approx \frac{5^2 - 3^2 - 7^2}{-2 \cdot 3 \cdot 7} \approx 0{,}786 \Rightarrow \alpha \approx 38{,}2°$

$\cos(\beta) = \frac{b^2 - c^2 - a^2}{-2ac} \approx \frac{3^2 - 7^2 - 5^2}{-2 \cdot 5 \cdot 7} = 0{,}929 \Rightarrow \beta \approx 21{,}7°$

$\gamma \approx 180° - 38{,}2° - 21{,}7° = 120{,}1°$

2 Berechne die Seitenlängen des symmetrischen Trapezes. [T1]

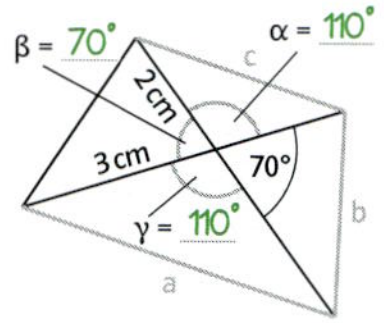

$\alpha = 180° - 70° = 110°;\ \beta = 70°;\ \gamma = 110°$

$a = \sqrt{3^2 + 3^2 - 2 \cdot 3 \cdot 3 \cdot \cos(110°)} \approx 4{,}9 \Rightarrow b \approx 4{,}9\,cm$

$b = \sqrt{2^2 + 3^2 - 2 \cdot 2 \cdot 3 \cdot \cos(70°)} \approx 3{,}0 \Rightarrow b \approx 3{,}0\,cm$

$c = \sqrt{2^2 + 2^2 - 2 \cdot 2 \cdot 2 \cdot \cos(110°)} \approx 3{,}3 \Rightarrow b \approx 3{,}3\,cm$

3 Gegeben ist das gleichschenklige Dreieck in der nebenstehenden Abbildung.

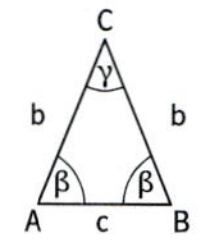

a) Notiere den Kosinussatz für den Winkel γ des gleichschenkligen Dreiecks.
b) Gib eine Formel zur Berechnung der Basis c in Abhängigkeit von b und γ an.
c) Bestimme die Seitenlänge von c für γ_1 = 45°, γ_2 = 90° und γ_3 = 120° in Abhängigkeit von b.

a) $c^2 = b^2 + b^2 + 2 \cdot b \cdot b \cdot \cos(\gamma) = 2b^2 + 2b^2 \cdot \cos(\gamma) = b^2 \cdot (2 + 2\cos(\gamma))$

b) $c = b \cdot \sqrt{2 + 2\cos(\gamma)}$

c) $c_1 = b \cdot \sqrt{2 + 2\cos(45°)} = b \cdot \sqrt{2 + \sqrt{2}} \approx 1{,}85b;\ c_2 = b \cdot \sqrt{2 + 2\cos(90°)} = b \cdot \sqrt{2} \approx 1{,}41b;$

$c_3 = b \cdot \sqrt{2 + 2\cos(120°)} = b$

4 Bei einer Geländevermessung können die Strecken a, b und c nicht direkt gemessen werden. In D und B werden daher die angegebenen Winkel sowie von D aus die angegebenen Seiten gemessen.

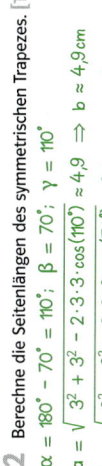

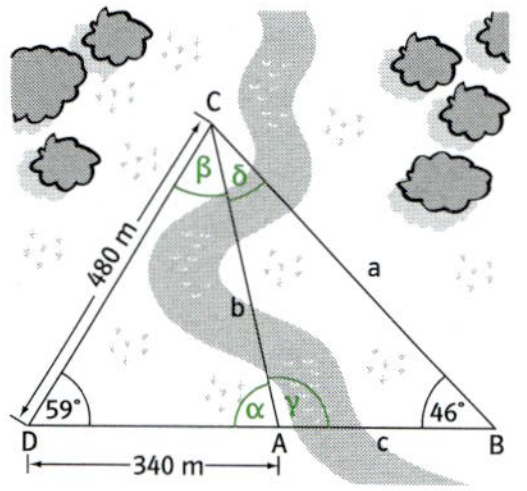

a) Bringe folgende Rechenschritte zur Berechnung der Seiten a, b und c in eine sinnvolle Reihenfolge.

2 | Bestimme die Innenwinkel des Dreiecks DAC mit z. B. dem Kosinus- und dem Winkelsummensatz.
4 | Berechne a und c z. B. mit dem Sinussatz.
1 | Berechne b mit dem Kosinussatz.
3 | Bestimme die Innenwinkel des Dreiecks ABC.

b) Berechne die Strecken a ≈ 571 m, b ≈ 422 m und c ≈ 302 m.

1) $b^2 = 340^2 + 480^2 - 2 \cdot 340 \cdot 480 \cdot \cos(59°) \approx 177\,891{,}57 \Rightarrow b \approx 421{,}77\,m$

2) $\cos(\beta) = \frac{340^2 - 480^2 - 421{,}77^2}{-2 \cdot 480 \cdot 421{,}77} \approx 0{,}723 \Rightarrow \beta \approx 43{,}7° \Rightarrow \alpha \approx 180° - 59° - 43{,}7° = 77{,}3°$

3) $\gamma = 180° - \alpha \approx 180° - 77{,}3° = 102{,}7°;\ \delta = 180° - \gamma - 46° \approx 180° - 102{,}7° - 46° = 31{,}3°$

4) $a \approx \frac{\sin(102{,}7°)}{\sin(46°)} \cdot 421{,}77 \approx 571{,}98;\ c \approx \frac{\sin(31{,}3°)}{\sin(46°)} \cdot 421{,}77 \approx 304{,}61$

[T1] Bestimme zunächst die Winkelgrößen α, β und γ.

1 a) Berechne die fehlenden Seitenlängen.

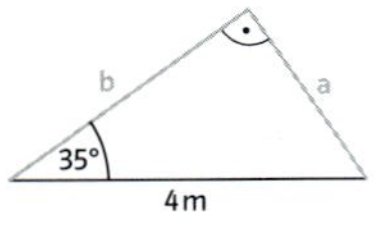

$\sin(35°) = \frac{a}{4}$

$a = \sin(35°)\cdot 4 \approx 2{,}29$

$\cos(35°) = \frac{b}{4}$

$b = \cos(35°)\cdot 4 \approx 3{,}28$

b) Berechne die fehlenden Winkelgrößen.

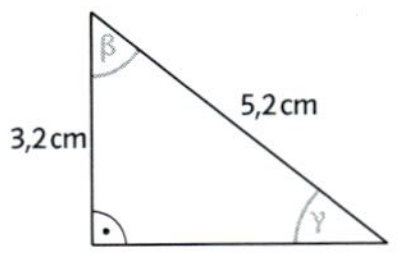

$\cos(\beta) = \frac{3{,}2\,cm}{5{,}2\,cm}$

$\beta = \cos^{-1}\left(\frac{3{,}2}{5{,}2}\right) \approx 52°$

$\sin(\gamma) = \frac{3{,}2\,cm}{5{,}2\,cm}$

$\gamma = \sin^{-1}\left(\frac{3{,}2}{5{,}2}\right) \approx 38°$

Die Seite a ist ca. 2,29m lang, die Seite b ca. 3,28m. Der Winkel β ist ca. 52° groß, der Winkel γ ca. 38°.

2 Wo findet man im nebenstehenden Einheitskreis
sin(80°),
cos(50°) und
tan(30°)?
Zeichne mit unterschiedlichen Farben ein und bestimme grafisch einen Näherungswert:

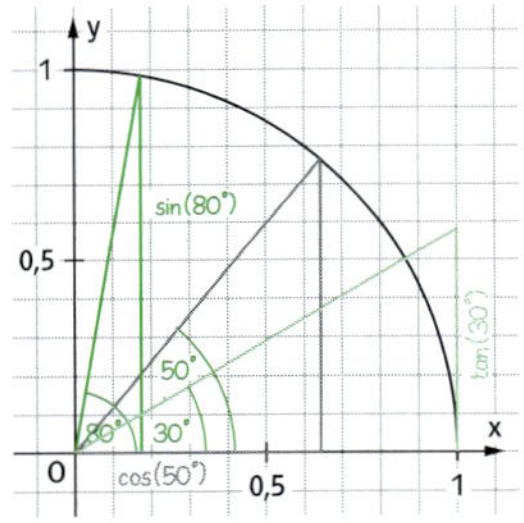

sin(80°) ≈ 0,98 ; cos(50°) ≈ 0,64 ; tan(30°) ≈ 0,58

3 Ergänze die Tabelle zu den zwei rechtwinkligen Dreiecken. Fertige zunächst eine Skizze an, in der du die Winkel und Seiten beschriftest. Umkreise die Bezeichnungen der gesuchten Größen.

	Skizze	a	b	c	α	β	γ
a)	(Skizze: Dreieck ABC mit a, b, c, β, γ)	4,6cm	2,8cm	$c = \sqrt{a^2 - b^2}$ $\approx 3{,}65\,cm$	90°	$\sin(\beta) = \frac{b}{a}$ β ≈ 37,5°	90° − 37,5° = 52,5°
b)	(Skizze: Dreieck ABC mit a, b, c, α, β, γ)	3,2cm	$\tan(\alpha) = \frac{a}{b}$ $b = \frac{a}{\tan(\alpha)}$ $b \approx 2{,}9\,cm$	$\sin(\alpha) = \frac{a}{c}$ $c = \frac{a}{\sin(\alpha)}$ $c \approx 4{,}3\,cm$	48°	42°	180° − 48° − 42° = 90°

(Die Seitenlängen können auch auf alternativen Wegen berechnet werden.)

4 Berechne die fehlenden Seiten und Winkel.

a) $b^2 = a^2 + c^2 - 2\cdot a\cdot c\cdot\cos(\beta)$

$b^2 = 4^2 + 3{,}1^2 - 2\cdot 4\cdot 3{,}1\cdot\cos(50°)$

$b^2 \approx 9{,}669 \Rightarrow b \approx 3{,}1\,cm$

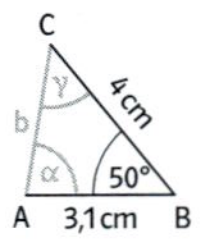

$\cos(\alpha) = \frac{a^2 - b^2 - c^2}{-2bc} \approx \frac{4^2 - 3{,}1^2 - 3{,}1^2}{-2\cdot 3{,}1\cdot 3{,}1} = 0{,}168$

$\Rightarrow \alpha \approx 80{,}3°$

$\gamma = 180° - \alpha - \beta \approx 180° - 80{,}3° - 50° = 49{,}7°$

(Alternative Lösungswege sind möglich.)

b) $\alpha = 180° - \beta - \gamma$

$= 180° - 38° - 80° = 62°$

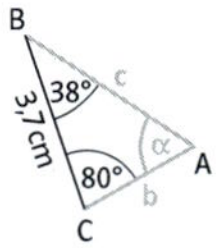

$b = \frac{\sin(\beta)}{\sin(\alpha)}\cdot a = \frac{\sin(38°)}{\sin(62°)}\cdot 3{,}7 \approx 2{,}6 \Rightarrow b \approx 2{,}6\,cm$

$c = \frac{\sin(\gamma)}{\sin(\alpha)}\cdot a = \frac{\sin(80°)}{\sin(62°)}\cdot 3{,}7 \approx 4{,}1 \Rightarrow c \approx 4{,}1\,cm$

(Alternative Lösungswege sind möglich.)

5 Bevor sie einen Fluss überqueren, möchten Toni und Luca die Breite des Flusses berechnen. Sie messen dabei den Winkel α zwischen dem Flussufer und dem angepeilten Baum auf der anderen Seite des Flusses. Dann messen sie die Strecke d entlang ihrer Uferseite, bis sie dem Baum direkt gegenüberstehen. Die Länge dieser Strecke beträgt 8m, für den Winkel α messen sie 43°.
Wie breit ist der Fluss? Ergänze zunächst die Skizze.

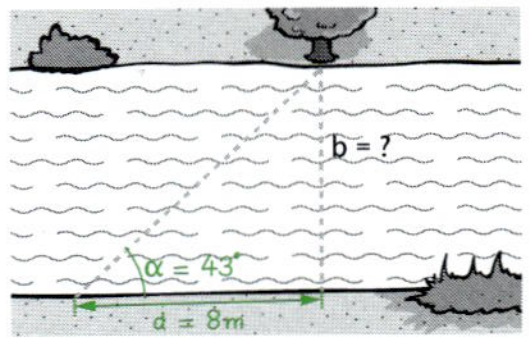

Es ist $\tan(\alpha) = \frac{b}{d}$, also $b = \tan(\alpha)\cdot d = \tan(43°)\cdot 8 \approx 7{,}46$. Der Fluss ist ca. 7,46m breit.

6 Ein Architekt plant ein Haus, das eine rechteckige Grundfläche mit einer Breite von b = 11m und einer Länge von d = 10m haben soll. Bei der Planung muss die Vorgabe der Stadt berücksichtigt werden, dass die Dachneigung mindestens 25° und höchstens 30° betragen soll. Die kürzeren Dachbalken sind 6 m lang und schließen mit dem Dachboden einen Winkel von 30° ein.
a) Berechne die Länge der längeren Dachbalken. [T1]
b) Berechne die Höhe des Dachstuhls.
c) Prüfe, ob die Vorgabe bezüglich der Dachneigung eingehalten wird.

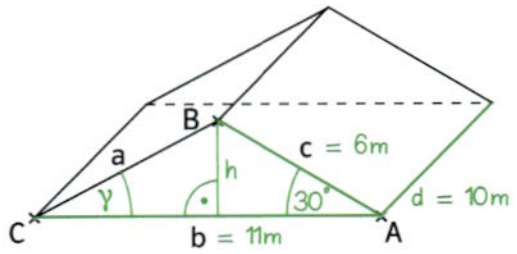

a) Kosinussatz: $a^2 = b^2 + c^2 - 2\cdot b\cdot c\cdot\cos(\alpha)$

$\Rightarrow a^2 = 11^2 + 6^2 - 2\cdot 11\cdot 6\cdot\cos(30°)$

$\Rightarrow a^2 \approx 42{,}68 \Rightarrow a \approx 6{,}53$

Die längeren Dachbalken sind etwa 6,53m lang.

b) $\sin(\alpha) = \frac{h}{6} \Rightarrow h = \sin(30°)\cdot 6 = 3$

Der Dachstuhl hat eine Höhe von 3m.

c) Sinussatz: $\frac{\sin(\gamma)}{\sin(\alpha)} = \frac{c}{a} \Rightarrow \frac{\sin(\gamma)}{\sin(30°)} = \frac{6}{6{,}53}$

$\Rightarrow \sin(\gamma) \approx \frac{6}{6{,}53}\cdot\sin(30°) \approx 0{,}46 \Rightarrow \gamma \approx 27{,}4°$

Da beide Dachneigungen mit α = 30° und γ ≈ 27,4° zwischen 25° und 30° liegen, werden die Vorgaben der Stadt erfüllt.

7 Ein Spat ist ein Körper, der von sechs paarweise kongruenten, in parallelen Ebenen liegenden Parallelogrammen begrenzt wird.
Im Folgenden wird ein Spat betrachtet, dessen Kantenlängen a mit 8cm alle gleich lang sind und dessen Grundfläche ein Quadrat ist. Der Neigungswinkel α ist 60° groß.
Dieser Spat wird so in zwei Stücke gesägt, dass die graue Schnittfläche entsteht. Berechne den Flächeninhalt dieser Schnittfläche. [T2]

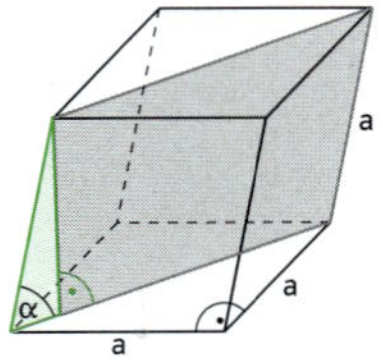

Die Schnittfläche ist ein Parallelogramm.

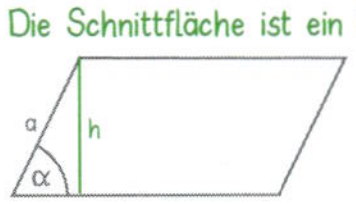

$\sin(\alpha) = \frac{h}{a}$

$h = \sin(\alpha)\cdot a$

$= \sin(60°)\cdot 8$

$\approx \frac{\sqrt{3}}{2}\cdot 8 = 4\cdot\sqrt{3} \approx 6{,}9$

Die Höhe des Parallelogramms ist $4\cdot\sqrt{3} \approx 6{,}9\,cm$ lang.

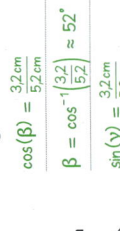

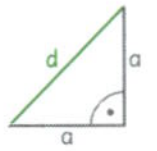

$d^2 = a^2 + a^2 = 2a^2$

$d = \sqrt{2a^2} = \sqrt{2\cdot 8^2} = \sqrt{128} \approx 11{,}3$

Die Grundseite des Parallelogramms ist ca. 11,3cm lang.

$A_{Parallelogramm} = d\cdot h \approx 11{,}3\cdot 6{,}9 \approx 77{,}97$

Das Parallelogramm hat einen Flächeninhalt von etwa $77{,}97\,cm^2$.

[T1] Markiere die gegebenen Größen in der Abbildung. Denke an den Sinus- und Kosinussatz.
[T2] 1. Zeichne eine Planskizze der Schnittfläche. Es handelt sich um ein Parallelogramm.
2. Berechne die Höhe des Parallelogramms.
3. Fertige zur Berechnung der Länge der Grundseite des Parallelogramms eine weitere Planskizze an.

Potenzen mit ganzzahligen Exponenten

1 Markiere Kärtchen mit gleichem Wert. Einige Kärtchen bleiben übrig.

3^4 | $\left(\frac{1}{3}\right)^{-4}$ | $\left(\frac{1}{9}\right)^2$ | $\left(\frac{1}{81}\right)^{-1}$ | $\left(\frac{1}{8}\right)^{-2}$ | $(-4)^3$

-8^2 | $(-2)^6$ | $\left(-\frac{1}{2}\right)^6$ | 2^6 | 4^3 | 9^2

Nebenrechnungen, z. B.:
$3^4 = 3\cdot3\cdot3\cdot3 = 81$
$4^3 = 4\cdot4\cdot4 = 64$
$2^6 = 2\cdot2\cdot2\cdot2\cdot2\cdot2 = 64$

2 Gib in wissenschaftlicher Schreibweise an.

a) $84\,000\,000\,000 = 8{,}4\cdot10^{10}$
b) $50\,000\,000\,000\,000 = 5\cdot10^{13}$
c) $0{,}000\,000\,000\,08 = 8\cdot10^{-11}$
d) $0{,}000\,549 = 5{,}49\cdot10^{-4}$
e) $0{,}000\,022\cdot10^{-2} = 2{,}2\cdot10^{-7}$
f) $0{,}04\cdot10^9 = 4\cdot10^7$

3 Schreibe ohne die Verwendung von Zehnerpotenzen.

a) $7{,}34\cdot10^7 = 73\,400\,000$
b) $2{,}9\cdot10^{-3} = 0{,}0029$
c) $1052\cdot10^{-5} = 0{,}01052$
d) $62\cdot10^4 = 620\,000$
e) $0{,}41\cdot10^5 = 41\,000$
f) $507\cdot10^{-6} = 0{,}000507$

4 Drei der Umformungen sind fehlerhaft. Streiche in dem Fall den Wert rechts vom Gleichheitszeichen und korrigiere ihn.

$4^{-2} = \frac{1}{4^2}$ ✓
$-\frac{1}{4^{-2}} = 4^2$ (gestrichen) -4^2
$(-4)^{-2} = \frac{1}{16}$ ✓
$\frac{1^3}{3} = \frac{1}{27}$ (gestrichen) $\frac{1}{3}$
$\left(-\frac{1}{3}\right)^3 = -\frac{1}{27}$ ✓
$\left(\frac{1}{3}\right)^{-3} = -\frac{1}{27}$ (gestrichen) 27

5 Schreibe mit positiven Exponenten.

a) $5^{-7}\cdot3^2 = \frac{3^2}{5^7}$
b) $\frac{6^6}{5^{-1}} = 6^6\cdot5$
c) $\frac{2^{-6}}{7^{-5}} = \frac{7^5}{2^6}$
d) $8^9 : 3^{-2} = 8^9\cdot3^2$
e) $2^9\cdot\frac{1}{4^{-3}} = 2^9\cdot4^3$
f) $6^{-1} : 7^{-5} = \frac{7^5}{6}$

6 Schreibe als Potenz mit negativem Exponenten.

a) $\frac{1}{36} = \frac{1}{6^2} = 6^{-2}$
b) $\frac{1}{125} = \frac{1}{5^3} = 5^{-3}$
c) $\frac{1}{32} = \frac{1}{2^5} = 2^{-5}$
d) $\frac{1}{27} = \frac{1}{3^3} = 3^{-3}$
e) $0{,}25 = \frac{1}{4} = \frac{1}{2^2} = 2^{-2}$
f) $0{,}0001 = \frac{1}{10\,000} = \frac{1}{10^4} = 10^{-4}$

7 Berechne.

a) $5\cdot(-2)^3$
$= 5\cdot(-8) = -40$
b) $-4 + \left(\frac{1}{2}\right)^{-4}$
$= -4 + 2^4 = 12$
c) $4 - 3^3$
$= 4 - 27 = -23$
d) $6 : 3^{-2}$
$= 6\cdot3^2 = 54$
e) $50 + 250 : 5^3$
$= 50 + 2 = 52$
f) $18\cdot6^{-1} + 2$
$= 18 : 6 + 2 = 5$

Zur Erinnerung:
1. Potenzieren
2. Punktrechnung
3. Strichrechnung

8 Eine Lichtsekunde beträgt rund 300 000 km. Die 1966 gestartete Raumsonde Voyager hatte im Jahr 2013 einen Abstand von ca. 18 Lichtstunden zur Erde.
Gib die Entfernung in km mit und ohne Zehnerpotenz an.

Mit Zehnerpotenz: $(300\,000\cdot60\cdot60\cdot18 =)\ 1{,}944\cdot10^{10}$ km

Ohne Zehnerpotenz: 19 440 000 000 km

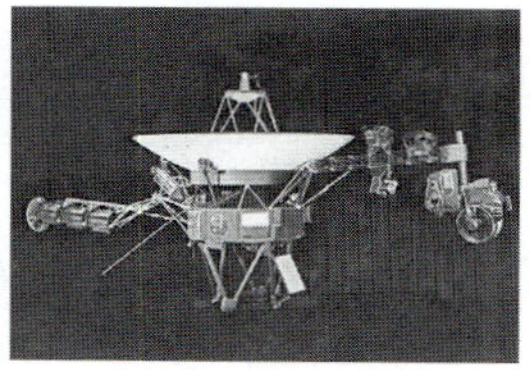

Potenzen mit gleicher Basis

1 Erkläre einem Mitschüler, der das Potenzgesetz nicht versteht, warum es gilt.

a) Potenzen mit gleicher Basis werden multipliziert, indem die Exponenten addiert werden.

Beispiel: $x^3\cdot x^4 = (x\cdot x\cdot x)\cdot(x\cdot x\cdot x\cdot x) = x^7 = x^{3+4}$

b) Potenzen mit gleicher Basis werden dividiert, indem die Exponenten subtrahiert werden.

Beispiel: $y^5 : y^3 = (y\cdot y\cdot y\cdot y\cdot y) : (y\cdot y\cdot y) = y^2 = y^{5-3}$ (individuelle Lösung)

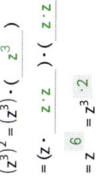

2 Vereinfache.

a) $a^5\cdot a^4 = a^{5+4} = a^9$
b) $b^9 : b^3 = b^{9-3} = b^6$
c) $c^7\cdot c^{-2} = c^{7-2} = c^5$
d) $d^{-4}\cdot d^{-1} = d^{-4-1} = d^{-5}$
e) $r^{-3} : r^{-2} = r^{-3+2} = r^{-1}$
f) $s^8 : s^{-3} = s^{8+3} = s^{11}$
g) $t^{-4}\cdot t^8 = t^{-4+8} = t^4$
h) $u^{-5} : u = u^{-5-1} = u^{-6}$

3 Korrigiere die notierte Regel und ergänze das Beispiel.

Potenzen werden potenziert, indem man die Exponenten ~~addiert~~.
Potenzen werden potenziert, indem man die Exponenten multipliziert.

$(z^3)^2 = (z^3)\cdot(z^3)$
$= (z\cdot z\cdot z)\cdot(z\cdot z\cdot z)$
$= z^6 = z^{3\cdot2}$

4 Notiere drei verschiedene Potenzen, die wertgleich mit der vereinfachten Potenz sind.

	Wertgleiche Potenzen			Vereinfachung
a)	$(2^4)^4$	$(2^2)^8$	$(2^8)^2$	2^{16}
b)	$(x^3)^{-4}$	$(x^{-2})^6$	$(x^{-4})^3$	x^{-12}
c)	$(3^{-2})^2$	$(3^2)^{-2}$	$(3^4)^{-1}$	3^{-4}
d)	$(y^6)^m$	$(y^{2m})^3$	$(y^2)^{3m}$	y^{6m}
e)	$(z^2)^n$	$(z^n)^2$	z^{n+n}	z^{2n}

(individuelle Lösungen)

5 Streiche falsche Umformungen durch.

	Pauls Lösung	Maries Lösung
a)	$a^3\cdot a^5 = $ ~~a^{15}~~	$a^3\cdot a^5 = a^8$
b)	$(b^2)^3 = (b^3)^2$	$(b^2)^3 = $ ~~b^5~~
c)	$c^4\cdot c^{-2} = c^2$	$c^4\cdot c^{-2} = c^2$
d)	$d^3 : d^{-1} = $ ~~d^2~~	$d^3 : d^{-1} = d^4$
e)	$a^x\cdot a^x = a^{2x}$	$a^x\cdot a^x = (a^2)^x$
f)	$3f^2 2g^3 = $ ~~$6(fg)^5$~~	$3f^2 2g^3 = 6f^2g^3$
g)	$g^{n+3} : g^{n-1} = g^4$	$g^{n+3} : g^{n-1} = $ ~~g^2~~

Marie hat mehr richtige Umformungen.

6 Vereinfache den Term so weit wie möglich.

a) $\frac{1}{2}z^6\cdot6z^{-3} = \frac{1}{2}\cdot6\cdot z^6\cdot z^{-3} = 3z^3$
b) $5w^8 : w^3 = 5w^5$
c) $2{,}4c^2 : 0{,}8c^2 = 3c^0 = 3\cdot1 = 3$
d) $7a^{n+2}\cdot a^{-n} = 7a^{n+2-n} = 7a^2$
e) $x^{k-2}\cdot x^2 = x^{k-2+2} = x^k$
f) $\frac{b^{m-1}}{b^{1+m}} = b^{m-1-(1+m)} = b^{-2}$

7 Finde den Fehler und korrigiere die Rechnung.

a) $\frac{u^3\cdot8v^7}{4u\cdot v^6} = \frac{8}{4}\cdot\frac{u^3\cdot v^7}{u\cdot v^6} = 2u^{3+1}v^{7+6} = 2u^4v^{13}$ (Exponenten gestrichen)
$2u^{3-1}\cdot v^{7-6} = 2u^2v$

b) $\frac{8a^7b}{2a^5b^3} = \frac{8}{2}\cdot\frac{a^7b}{a^5b^3} = 4\cdot a^{7-5}\cdot b^{-3} = 4a^2b^{-3}$ (gestrichen)
$4a^{7-5}\cdot b^{1-3} = 4a^2b^{-2}$

c) $\frac{7x^4\cdot(-3y^{-2})}{3x^3\cdot14y} = \frac{7\cdot(-3)}{3\cdot14}\cdot\frac{x^4}{x^3}\cdot\frac{y^{-2}}{y} = -\frac{1}{2}\cdot x\cdot y^{-1}$ (gestrichen)
$-\frac{1}{2}xy^{-3}$

1 Ergänze die Aussagen und die Beweise zu den Potenzgesetzen für die Multiplikation und Division von Potenzen mit gleichen Exponenten.
Für beliebige Basen a und b (≠ 0) und einen natürlichen Exponenten n gilt:

a) $a^n \cdot b^n = (a \cdot b)^n$ Beweis: $a^n \cdot b^n = \underbrace{a \cdot \ldots \cdot a}_{n\text{-mal}} \cdot \underbrace{b \cdot \ldots \cdot b}_{n\text{-mal}} = \underbrace{(a \cdot b) \cdot \ldots \cdot (a \cdot b)}_{n\text{-mal}} = (a \cdot b)^n$

b) $a^n : b^n = \frac{a^n}{b^n} = \left(\frac{a}{b}\right)^n$ Beweis: $\frac{a^n}{b^n} = \frac{\overbrace{a \cdot \ldots \cdot a}^{n\text{-mal}}}{\underbrace{b \cdot \ldots \cdot b}_{n\text{-mal}}} = \underbrace{\frac{a}{b} \cdot \ldots \cdot \frac{a}{b}}_{n\text{-mal}} = \left(\frac{a}{b}\right)^n$

2 Berechne im Kopf.

a) $21^4 : 7^4 = (21 : 7)^4 = 3^4 = 3 \cdot 3 \cdot 3 \cdot 3 = 81$

b) $20^3 \cdot \left(\frac{1}{4}\right)^3 = \left(20 \cdot \frac{1}{4}\right)^3 = 5^3 = 5 \cdot 5 \cdot 5 = 125$

c) $(-0{,}3)^{-3} \cdot 10^{-3} = (-0{,}3 \cdot 10)^{-3} = (-3)^{-3} = -\frac{1}{3^3} = -\frac{1}{27}$

d) $8^{-5} : 16^{-5} = \left(\frac{8}{16}\right)^{-5} = \left(\frac{1}{2}\right)^{-5} = \frac{1}{2^{-5}} = 2^5 = 32$

e) $\left(\frac{1}{3}\right)^6 \cdot (-6)^6 = \left(\frac{1}{3} \cdot (-6)\right)^6 = (-2)^6 = 64$

f) $(-18)^4 : 6^4 = (-18 : 6)^4 = (-3)^4 = 81$

3 Ergänze die fehlende Zahl oder Variable.

a) $\left(\frac{2}{3}\right)^n \cdot 3^n = 2^n$

b) $6{,}5^m : 5^m = 1{,}3^m$

c) $\left(\frac{1}{8}\right)^x \cdot 4^x = \left(\frac{1}{2}\right)^x$

d) $(-8)^p : 4^p = (-2)^p$

e) $20^{3k} : 10^{3k} = 2^{3k}$

f) $\left(\frac{3}{4}\right)^w \cdot \left(\frac{4}{5}\right)^w = \left(\frac{3}{5}\right)^w$

g) $\left(\frac{5}{8}\right)^q : \left(\frac{15}{8}\right)^q = \left(\frac{1}{3}\right)^q$

h) $\left(\frac{12}{1}\right)^z \cdot 3^{-z} = 4^z$

4 Markiere falsche Umformungen mit „f" und verbessere.

$7^{2k} \cdot 2^{2k} = 14^{2k}$ ✓	$3^{x+2} : \left(\frac{1}{3}\right)^{x+2} = 1^{x+2}$ f $\left(3 \cdot \frac{3}{1}\right)^{x+2} = 9^{x+2}$
$(6a)^z : (2a)^z = (3a)^z$ f $\left(\frac{6a}{2a}\right)^z = 3^z$	$(5b)^{3y} \cdot b^{3y} = (5b^2)^{3y}$ ✓
$30^{-m} : 3^m = 10^{-m}$ f $\frac{1}{(30 \cdot 3)^m} = 90^{-m}$	$(4x)^{n-1} \cdot x^{1-n} = (4x^2)^{n-1}$ f $(4x)^{n-1} : x^{n-1} = 4^{n-1}$

5 Forme mithilfe der Potenzgesetze so um, dass am Ende eine Potenz mit nur einer Basis und nur einem Exponenten steht.

a) $2^4 \cdot 9^2 = 2^4 \cdot (3^2)^2 = 2^4 \cdot 3^4 = 6^4$

b) $8^2 \cdot 6^6 = (2^3)^2 \cdot 6^6 = 2^6 \cdot 6^6 = 12^6$

c) $\left(\frac{1}{25}\right)^2 \cdot 35^4 = \left(\left(\frac{1}{5}\right)^2\right)^2 \cdot 35^4 = \left(\frac{1}{5}\right)^4 \cdot 35^4 = \left(\frac{35}{5}\right)^4 = 7^4$

6 Der abgebildete Quader hat eine quadratische Grundfläche.

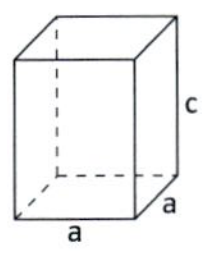

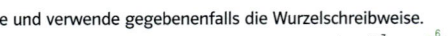

a) Die Seitenlänge a der Grundfläche wird verdreifacht, während die Höhe c gleich bleibt. Wie ändert sich dadurch das Volumen des Quaders?

$V = (3a)^2 \cdot c = 3^2 \cdot a^2 \cdot c = 9 \cdot a^2 \cdot c$
Das neue Volumen ist neun Mal so groß wie das ursprüngliche Volumen.

b) Wie ändert sich das Volumen des Quaders, wenn die Seitenlänge der Grundfläche halbiert wird?

$V = (0{,}5a)^2 \cdot c = 0{,}5^2 \cdot a^2 \cdot c = 0{,}25 \cdot a^2 \cdot c$
Das neue Volumen beträgt ein Viertel des ursprünglichen Volumens.

$a^{\frac{1}{n}} = \sqrt[n]{a}$

1 Lea und Tim haben die Festlegung (Definition) $a^{\frac{1}{n}} = \sqrt[n]{a}$ kennengelernt.
Sie überlegen, wie $10^{\frac{3}{4}}$ sinnvoll gedeutet werden kann.

Lea:
$10^{\frac{3}{4}} \underset{A}{=} (10^3)^{\frac{1}{4}} \underset{B}{=} \sqrt[4]{10^3}$

Tim:
$10^{\frac{3}{4}} = 10^{\frac{1}{4}+\frac{1}{4}+\frac{1}{4}} \underset{C}{=} 10^{\frac{1}{4}} \cdot 10^{\frac{1}{4}} \cdot 10^{\frac{1}{4}} \underset{D}{=} \sqrt[4]{10} \cdot \sqrt[4]{10} \cdot \sqrt[4]{10} \underset{E}{=} (\sqrt[4]{10})^3$

a) Welche Gesetze (P1 bis P5) oder Definitionen (D1 und D2) haben Lea bzw. Tim verwendet? Notiere zu den Buchstaben am Gleichheitszeichen die entsprechende Abkürzung.

A: P5 B: D2 C: P1 D: D2 E: D1

D1 | $\underbrace{a \cdot a \cdot \ldots \cdot a}_{n \text{ Faktoren}} = a^n$

P1 | $a^p \cdot a^q = a^{p+q}$

P3 | $a^p : b^p = \frac{a^p}{b^p} = \left(\frac{a}{b}\right)^p$

P4 | $a^p : a^q = a^{p-q}$

P2 | $a^p \cdot b^p = (ab)^p$

D2 | $a^{\frac{1}{n}} = \sqrt[n]{a}$

P5 | $(a^p)^q = a^{pq}$

b) Ändere Leas Weg ein wenig, sodass auch sie $(\sqrt[4]{10})^3$ erhält. $10^{\frac{3}{4}} = \left(10^{\frac{1}{4}}\right)^3 = (\sqrt[4]{10})^3$

2 Markiere Kärtchen mit gleichem Wert.

$3^{\frac{2}{3}}$ $\sqrt[3]{2^2}$ $\sqrt[3]{3}$ $\sqrt{3^3}$ $3^{\frac{3}{2}}$ $\sqrt[3]{3^2}$ $(\sqrt{3})^3$ $2^{\frac{2}{3}}$ $3^{\frac{1}{3}}$ $(\sqrt[3]{3})^2$ $(\sqrt[3]{2})^2$

3 Berechne im Kopf.

$36^{\frac{1}{2}} = 6$

$27^{\frac{2}{3}} = 3^2 = 9$

$8^{\frac{1}{3}} = 2$

$\left(\frac{1}{81}\right)^{\frac{1}{2}} = \frac{1}{9}$

$4^{\frac{5}{2}} = 2^5 = 32$

$1000^{\frac{2}{3}} = 10^2 = 100$

$16^{-\frac{1}{4}} = 2^{-1} = 0{,}5$

$9^{-\frac{3}{2}} = 3^{-3} = \frac{1}{27}$

4 Schreibe ohne Wurzeln und vereinfache dann.

a) $\sqrt[3]{4} \cdot \sqrt[3]{2} = 4^{\frac{1}{3}} \cdot 2^{\frac{1}{3}} = 8^{\frac{1}{3}} = 2$

b) $\sqrt[3]{3} : \sqrt{3} = 3^{\frac{1}{3}} : 3^{\frac{1}{2}} = 3^{\frac{1}{3}-\frac{1}{2}} = 3^{-\frac{1}{6}}$

c) $\sqrt[10]{x^3} : \sqrt[5]{x} = x^{\frac{3}{10}} : x^{\frac{1}{5}} = x^{\frac{3}{10}-\frac{1}{5}} = x^{\frac{1}{10}}$

d) $\sqrt[4]{y} \cdot \sqrt[3]{y^2} = y^{\frac{1}{4}} \cdot y^{\frac{2}{3}} = y^{\frac{3}{12}+\frac{8}{12}} = y^{\frac{11}{12}}$

5 Vereinfache und verwende gegebenenfalls die Wurzelschreibweise.

a) $6^{\frac{2}{3}} \cdot 6^{\frac{4}{3}} = 6^{\frac{2}{3}+\frac{4}{3}} = 6^2 = 36$

b) $\left(81^{-\frac{6}{7}}\right)^{\frac{7}{12}} = 81^{-\frac{6}{7} \cdot \frac{7}{12}} = 81^{-\frac{1}{2}} = \frac{1}{\sqrt{81}} = \frac{1}{9}$

c) $7^{-1{,}3} \cdot 7^{0{,}3} = 7^{-1{,}3+0{,}3} = 7^{-1} = \frac{1}{7}$

d) $45^{\frac{3}{5}} : 3^{\frac{3}{5}} = (45 : 3)^{\frac{3}{5}} = 15^{\frac{3}{5}} = \sqrt[5]{15^3}$

e) $\left(a^{\frac{1}{6}}\right)^{-\frac{3}{4}} = a^{\frac{1}{6} \cdot \left(-\frac{3}{4}\right)} = a^{-\frac{1}{8}} = \frac{1}{\sqrt[8]{a}}$

f) $b^{-\frac{5}{6}} : b^{\frac{1}{3}} = b^{-\frac{5}{6}-\frac{1}{3}} = b^{-\frac{7}{6}} = \frac{1}{(\sqrt[6]{b})^7}$

6 a) Die Abbildung zeigt eine Würfelfigur. Sie besteht aus vier gleich großen Würfeln mit der Kantenlänge a. Das Gesamtvolumen V der Figur berechnet man aus der Kantenlänge a mit der Formel $V = 4a^3$.

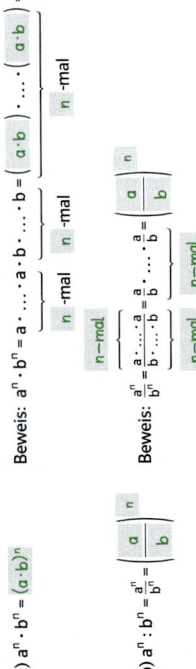

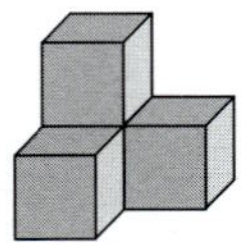

Berechne jeweils das Volumen der Würfelfigur für die angegebene Kantenlänge:

a = 3 cm $V = 4 \cdot 3^3\,\text{cm}^3 = 108\,\text{cm}^3$; a = 5 cm $V = 4 \cdot 5^3\,\text{cm}^3 = 500\,\text{cm}^3$; a = 1,5 m $V = 4 \cdot 1{,}5^3\,\text{m}^3 = 13{,}5\,\text{m}^3$.

b) Umgekehrt kann aus dem Volumen der Würfelfigur die Kantenlänge eines Teilwürfels berechnet werden.
Fülle die Tabelle aus.

Volumen V	$32\,\text{cm}^3$	$0{,}5\,\text{m}^3$	$4\,\text{m}^3$	Allgemeine Formel:
Kantenlänge a	$\sqrt[3]{\frac{32}{4}}\,\text{cm} = 2\,\text{cm}$	$\sqrt[3]{\frac{0{,}5}{4}}\,\text{cm} = \frac{1}{2}\,\text{cm}$	$\sqrt[3]{\frac{6}{4}}\,\text{cm} = \sqrt[3]{1{,}5}\,\text{cm}$	$a = \sqrt[3]{\frac{V}{4}}$

c) Um das Volumen der Würfelfigur zu verdoppeln, muss man a mit dem Faktor $\sqrt[3]{2}$ multiplizieren.

1 Berechne zuerst die Funktionswerte. Dann lässt sich der Graph leichter zeichnen.

	0	$\frac{1}{2}$	1	2
a) $f(x) = x^2$	0	$\frac{1}{4}$	1	4
b) $f(x) = 0{,}25x^4$	0	$\frac{1}{64}$	$\frac{1}{4}$	4
c) $f(x) = x^3$	0	$\frac{1}{8}$	1	8
d) $f(x) = -x^3$	0	$-\frac{1}{8}$	−1	−8

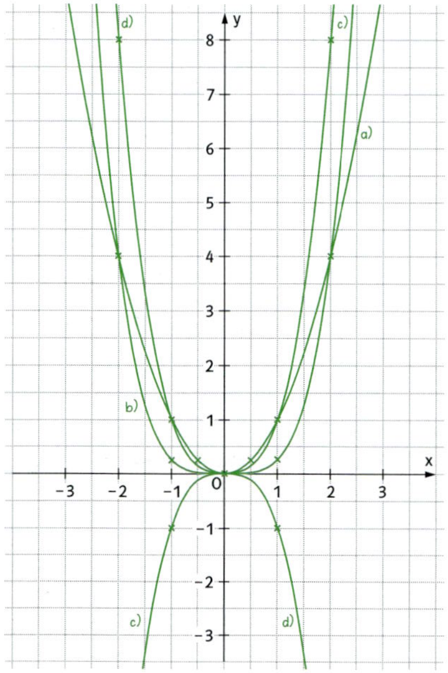

2 Die Punkte liegen auf dem Graphen der Funktion mit $f(x) = \frac{1}{3}x^3$.
Bestimme die fehlende Koordinate.

$P(6\,|\,72)$ $Q(-2\,|\,-\frac{8}{3})$

$R(-1\,|\,-\frac{1}{3})$ $S(3\,|\,9)$

3 Notiere zur Funktionsgleichung den Buchstaben des zugehörigen Graphen.

a) $f(x) = 0{,}2x^6$ P

b) $f(x) = \frac{1}{2}x^3$ O

c) $f(x) = -x^5$ T

d) $f(x) = 3x^3$ E

e) $f(x) = \frac{1}{16}x^4$ N

f) $f(x) = -0{,}2x^6$ Z

Lösungswort: P O T E N Z

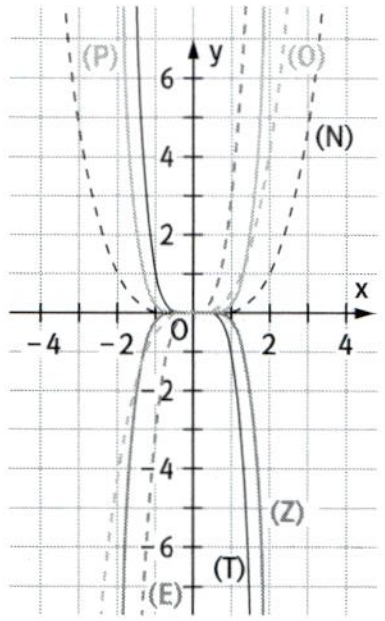

4 Gib den Funktionsterm einer möglichen Potenzfunktion mit $f(x) = a \cdot x^n$ an.

a) Der Graph der Funktion 5. Grades verläuft durch den Punkt $P(1\,|\,1{,}5)$. $f(x) = 1{,}5x^5$

b) Der Graph verläuft durch die Punkte $Q(-1\,|\,-2)$ und $R(1\,|\,-2)$. $f(x) = -2x^2;\ f(x) = -2x^4;$ ...

c) Der Graph durch den Punkt $A(-1\,|\,1)$ ist punktsymmetrisch zum Ursprung. $f(x) = -x^3;\ f(x) = -x^5;$ ...

5 Die Graphen g_1, g_2 und g_3 sind aus dem Graphen von f mit $f(x) = x^4$ durch Verschiebung oder durch Streckung entstanden.

a) Beschreibe, wie die Graphen g jeweils entstanden sind.

g_1: Spiegelung an der x-Achse und Streckung mit $a = 0{,}25$.

g_2: Verschiebung um 3 nach unten

g_3: Verschiebung um 3 nach rechts

b) Gib den Funktionsterm der Graphen g an.

$g_1(x) = -0{,}25 \cdot x^4$; $g_2(x) = x^4 - 3$; $g_3(x) = (x-3)^4$

c) Vervollständige die Aussagen zur Symmetrie:

Die Graphen von f, g_1 und g_2 sind symmetrisch zur y-Achse.

Der Graph von g_3 ist symmetrisch zur Geraden $x = 3$.

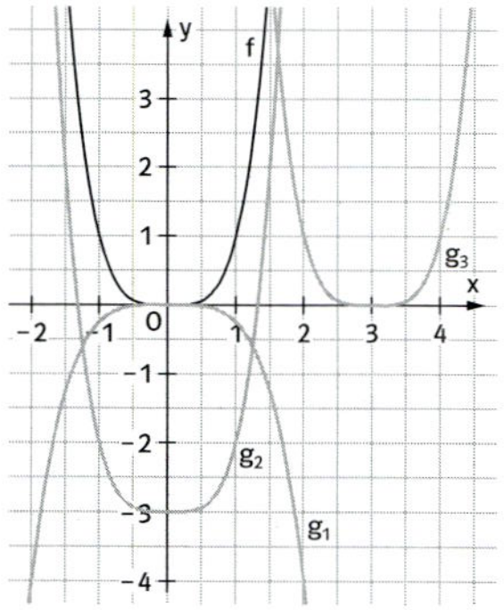

1 a) Ordne jeder Potenzgleichung alle Zahlen zu, die Lösung dieser Potenzgleichung sind. Zwei Potenzgleichungen und mehrere Zahlen bleiben übrig.

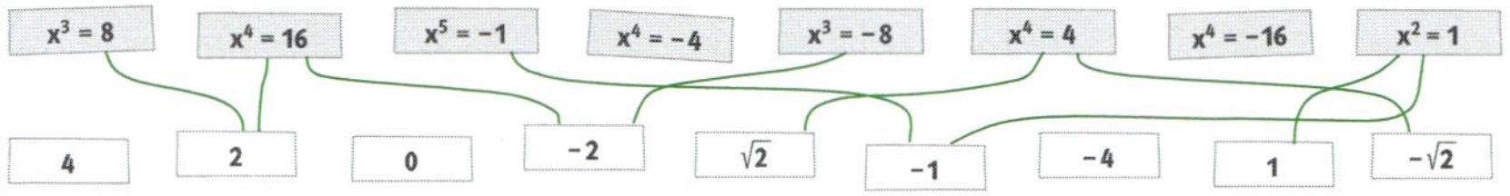

b) Warum konnte den beiden übrigen Potenzgleichungen keine der vorgeschlagenen Zahlen als Lösung zugeordnet werden? Kreuze die richtige Begründung an.

- ☐ Die beiden Potenzgleichungen haben andere Zahlen als Lösungen.
- ☒ Die beiden Potenzgleichungen haben keine Lösung.
- ☐ Die beiden Gleichungen sind keine Potenzgleichungen.

c) Gib für jede der übrig gebliebenen Zahlen eine Potenzgleichung an, die diese Zahl als Lösung hat.

4: $x^3 = 64$ (z.B.);
0: $x^2 = 0$ (z.B.);
−4: $x^2 = 16$ (z.B.)

2 a) Berechne die Lösung der Gleichungen
(1) $0{,}5x^4 = 2$ und (2) $2x^3 = -1$.

(1) $x^4 = 4$ $x_1 = -4^{\frac{1}{4}} = -\sqrt{2} \approx -1{,}41;\ x_2 = 4^{\frac{1}{4}} = \sqrt{2} \approx 1{,}41$

(2) $x^3 = -0{,}5$ $x = -(0{,}5)^{\frac{1}{3}} \approx -0{,}79$

b) Veranschauliche die Lösungen anhand der gegebenen Graphen.

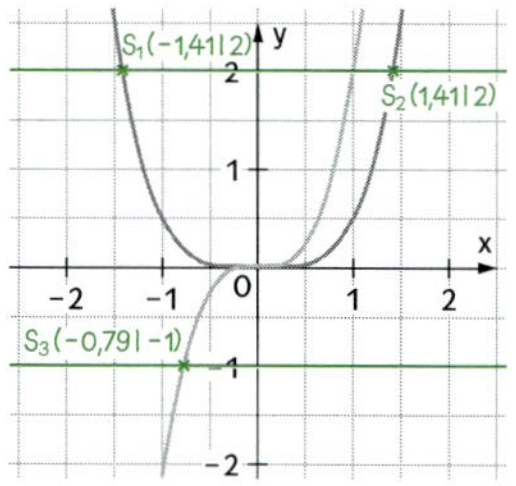

3 Löse die Gleichung.

a) $x^{-3} = 125$ $x = 125^{-\frac{1}{3}} = \frac{1}{125^{\frac{1}{3}}} = \frac{1}{5}$

b) $x^{-2} = 7$ $x_1 = 7^{-\frac{1}{2}} = \frac{1}{\sqrt{7}};\ x_2 = -\frac{1}{\sqrt{7}}$

c) $x^{\frac{4}{3}} = 16$ $x = 16^{\frac{3}{4}} = (2^4)^{\frac{3}{4}} = 2^3 = 8$

d) $x^{\frac{1}{2}} = -0{,}5$ keine Lösung

4 Schreibe die Wurzel als Potenz und löse die Gleichung.

a) $\sqrt[4]{x-5} = 3$

$(x-5)^{\frac{1}{4}} = 3 \quad |(\ )^4$

$x - 5 = 81 \quad |+5$

$x = 86$

b) $3 + \sqrt[3]{x^4} = 9$

$x^{\frac{4}{3}} = 6 \quad |(\ )^{\frac{3}{4}}$

$x = 6^{\frac{3}{4}} = \sqrt[4]{6^3}$

$= \sqrt[4]{216} \approx 3{,}83$

5 Kreuze an, ob die Aussage richtig oder falsch ist. Begründe bei falschen Aussagen mit einem (oder mehreren) Gegenbeispiel(en).

Aussage	Richtig	Falsch	Gegenbeispiel(e)
Es gibt keine Potenzgleichung, die nur die Lösung −3 hat.		X	$x^3 = -27$ (z.B.)
Es gibt keine Potenzgleichung, die die beiden Lösungen 1 und 3 hat.	X		
Es gibt nur eine Potenzgleichung, die die Lösung $\sqrt{3}$ hat.		X	$x^2 = 3$ und $x^4 = 9$ (z.B.)
Jede Potenzgleichung mit geradem Exponenten hat entweder zwei Lösungen oder keine.		X	$x^4 = 0$ (z.B.)
Jede Potenzgleichung mit ungeradem Exponenten hat genau eine Lösung.	X		

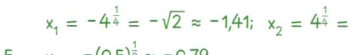

1 a) Welche Karten haben denselben Wert? Verbinde. Tipp: Einmal gehören drei Karten zusammen.

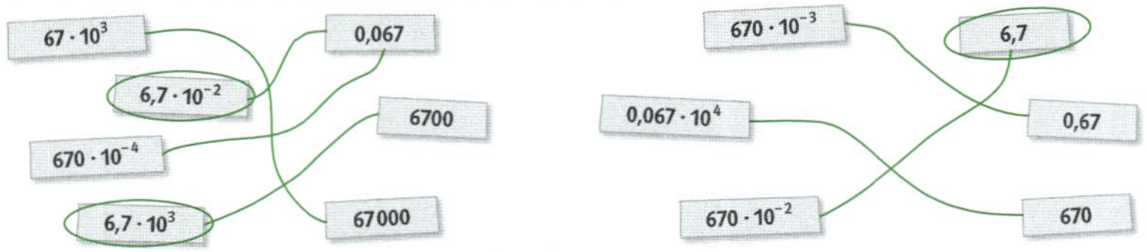

b) Kreise alle Kärtchen ein, auf denen eine Zahl in wissenschaftlicher Schreibweise steht.

2 Wende die Potenzgesetze an. Berechne, wenn möglich, den Wert des Terms.

a) $-(5^4)^2 = -5^{4\cdot2} = -5^8 = -390\,625$

b) $(-5^4)^2 = (-5)^{4\cdot2} = (-5)^8 = 390\,625$

c) $(-3^4)^3 = -3^{4\cdot3} = -3^{12} = -531\,441$

d) $(x^3)^{-3} = x^{3\cdot(-3)} = x^{-9}$

e) $3^u\cdot8^u = (3\cdot8)^u = 24^u$

f) $\frac{15^4}{5^4} = \left(\frac{15}{5}\right)^4 = 3^4 = 81$

g) $\frac{(2a)^3}{4a\cdot a^{-5}} = \frac{8a^3}{4a^{1-5}} = \frac{8a^3}{4a^{-4}} = 2a^{3-(-4)} = 2a^7$

3 Vereinfache.

a) $x^{\frac{4}{5}} : x^{-\frac{1}{5}} = x^{\frac{4}{5}-\left(-\frac{1}{5}\right)} = x$

b) $\left(y^{-\frac{5}{8}}\right)^{\frac{1}{5}} = y^{-\frac{5}{8}\cdot\frac{1}{5}} = y^{-\frac{1}{8}} = \frac{1}{\sqrt[8]{y}}$

c) $(3^z\cdot12^z)^{0{,}5} = (36)^{0{,}5z} = 6^z$

d) $r^{0{,}3} : r^{-2} = r^{0{,}3-(-2)} = r^{2{,}3}$

e) $\left(s^3\cdot s^{\frac{1}{4}}\right)^4 = s^{12}\cdot s^1 = s^{13}$

f) $\left(\sqrt{2}^{\sqrt{2}}\right)^{\sqrt{2}} = \left(\sqrt{2}\right)^{\sqrt{2}\cdot\sqrt{2}} = \sqrt{2}^2 = 2$

4 Ergänze.

a) $a^2\cdot a^{-3} = a^{-1}$

b) $(b^5)^{2} = b^{10}$

c) $\frac{c^4}{c^{-2}} = c^6$

d) $\left(d^{-2}\right)^3 = d^{-6}$

e) $r^3\cdot(-2)^3 = -8r^3$

f) $s^{-2} : s^5 = s^{-7}$

5 Verbinde Kärtchen mit gleichem Wert.

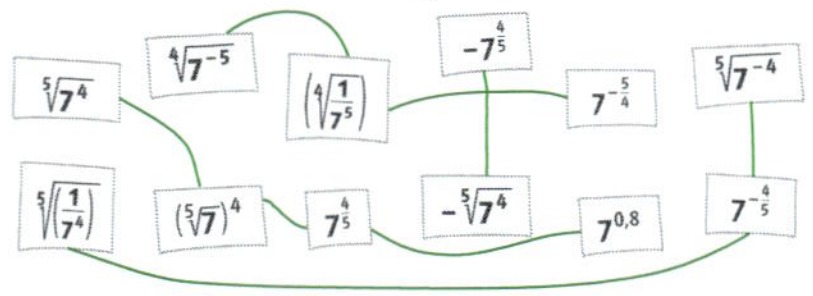

6 Welche der folgenden Zuordnungsvorschriften stellen Potenzfunktionen dar? Unterstreiche sie.

<u>a: $f(x) = 5x^4$;</u> b: $f(x) = x^x$;

<u>c: $f(x) = \sqrt{2}\,x^{\sqrt{4}}$;</u> d: $f(x) = x^3\cdot\sqrt{x}$

7 Berechne im Kopf.

a) $4^{\frac{3}{2}} = 8$

b) $36^{-0{,}5} = \frac{1}{6}$

c) $\left(\frac{1}{64}\right)^{\frac{1}{2}} = \frac{1}{8}$

d) $8^{\frac{2}{3}} = 4$

e) $125^{-\frac{1}{3}} = \frac{1}{5}$

f) $243^{\frac{2}{5}} = 9$

8 Ergänze die Tabelle.

		Umwandlung der Einheit	Wissenschaftliche Schreibweise	Dezimalschreibweise
a)	Wellenlänge von Schwarzlicht: 350 nm	$350\cdot10^{-9}$ m	$3{,}5\cdot10^{-7}$ m	0,000 000 35 m
b)	Dicke eines Haares: 0,12 mm	$0{,}12\cdot10^{-3}$ m	$1{,}2\cdot10^{-4}$ m	0,000 12 m
c)	Luftdruck am Nanga Parbat: 350 hPa	$350\cdot10^2$ Pa	$3{,}5\cdot10^4$ Pa	35 000 Pa
d)	Tiefe des Marianengrabens: 11 km	$11\cdot10^3$ m	$1{,}1\cdot10^4$ m	11 000 m

9 a) Die Graphen f und g sind aus den Graphen von Potenzfunktionen entstanden. Vervollständige die Funktionsgleichungen.

$f(x) = x^3 + 3$; $g(x) = (x-2)^4$

b) Beschreibe die Symmetrie der Graphen von f und g:

Graph von f: symmetrisch zum Punkt (0|3). Graph von g: symmetrisch zur Geraden $x = 2$.

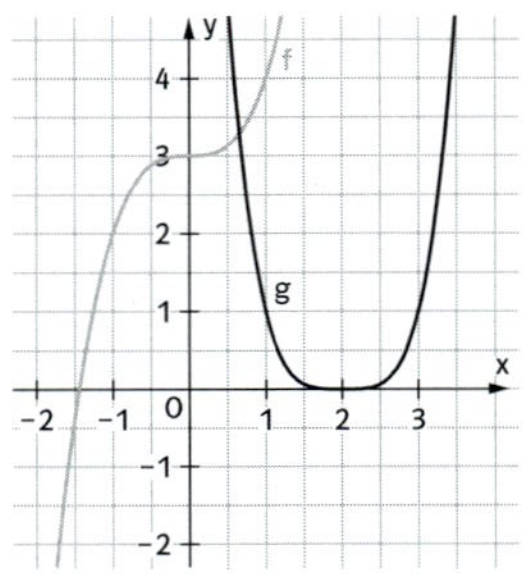

10 Schreibe als Potenz und vereinfache so weit wie möglich.

a) $\sqrt[6]{25^3} = 25^{\frac{3}{6}} = 25^{\frac{1}{2}} = 5$

b) $\sqrt[3]{4^{-9}} = 4^{-\frac{9}{3}} = 4^{-3} = \frac{1}{4^3} = \frac{1}{64}$

c) $\sqrt{\sqrt[3]{1000}} = \left(1000^{\frac{1}{3}}\right)^{\frac{1}{2}} = 10^{\frac{1}{2}} = \sqrt{10}$

d) $\sqrt[4]{\sqrt[3]{\frac{1}{64}}} = \left(\left(2^{-6}\right)^{\frac{1}{3}}\right)^{\frac{1}{4}} = 2^{-6\cdot\frac{1}{3}\cdot\frac{1}{4}} = 2^{-\frac{6}{12}} = 2^{-\frac{1}{2}} = \frac{1}{\sqrt{2}}$

11 Finde die Fehler in den Rechungen und korrigiere.

$14a^2 : 7c^2 = 2$

$14a^2 : 7c^2 = (14 : 7)(a : c)^2 = 2(a : c)^2$

$\frac{u^2\cdot8v^5}{4u\cdot v^6} = \frac{8}{4}\cdot\frac{u^2\cdot v^5}{u\cdot v^6} = 2uv$

$\frac{8}{4}\cdot\frac{u^2\cdot v^5}{u\cdot v^6} = 2u^{2-1}v^{5-6} = 2uv^{-1}$

$\frac{12xy^6}{4x^5y^3} = \frac{12}{4}\cdot\frac{x}{x^5}\cdot\frac{y^6}{y^3} = 4x^4y^3$

$\frac{12}{4}\cdot\frac{x}{x^5}\cdot\frac{y^6}{y^3} = 3x^{1-5}y^{6-3} = 3x^{-4}y^3$

12 Gib den Funktionsterm einer Potenzfunktion an, zu der die Aussage passt.

a) Der Graph ist symmetrisch zur y-Achse und verläuft durch den Punkt P(1|1).
$f(x) = x^2$ (zum Beispiel)

b) Die Funktionswerte sind alle negativ oder null.
$f(x) = -x^4$ (zum Beispiel)

c) Der Graph ist punktsymmetrisch zum Ursprung und enthält den Punkt R(−1|−3).
$f(x) = 3x^3$ (zum Beispiel)

13 Löse die Gleichung.

a) $(x+3)^3 = 27$ $x = 0$

b) $(3x-1)^4 = 81$ $x_1 = \frac{4}{3}$; $x_2 = -\frac{2}{3}$

c) $\sqrt[5]{6-2x} = 2$ $x = -13$

a) $x + 3 = 3$; $x = 0$

b) $3x - 1 = 3$; $3x = 4$; $x_1 = \frac{4}{3}$
und $3x - 1 = -3$; $3x = -2$; $x_2 = -\frac{2}{3}$

c) $(6-2x)^{\frac{1}{5}} = 2$; $6 - 2x = 2^5 = 32$
$-2x = 26$; $x = -13$

14 Der Mond hat eine Masse von $7{,}349\cdot10^{22}$ kg. Die Masse der Erde beträgt $5{,}972\cdot10^{21}$ t. Wie viele Monde hätten zusammen die gleiche Masse wie die Erde?

$5{,}972\cdot10^{21}\,t = 5{,}972\cdot10^{24}\,kg$

$5{,}972\cdot10^{24}\,kg : 7{,}349\cdot10^{22}\,kg \approx 0{,}81263\cdot10^2 = 81{,}263$

Ca. 81 Monde hätten zusammen die gleiche Masse wie die Erde.

15 Die Zahlen $u = (10^{10})^{10}$ und $v = 10^{(10^{10})}$ sollen auf kariertes DIN-A4-Papier in Ziffern ausgeschrieben werden. Dabei soll in jedem Kästchen eine Ziffer stehen. Ein kariertes DIN-A4-Blatt hat in der Breite 42 und in der Länge 58 ganze Kästchen. Wie viel Platz wird benötigt, um die Zahlen u und v aufzuschreiben? [T1]

Ein kariertes DIN-A4-Blatt hat $42\cdot58 = 2436$ Kästchen.

Die Zahl $u = (10^{10})^{10} = 10^{10\cdot10} = 10^{100}$ hat 100 Nullen, also insgesamt 101 Ziffern.

Dafür braucht man $101 : 42 \approx 2{,}4$ Zeilen eines DIN-A4-Blattes.

Die Zahl $v = 10^{(10^{10})}$ hat 10 Milliarden Nullen, also insgesamt 10 000 000 001 Ziffern.

Dafür braucht man $10\,000\,000\,001 : 2436 \approx 4\,105\,090{,}3$ Seiten. Das sind mehr als 4,1 Millionen Blatt Papier.

[T1] Der Exponent einer Zehnerpotenz gibt an, wie viele Nullen die Zahl hat.

Flächeninhalt eines Kreises

1 Berechne die fehlenden Werte des Kreises.

	a)	b)	c)	d)
r	7 cm	4,5 km	3 m	0,5 cm
d	14 cm	9 km	6 m	1 cm
A	$153{,}9\,cm^2$	$63{,}6\,km^2$	$28{,}3\,m^2$	$0{,}79\,cm^2$

a) $A = \pi \cdot (7\,cm)^2 \approx 153{,}94\,cm^2$
b) $A = \pi \cdot (4{,}5\,km)^2 \approx 63{,}62\,km^2$
$A = \pi r^2 \quad |:\pi$
$\frac{A}{\pi} = r^2$
$r = \sqrt{\frac{A}{\pi}}$
c) $r = \sqrt{\frac{A}{\pi}} = \sqrt{\frac{28{,}3\,m^2}{\pi}} \approx 3\,m$
d) $r = \sqrt{\frac{A}{\pi}} = \sqrt{\frac{0{,}79\,cm^2}{\pi}} \approx 0{,}5\,cm$

2 Eine Pizzeria wirbt mit dem abgebildeten Standplakat. Die kleine Pizza hat einen Durchmesser von 30 cm, der Durchmesser der großen Pizza beträgt 40 cm. Welches Angebot ist günstiger? Fülle die Lücken.

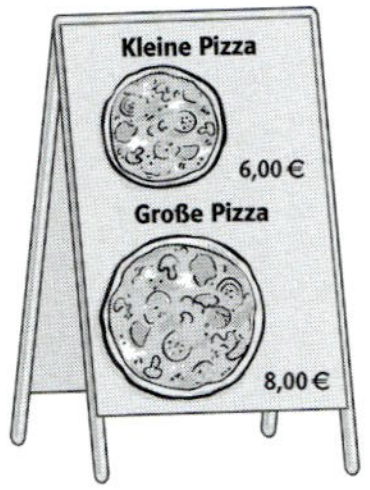

Der Flächeninhalt der kleinen Pizza beträgt 706,9 cm^2.
Man erhält also pro Euro 117,8 cm^2 Pizza.
Der Flächeninhalt der großen Pizza beträgt 1256,6 cm^2.
Man erhält hier pro Euro 157,1 cm^2 Pizza.
Die große Pizza ist günstiger.

3 Der Außenradius eines Lochverstärkers ist doppelt so groß wie der Innenradius.

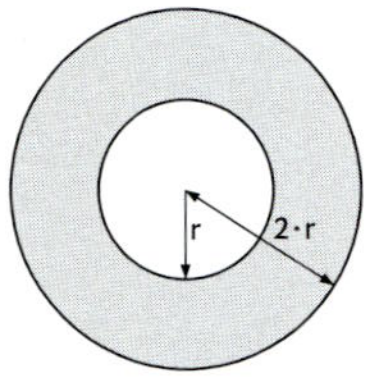

a) Stelle einen Term für den Flächeninhalt in Abhängigkeit vom Innenradius r auf.
$A = \pi \cdot (2r)^2 - \pi \cdot r^2$
$= \pi \cdot (4r^2 - r^2)$
$= \pi \cdot 3r^2$
$= 3r^2 \cdot \pi$

b) Ein Lochverstärker hat einen Außendurchmesser von 13 mm. Berechne seinen Flächeninhalt.
$2 \cdot 2r = 13\,mm$, also $r = 3{,}25\,mm$
$A = 3r^2 \cdot \pi$
$= 3 \cdot (3{,}25\,mm)^2 \cdot \pi$
$\approx 99{,}55\,mm^2$

4 Berechne den Flächeninhalt der Figur (1 Kästchenlänge = 0,4 cm). Runde auf zwei Nachkommastellen.

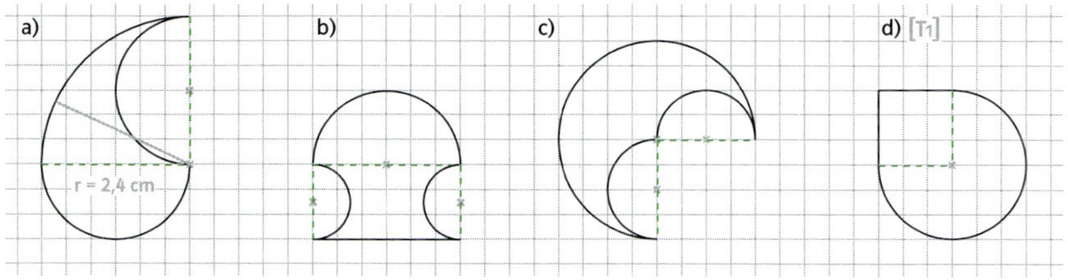

a) $A = \frac{1}{4}\pi \cdot (2{,}4\,cm)^2 + \frac{1}{2}\pi \cdot (1{,}2\,cm)^2 - \frac{1}{2}\pi \cdot (1{,}2\,cm)^2 = \frac{1}{4}\pi \cdot (2{,}4\,cm)^2 \approx 4{,}52\,cm^2$
b) $A = \frac{1}{2}\pi \cdot (1{,}2\,cm)^2 + 2{,}4 \cdot 1{,}2\,cm^2 - 2 \cdot \frac{1}{2}\pi \cdot (0{,}6\,cm)^2 \approx 4{,}01\,cm^2$
c) $A = \frac{3}{4}\pi \cdot (1{,}6\,cm)^2 - 2 \cdot \frac{1}{2}\pi \cdot (0{,}8\,cm)^2 \approx 4{,}02\,cm^2$
d) $A = (1{,}2\,cm)^2 + \frac{3}{4}\pi \cdot (1{,}2\,cm)^2 \approx 4{,}83\,cm^2$

[T1] Die Figur kann man in ein Quadrat und einen Dreiviertelkreis zerlegen.

Umfang eines Kreises

1 Berechne den Umfang. Zeichne dann eine Strecke, die so lang ist wie der Umfang des Kreises.

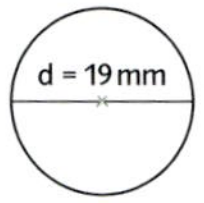

$U = \pi \cdot d$
$U = \pi \cdot 19\,mm$
$U \approx 59{,}7$ mm

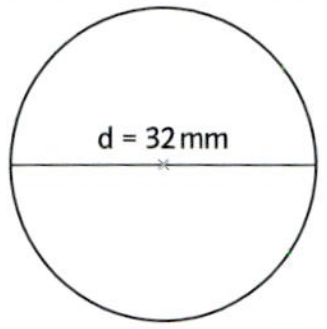

$U = \pi \cdot d$
$U = \pi \cdot 32\,mm$
$U \approx 100{,}5\,mm$

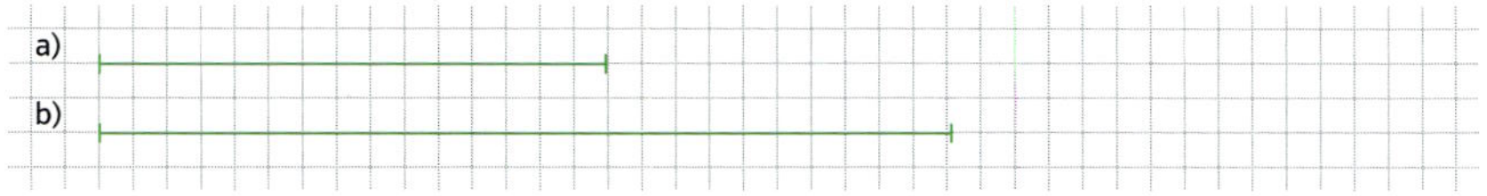

2 Die Pizzeria „Toscana" wirbt mit einer Maxipizza, die einen Umfang von 1 Meter haben soll. Sabine glaubt nicht, dass es eine so große Pizza gibt, und berechnet den Durchmesser der Pizza: $d = U : \pi = 100\,cm : \pi \approx 31{,}8\,cm$.
Die Jumbo-Pizza mit einem Durchmesser von 36 cm hat sogar einen Umfang von $U = d \cdot \pi = 36\,cm \cdot \pi \approx 113{,}1\,cm$.

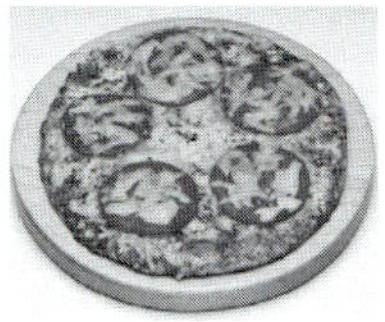

3 Bestimme den Umfang der gesamten Figur (1 Kästchenlänge = 0,4 cm).

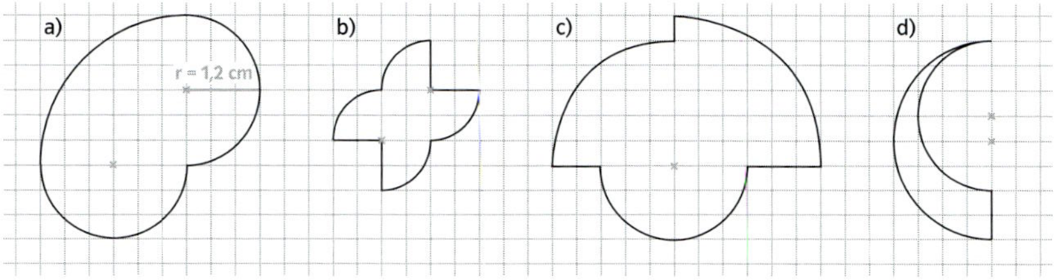

a) $U = \frac{1}{4} \cdot 2 \cdot \pi \cdot 2{,}4\,cm + 2 \cdot \frac{1}{2} \cdot 2 \cdot \pi \cdot 1{,}2\,cm \approx 11{,}3\,cm$
b) $U = 4 \cdot 0{,}8\,cm + 4 \cdot \frac{1}{4} \cdot 2 \cdot \pi \cdot 0{,}8\,cm \approx 8{,}2\,cm$
c) $U = \frac{1}{4} \cdot 2 \cdot \pi \cdot 2\,cm + \frac{1}{4} \cdot 2 \cdot \pi \cdot 2{,}4\,cm + \frac{1}{2} \cdot 2 \cdot \pi \cdot 1{,}2\,cm + 6 \cdot 0{,}4\,cm \approx 13{,}1\,cm$
d) $U = \frac{1}{2} \cdot 2 \cdot \pi \cdot 1{,}6\,cm + \frac{1}{2} \cdot 2 \cdot \pi \cdot 1{,}2\,cm + 0{,}8\,cm \approx 9{,}6\,cm$

4 Im Stadion ist eine Runde auf der Innenbahn 400 m lang.
a) Berechne den Abstand d der beiden parallelen Laufbahnen.
b) Joel läuft die 400 m in 1:17 min. Berechne Joels durchschnittliche Geschwindigkeit in $\frac{km}{h}$.

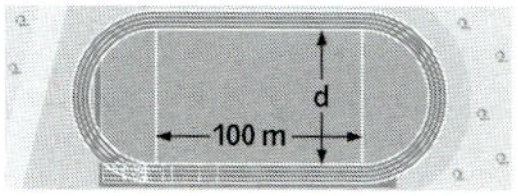

a) $d = U : \pi = 200\,m : \pi \approx 63{,}7\,m$
Der Abstand beträgt 63,7 m.

b) $v = \frac{s}{t} = \frac{400\,m}{77\,s} = \frac{0{,}4\,km}{77 : 3600\,h} \approx 18{,}7\,\frac{km}{h}$
Joel läuft mit einer Durchschnittsgeschwindigkeit von $18{,}7\,\frac{km}{h}$.

1 Bestimme jeweils die Länge des Kreisbogens und den Flächeninhalt des Kreisausschnittes.

a) $r = 5\,cm$; $\alpha = 80°$

$b = 2 \cdot \pi \cdot 5\,cm \cdot \frac{80°}{360°}$

$b \approx 6{,}98\,cm$

$A = \frac{80°}{360°} \cdot \pi \cdot (5\,cm)^2$

$A \approx 17{,}45\,cm^2$

b) $r = 3{,}5\,cm$; $\alpha = 63°$

$b = 2 \cdot \pi \cdot 3{,}5\,cm \cdot \frac{63°}{360°}$

$b \approx 3{,}85\,cm$

$A = \frac{63°}{360°} \cdot \pi \cdot (3{,}5\,cm)^2$

$A \approx 6{,}73\,cm^2$

c) $d = 5\,cm$; $\alpha = 40°$

$b = 2 \cdot \pi \cdot 2{,}5\,cm \cdot \frac{40°}{360°}$

$b \approx 1{,}75\,cm$

$A = \frac{40°}{360°} \cdot \pi \cdot (2{,}5\,cm)^2$

$A \approx 2{,}18\,cm^2$

2 Bestimme jeweils den zugehörigen Mittelpunktswinkel α sowie den Flächeninhalt A bzw. die Bogenlänge b.

a) $r = 8\,cm$; $b = 5\,cm$

$\alpha = \frac{5\,cm \cdot 360°}{2 \cdot \pi \cdot 8\,cm}$

$\alpha \approx 35{,}81°$

$A = \pi \cdot (8\,cm)^2 \cdot \frac{35{,}81°}{360°}$

$A \approx 20\,cm^2$

b) $r = 6{,}5\,dm$; $A = 10\,dm^2$

$\alpha = \frac{10\,dm^2 \cdot 360°}{\pi \cdot (6{,}5\,dm)^2}$

$\alpha \approx 27{,}12°$

$b = 2 \cdot \pi \cdot 6{,}5\,dm \cdot \frac{27{,}12°}{360°}$

$b \approx 3{,}08\,dm$

c) $d = 6\,m$; $b = 9\,m$

$\alpha = \frac{9\,m \cdot 360°}{2 \cdot \pi \cdot 3\,m}$

$\alpha \approx 171{,}89°$

$A = \pi \cdot (3\,cm)^2 \cdot \frac{171{,}89°}{360°}$

$A \approx 13{,}50\,m^2$

3 Berechne die fehlenden Größen der Kreisausschnitte.

	a)	b)	c)
Mittelpunkts-winkel α	60°	200°	150°
Radius r	4 cm	106 dm	40 mm
Bogenlänge b	4,19 cm	370 dm	104,72 mm
Flächeninhalt A	8,38 cm²	19 611 dm²	2094,4 mm²

a) $b = 2\pi \cdot 4\,cm \cdot \frac{60°}{360°} \approx 4{,}19\,cm$

$A = \pi \cdot (4\,cm)^2 \cdot \frac{60°}{360°} \approx 8{,}38\,cm^2$

b) $r = \frac{370\,dm \cdot 360°}{2\pi \cdot 200°} \approx 106\,dm$

$A = \pi \cdot (106\,dm)^2 \cdot \frac{200°}{360°} \approx 19\,610{,}5\,dm^2$

c) $r = \sqrt{\frac{2094{,}4\,mm^2 \cdot 360°}{\pi \cdot 150°}} \approx 40\,mm$

$b = 2\pi \cdot 40\,mm \cdot \frac{150°}{360°} \approx 104{,}72\,mm$

4 Berechne den Flächeninhalt und den Umfang der blau gefärbten Flächen. (1 Karo entspricht 0,5 cm.) [T1]

a)

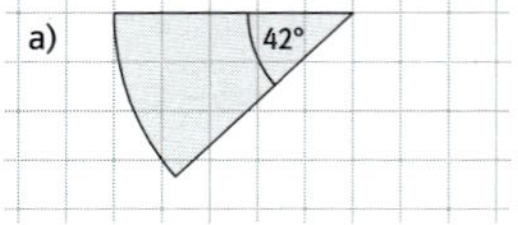

$A = \pi \cdot (2{,}5\,cm)^2 \cdot \frac{42°}{360°}$

$\approx 2{,}3\,cm^2$

$U = 2 \cdot 2{,}5\,cm + 2\pi \cdot 2{,}5\,cm \cdot \frac{42°}{360°}$

$\approx 6{,}8\,cm$

b)

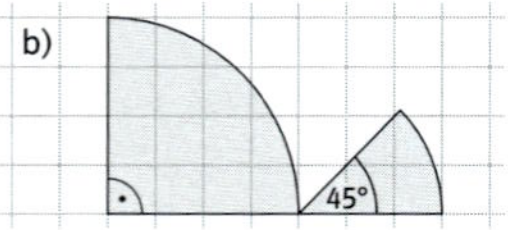

$A = \pi \cdot (2\,cm)^2 \cdot \frac{90°}{360°}$

$+ \pi \cdot (1{,}5\,cm)^2 \cdot \frac{45°}{360°}$

$\approx 4{,}03\,cm^2$

$U = 2 \cdot 2\,cm + 2\pi \cdot 2\,cm \cdot \frac{90°}{360°}$

$+ 2 \cdot 1{,}5\,cm + 2\pi \cdot 1{,}5\,cm \cdot \frac{45°}{360°}$

$\approx 11{,}3\,cm$

c)

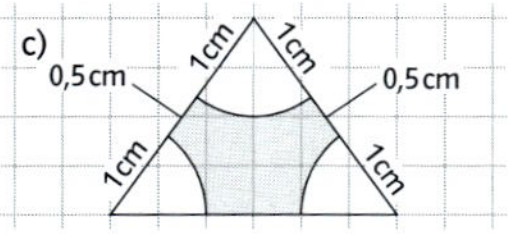

$A = 0{,}5 \cdot 3\,cm \cdot 2\,cm$

$- \pi \cdot (1\,cm)^2 \cdot \frac{180°}{360°}$

$\approx 1{,}43\,cm^2$

$U = 1\,cm + 2 \cdot 0{,}5\,cm$

$+ 2\pi \cdot 1\,cm \cdot \frac{180°}{360°}$

$\approx 5{,}1\,cm$

[T1] In Teilaufgabe c) solltest du beachten, dass die Winkelsumme im Dreieck 180° beträgt.

5 Gib den im Gradmaß gegebenen Winkel α als vollständig gekürztes Vielfaches von π im Bogenmaß x an.

α im Gradmaß	18°	72°	80°	300°	320°
x im Bogenmaß	$\frac{18°}{180°} \cdot \pi = \frac{\pi}{10}$	$\frac{72°}{180°} \cdot \pi = \frac{2\pi}{5}$	$\frac{80°}{180°} \cdot \pi = \frac{4\pi}{9}$	$\frac{300°}{180°} \cdot \pi = \frac{5\pi}{3}$	$\frac{320°}{180°} \cdot \pi = \frac{16\pi}{9}$

6 Rechne den im Bogenmaß gegebenen Winkel x in das Gradmaß α um. Runde auf eine ganze Gradzahl.

x im Bogenmaß	$\frac{\pi}{6}$	$\frac{\pi}{15}$	$\frac{6\pi}{5}$	1,8	6,2
α im Gradmaß	$\frac{\frac{\pi}{6}}{\pi} \cdot 180° = 30°$	$\frac{\frac{\pi}{15}}{\pi} \cdot 180° = 12°$	$\frac{\frac{6\pi}{5}}{\pi} \cdot 180° = 216°$	$\frac{1{,}8}{\pi} \cdot 180° \approx 103°$	$\frac{6{,}2}{\pi} \cdot 180° \approx 355°$

7 Berechne den Flächeninhalt und den Umfang der blau gefärbten Flächen. (1 Karo entspricht 0,5 cm.)

a)

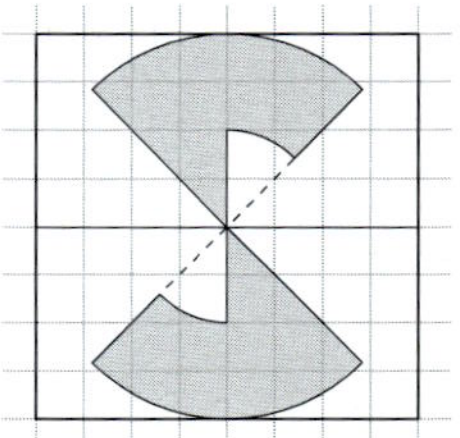

$A = 2 \cdot \pi \cdot (2\,cm)^2 \cdot \frac{90°}{360°} - 2 \cdot \pi \cdot (1\,cm)^2 \cdot \frac{45°}{360°} \approx 5{,}50\,cm^2$

$U = 2 \cdot 2\pi \cdot 2\,cm \cdot \frac{90°}{360°} + 2 \cdot 2\pi \cdot 1\,cm \cdot \frac{45°}{360°} + 2\,cm + 2\,cm$

$+ 1\,cm + 1\,cm + 1\,cm + 1\,cm$

$\approx 15{,}9\,cm$

b)

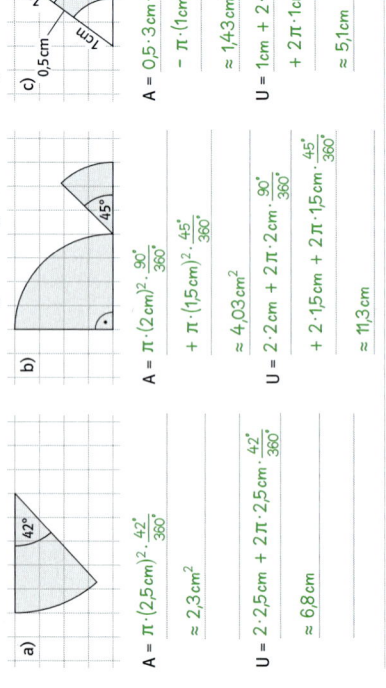

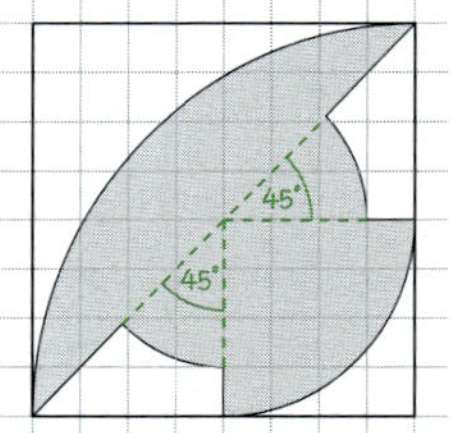

$A = \pi \cdot (4\,cm)^2 \cdot \frac{90°}{360°} - 0{,}5 \cdot 4\,cm \cdot 4\,cm + 2 \cdot \pi \cdot (1{,}5\,cm)^2 \cdot \frac{45°}{360°}$

$+ \pi \cdot (2\,cm)^2 \cdot \frac{90°}{360°} \approx 9{,}48\,cm^2$

$U = 2\pi \cdot 4\,cm \cdot \frac{90°}{360°} + 2 \cdot 2\pi \cdot 1{,}5\,cm \cdot \frac{45°}{360°} + 2\pi \cdot 2\,cm \cdot \frac{90°}{360°}$

$+ 0{,}5\,cm + 0{,}5\,cm + \sqrt{(4\,cm)^2 + (4\,cm)^2} - 3\,cm \approx 15{,}4\,cm$

8 a) In einem Kreis ist ein Kreisbogen viermal so lang wie der Radius des Kreises. Berechne den Mittelpunktswinkel α, der zu diesem Kreisbogen gehört.

$b = 2\pi \cdot r \cdot \frac{\alpha}{360°}$; $b = 4r$, daraus folgt:

$4r = 2\pi \cdot r \cdot \frac{\alpha}{360°}$ | : (2r)

$2 = \pi \cdot \frac{\alpha}{360°}$ | · 360°

$720° = \pi \cdot \alpha$ | : π

$\alpha = \frac{720°}{\pi} \approx 229{,}2°$

b) Kann es einen Kreisbogen geben, der siebenmal so lang ist wie der Radius des Kreises? Begründe.

$b = 2\pi \cdot r \cdot \frac{\alpha}{360°}$; da $b = 7r$ gilt, folgt daraus:

$7r = 2\pi \cdot r \cdot \frac{\alpha}{360°}$ | : r

$7 = 2\pi \cdot \frac{\alpha}{360°}$ | · 360° : 2

$\frac{7 \cdot 360°}{2} = \pi \cdot \alpha$ | : π

$\alpha = \frac{7 \cdot 360°}{2\pi} \approx 401°$

Da 401° > 360° ist, kann es einen solchen Kreisbogen nicht geben.

(Andere Begründungen sind möglich.)

1 Berechne die fehlenden Werte des Zylinders.

$V = G \cdot h$ $M = 2\pi r \cdot h$ $O = 2G + M$

	r	d	h	G	M	O	V
a)	4 cm	8 cm	12 cm	50,27 cm²	301,59 cm²	402 cm²	603 cm³
b)	7 m	14 m	18 m	153,94 m²	791,68 m²	1100 m²	2771 m³
c)	2,5 dm	5 dm	1,75 dm	19,63 dm²	27,49 dm²	66,76 dm²	34,35 dm³

a) $G = \pi \cdot (4\,cm)^2 \approx 50{,}27\,cm^2$; $M = 2\pi \cdot 4\,cm \cdot 12\,cm \approx 301{,}59\,cm^2$

$O \approx 2 \cdot 50{,}27\,cm^2 + 301{,}59\,cm^2 = 402\,cm^2$; $V \approx 50{,}27\,cm^2 \cdot 12\,cm \approx 603\,cm^3$

b) $h = 791{,}68\,m^2 : (2\pi \cdot 7\,m) \approx 18{,}0\,m$; $G = \pi \cdot (7\,m)^2 \approx 153{,}94\,m^2$;

$O \approx 2 \cdot 153{,}94\,m^2 + 791{,}68\,m^2 \approx 1100\,m^2$; $V \approx 153{,}94\,m^2 \cdot 18\,m \approx 2771\,m^3$

c) $G = \pi \cdot (2{,}5\,dm)^2 \approx 19{,}63\,dm^2$; $O = 2 \cdot G + 2 \cdot \pi \cdot r \cdot h$; $h = (66{,}76\,dm^2 - 2 \cdot 19{,}63\,dm^2) : (2\pi \cdot 2{,}5\,dm)$ $\approx 1{,}75\,dm$;

$M \approx 2\pi \cdot 2{,}5\,cm \cdot 1{,}75\,dm \approx 27{,}49\,dm^2$; $V \approx 19{,}63\,dm^2 \cdot 1{,}75\,dm \approx 34{,}35\,dm^3$

2 Zum Abstützen einer Autobahnbrücke sollen zehn Betonsäulen gefertigt werden. Jede soll eine Höhe von 3,50 m und einen Durchmesser von 1,50 m haben.

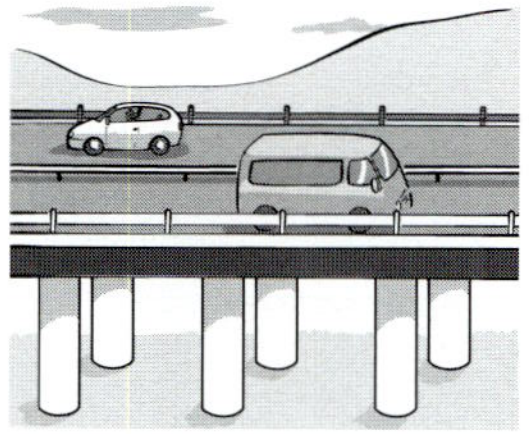

a) Berechne, wie viel Beton benötigt wird.

Es werden $V = 10 \cdot \pi \cdot (0{,}75\,m)^2 \cdot 3{,}5\,m \approx 61{,}85\,m^3$ Beton benötigt.

b) Berechne die Masse der Lieferung in Tonnen, wenn Beton eine Dichte von 2,4 kg/dm³ hat. $\left(2{,}4\,\frac{kg}{dm^3} = 2{,}4\,\frac{t}{m^3}\right)$

Die Masse der Lieferung beträgt $61{,}85\,m^3 \cdot 2{,}4\,\frac{t}{m^3} = 148{,}44\,t$.

c) Berechne die Kosten, wenn der Lieferant 65 € je m³ Beton verlangt.

Die Kosten belaufen sich auf $61{,}85\,m^3 \cdot 65\,€ = 4020{,}25\,€$.

3 Eine Ananasdose mit einem Inhalt von 580 ml hat einen Durchmesser von 8,5 cm.

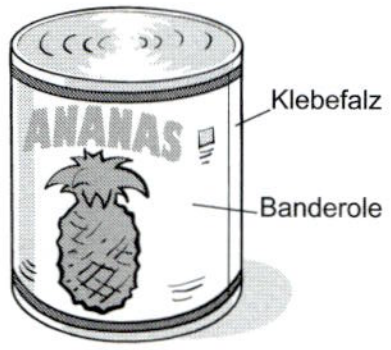

a) Berechne die Höhe und den Oberflächeninhalt der Ananasdose.

$V = 580\,cm^3 = \pi \cdot (4{,}25\,cm)^2 \cdot h$; $h = 580 : (\pi \cdot (4{,}25\,cm^2)) \approx 10{,}22\,cm$

$O = 2\pi \cdot (4{,}25\,cm)^2 + 2\pi \cdot 4{,}25\,cm \cdot 10{,}22\,cm \approx 386\,cm^2$

b) Die Dose ist mit einer Banderole aus Papier umklebt. Der Klebefalz ist 1 cm breit. Der Abstand der Banderole von der Grund- bzw. Deckfläche beträgt 2 mm. Bestimme Höhe, Breite und Flächeninhalt der Banderole.

Höhe: $10{,}22\,cm - 2 \cdot 0{,}2\,cm = 9{,}82\,cm$; Breite: $2\pi \cdot 4{,}25\,cm + 1\,cm \approx 27{,}70\,cm$;

Flächeninhalt: $A \approx 9{,}82\,cm \cdot 27{,}70\,cm \approx 272\,cm^2$

4 a) Gib das Volumen des Nudelholzes in Abhängigkeit von a an.

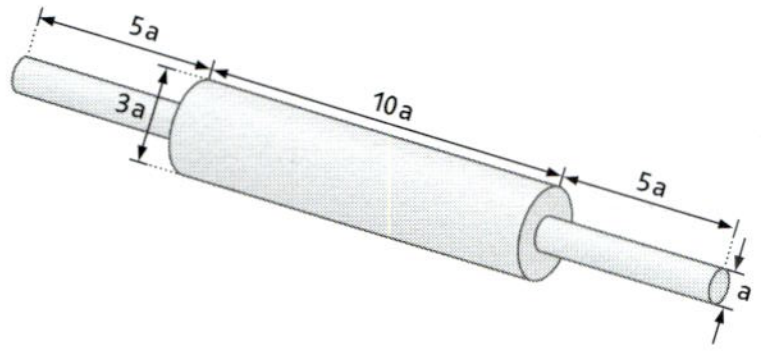

$V = 2 \cdot \pi \cdot (0{,}5a)^2 \cdot 5a + \pi \cdot (1{,}5a)^2 \cdot 10a$

$= 2 \cdot \pi \cdot 0{,}25a^2 \cdot 5a + \pi \cdot 2{,}25a^2 \cdot 10a$

$= 2{,}5\pi a^3 + 22{,}5\pi a^3 = 25\pi a^3$

b) Berechne das Volumen des Nudelholzes für $a = 3\,cm$.

$V = 25\pi a^3 = 25\pi \cdot (3\,cm)^3 = 25\pi \cdot 27\,cm^3 \approx 2121\,cm^3$

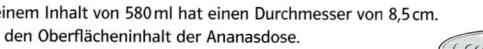

1 Berechne das Volumen des Körpers. Gib das Ergebnis in Kubikdezimetern an.

a)

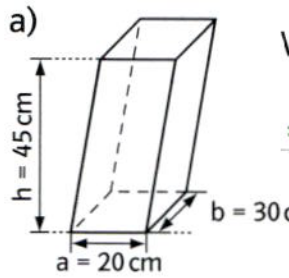

$V = 20\,cm \cdot 30\,cm \cdot 45\,cm$

$= 27\,000\,cm^3 = 27\,dm^3$

b)

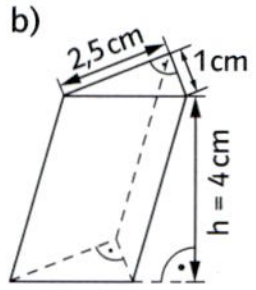

$V = (0{,}5 \cdot 2{,}5\,cm \cdot 1\,cm) \cdot 4\,cm$

$= 1{,}25\,cm^2 \cdot 4\,cm = 5\,cm^3$

$= 0{,}005\,dm^3$

c)

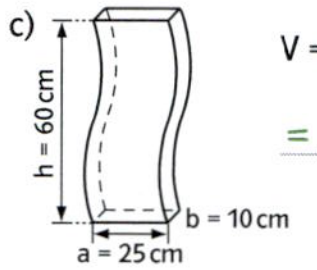

$V = 25\,cm \cdot 10\,cm \cdot 60\,cm$

$= 15\,000\,cm^3 = 15\,dm^3$

d)

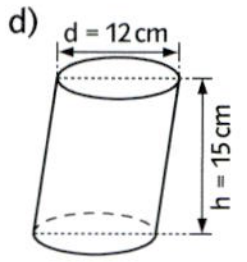

$V = \pi \cdot (6\,cm)^2 \cdot 15\,cm$

$= 540\,\pi\,cm^3 \approx 1{,}70\,dm^3$

2 Welche Körper haben das gleiche Volumen? Gib die Formel in Abhängigkeit von a, b und c oder d an.

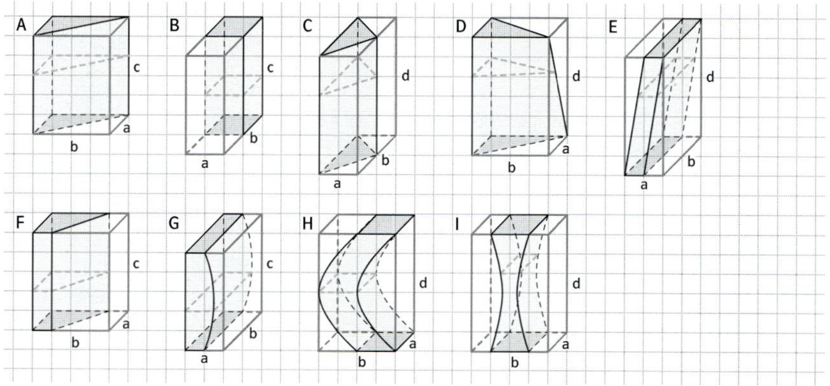

Die Körper A, B und F haben das gleiche Volumen. $V_A = V_B = V_F = \frac{1}{2} \cdot a \cdot b \cdot c$

Auch die Körper C, D, E und H sind volumengleich. $V_C = V_D = V_E = V_H = \frac{1}{2} \cdot a \cdot b \cdot d$

3 In der Abbildung siehst du fünf Körper. Sie werden durch parallel zur Grundfläche verlaufende Ebenen geschnitten. Begründe, welche Körper das gleiche Volumen besitzen. Berechne für diese Körper das Volumen.

A, B und D besitzen das gleiche Volumen, da die Schnittfiguren immer gleich groß sind. Körper C und E zeigen (teilweise) andere Schnittfiguren. $V_A = V_B = V_D = \pi \cdot (2\,cm)^2 \cdot 4\,cm = 16\pi\,cm^2 \approx 50{,}27\,cm^2$

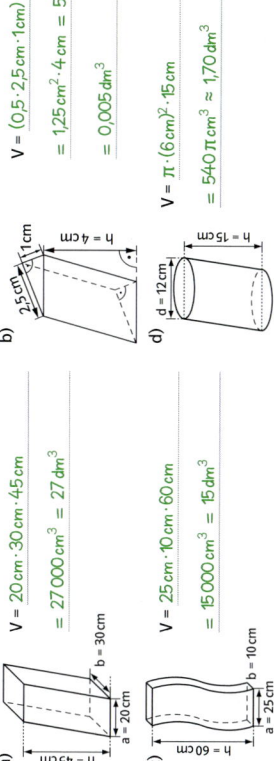

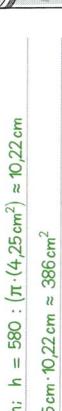

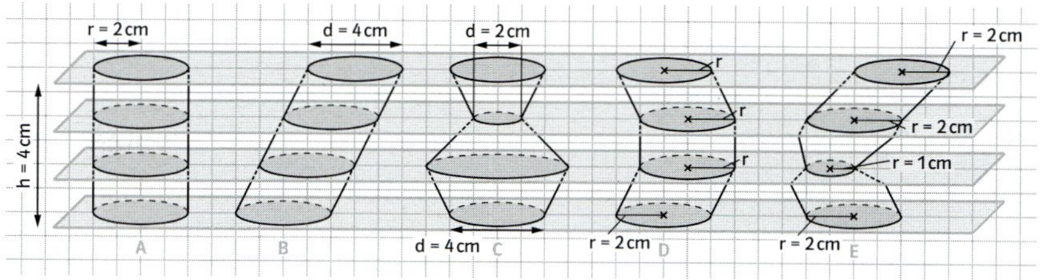

1 a) Berechne die gesuchten Größen der Körper.

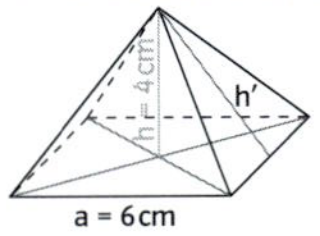

V = 48 cm³
h' = 5 cm
O = 96 cm²

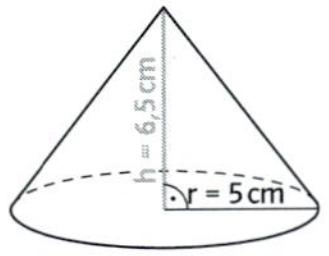

V ≈ 170,17 cm³
s ≈ 8,20 cm
O ≈ 207,35 cm²

$V = \frac{1}{3}\cdot a^2\cdot h = \frac{1}{3}\cdot(6\,cm)^2\cdot 4\,cm = 48\,cm^3$
$h' = \sqrt{(3\,cm)^2 + (4\,cm)^2} = 5\,cm$
$O = a^2 + 4\cdot\frac{1}{2}\cdot a\cdot h'$
$= (6\,cm)^2 + 2\cdot 6\,cm\cdot 5\,cm$
$= 96\,cm^2$

$V = \frac{1}{3}\cdot\pi\cdot r^2\cdot h = \frac{1}{3}\cdot\pi\cdot(5\,cm)^2\cdot 6{,}5\,cm \approx 170{,}17\,cm^3$
$s = \sqrt{(6{,}5\,cm)^2 + (5\,cm)^2} = \sqrt{67{,}25\,cm} \approx 8{,}20\,cm$
$O = \pi\cdot r^2 + \pi\cdot r\cdot s$
$\approx \pi\cdot(5\,cm)^2 + \pi\cdot 5\,cm\cdot\sqrt{67{,}25}\,cm$
$\approx 207{,}35\,cm^2$

b) Der Radius des Kegels aus a) wird verdreifacht. Untersuche, wie sich dadurch das Volumen verändert.
$V = \frac{1}{3}\cdot\pi\cdot(15\,cm)^2\cdot 6{,}5\,cm \approx 1532\,cm^3$; das Volumen des Kegels verneunfacht sich dadurch.

2 Eine kegelförmige Kerze mit einer Grundfläche von 80 cm² wird aus 1 l Wachs gegossen. Berechne die Höhe und den Durchmesser der Kerze.

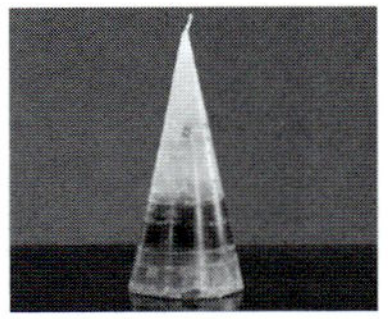

$V = \frac{1}{3}\cdot G\cdot h$; $1000\,cm^3 = \frac{1}{3}\cdot 80\,cm^2\cdot h$; $h = (1000\,cm^3\cdot 3) : 80\,cm^2 = 37{,}5\,cm$
$A = \pi\cdot r^2$; $80\,cm^2 = \pi\cdot r^2$; $r = \sqrt{80\,cm^2 : \pi} \approx 5{,}05\,cm$; $d \approx 10{,}1\,cm$

Die Kerze ist 37,5 cm hoch und hat einen Durchmesser von etwa 10,1 cm.

3 Ein Turm, dessen Grundfläche die Form eines regelmäßigen Sechsecks mit der Kantenlänge 2,50 m hat, soll als Dach eine gerade Pyramide mit der Höhe von 9 m erhalten.

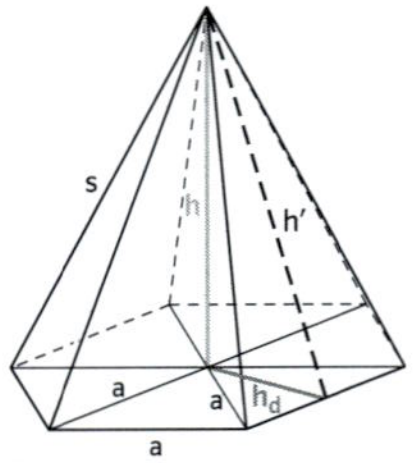

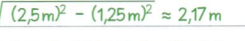

a) Berechne die Dreieckshöhe h_d in der Grundfläche.
$h_d = \sqrt{(2{,}5\,m)^2 - (1{,}25\,m)^2} \approx 2{,}17\,m$

b) Berechne die Höhe h' des Mantels.
$h' \approx \sqrt{(2{,}17\,m)^2 + (9\,m)^2} \approx 9{,}26\,m$

c) Berechne, wie viele Quadratmeter Kupferblech für das Dach benötigt werden, wenn man für Überlappung und Verschnitt 8 % hinzurechnet.
Verbrauch: $M\cdot 1{,}08 = 6\cdot\frac{1}{2}\cdot 2{,}5\,m\cdot 9{,}26\,m\cdot 1{,}08 \approx 69{,}45\,m^2\cdot 1{,}08 \approx 75\,m^2$

d) Berechne die Materialkosten, wenn 1 m² Kupferblech 80 € plus 19 % Mehrwertsteuer kostet.
Die Materialkosten betragen 75 · 80 € · 1,19 = 7140 €.

4 Eine Pyramide und ein Kegel haben beide die Höhe a. Die Kantenlänge der quadratischen Pyramide beträgt 2a, ebenso wie der Durchmesser des Kegels. Zeige, dass das Volumen der Pyramide etwa 27 % größer ist als das des Kegels.

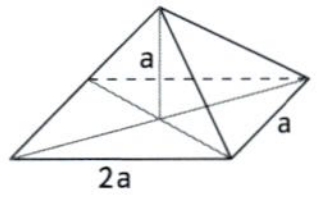

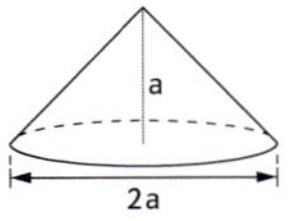

$V_{Pyramide} = \frac{1}{3}\cdot G\cdot h = \frac{1}{3}\cdot(2a)^2\cdot a = \frac{1}{3}\cdot 4a^2\cdot a = \frac{4}{3}a^3$
$V_{Kegel} = \frac{1}{3}\cdot G\cdot h = \frac{1}{3}\cdot\pi\cdot a^2\cdot a = \frac{1}{3}\cdot\pi\cdot a^2\cdot a = \frac{\pi}{3}a^3$

$\left(\frac{4}{3}a^3\right) : \left(\frac{\pi}{3}a^3\right) = \frac{4}{3} : \frac{\pi}{3} \approx 1{,}273$
Die Pyramide hat also etwa 27 % mehr Volumen.

$V = \frac{4}{3}\pi r^3$ $O = 4\pi r^2$

1 Berechne die fehlenden Werte der Kugel.

	a)	b)	c)
r	6 cm	4,5 dm	2 m
O	452 cm²	254,5 dm²	50,3 m²
V	905 cm³	382 dm³	33,5 m³

a) $O = 4\pi\cdot(6\,cm)^2 \approx 452\,cm^2$
$V = \frac{4}{3}\pi\cdot(6\,cm)^3 \approx 905\,cm^3$
b) $r = \sqrt{254{,}5\,dm^2 : (4\pi)} \approx 4{,}5\,dm$
$V = \frac{4}{3}\pi\cdot(4{,}5\,dm)^3 \approx 382\,dm^3$
c) $r = \sqrt[3]{33{,}5\,m^2 : (\frac{4}{3}\pi)} \approx 2\,m$;
$O = 4\pi\cdot(2\,m)^2 \approx 50{,}3\,m^2$

2 Claes Oldenburg fertigte 1977 drei riesige Betonkugeln (Durchmesser 3,5 m) für die erste Skulptur-Ausstellung am Aasee in Münster.
a) Die Kugeln müssen regelmäßig von Schmutz und Graffiti befreit werden. Pro Quadratmeter rechnet man dabei mit drei Arbeitsstunden. Wie lange braucht man, um die drei Kugeln sachgerecht zu säubern?

$O_{Kugeln} = 3\cdot 4\cdot\pi\cdot\left(\frac{3{,}5}{2}\right)^2 m^2 = \frac{147}{4}\pi\,m^2 \approx 115{,}45\,m^2$

Lässt man den Teil der Kugeln, die Kontakt mit dem Boden haben, außer Acht, benötigt man rund 346,4 Arbeitsstunden zum Säubern.

b) Berechne das Gewicht einer Kugel, wenn ein Kubikmeter Beton 2400 kg wiegt.
$V_{Kugel} = \frac{4}{3}\cdot\pi\cdot\left(\frac{3{,}5}{2}\right)^3 m^3 = \frac{343}{48}\pi\,m^3 \approx 22{,}45\,m^3$

Eine Kugel wiegt $22{,}45\,m^3\cdot 2400\,\frac{kg}{m^3} = 53\,880$ kg = 53,88 t.

3 Paula besitzt eine halbkugelförmige Schale. Der Innendurchmesser der Schale beträgt 32 cm. Sie gießt den Inhalt der randvoll mit Wasser gefüllten Schale in ein zylinderförmiges Gefäß mit einem Innendurchmesser von 32 cm. Wie hoch steht die Flüssigkeit in dem Gefäß?

$V_{Schale} = \frac{1}{2}\cdot\frac{4}{3}\pi\cdot(16\,cm)^3 \approx 8578{,}64\,cm^3$

$h_{Flüssigkeit} = 8578{,}64\,cm^3 : (\pi\cdot(16\,cm)^2) \approx 10{,}7\,cm$

Die Flüssigkeit steht im Zylinder 10,7 cm hoch.

4 Die Gesamthöhe h_g des Stehaufmännchens ist viermal so hoch wie der Radius r der Halbkugel.
a) Fertige den Längsschnitt des Körpers als Skizze an.
b) Berechne das Volumen des Körpers in Abhängigkeit von r.

Skizze:

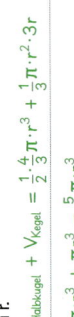

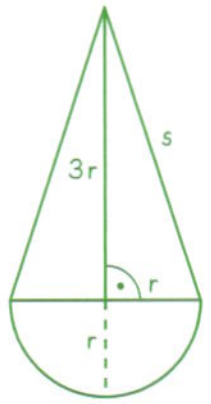

$V = V_{Halbkugel} + V_{Kegel} = \frac{1}{2}\cdot\frac{4}{3}\pi\cdot r^3 + \frac{1}{3}\pi\cdot r^2\cdot 3r$
$= \frac{2}{3}\pi\cdot r^3 + \pi r^3 = \frac{5}{3}\pi\cdot r^3$

c) Zeige, dass für den Oberflächeninhalt gilt: $O = \pi\cdot r^2(2 + \sqrt{10})$. [T1]
$s = \sqrt{(3r)^2 + r^2} = \sqrt{9r^2 + r^2} = \sqrt{10r^2} = r\sqrt{10}$
$O = M_{Kegel} + O_{Halbkugel} = \pi\cdot r\cdot r\sqrt{10} + \frac{1}{2}\cdot 4\pi\cdot r^2 = \sqrt{10}\pi r^2 + 2\pi r^2 = \pi r^2(2 + \sqrt{10})$

[T1] Berechne zuerst die Mantellinie s mit dem Satz des Pythagoras.

Training

1 Berechne die fehlenden Werte eines Kreises. Notiere.

	a)	b)	c)	d)
r	5 cm	2 km	1,1 dm	7,5 m
d	10 cm	4 km	2,2 dm	15,0 m
U	31,4 cm	12,6 km	7,0 dm	47,1 m
A	78,5 cm²	12,6 km²	3,8 dm²	176,7 m²

a) $U = 10\,cm \cdot \pi \approx 31{,}4\,cm$; $A = \pi \cdot (5\,cm)^2 \approx 78{,}5\,cm^2$
b) $U = 4\,km \cdot \pi \approx 12{,}6\,km$; $A = \pi \cdot (2\,km)^2 \approx 12{,}6\,km^2$
c) $d = 7\,dm : \pi \approx 2{,}2\,dm$; $A = \pi \cdot (1{,}1\,dm)^2 \approx 3{,}80\,dm^2$
d) $r = \sqrt{176{,}7\,m^2 : \pi} \approx 7{,}50\,m$; $U = 15\,m \cdot \pi \approx 47{,}1\,m$

2 Färbe den Kreisausschnitt. Berechne seine Bogenlänge b und Fläche A für r = 3 cm.

a) 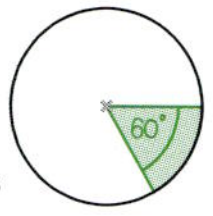

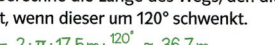

$\frac{1}{6}$-Kreis

$b = 2\pi \cdot 3\,cm \cdot \frac{60°}{360°} \approx 3{,}1\,cm$

$A = \pi \cdot (3\,cm)^2 \cdot \frac{60°}{360°} \approx 4{,}7\,cm^2$

b) 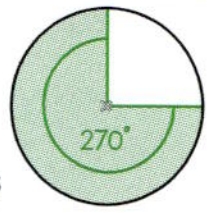

$\frac{3}{4}$-Kreis

$b = 2\pi \cdot 3\,cm \cdot \frac{270°}{360°} \approx 14{,}1\,cm$

$A = \pi \cdot (3\,cm)^2 \cdot \frac{270°}{360°} \approx 21{,}2\,cm^2$

c) 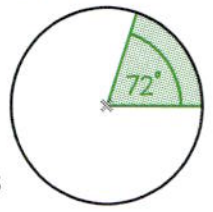

$\frac{1}{5}$-Kreis

$b = 2\pi \cdot 3\,cm \cdot \frac{72°}{360°} \approx 3{,}8\,cm$

$A = \pi \cdot (3\,cm)^2 \cdot \frac{72°}{360°} \approx 5{,}7\,cm^2$

3 Berechne das Volumen und den Oberflächeninhalt des Körpes.

a) 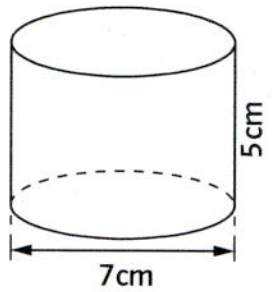

b) 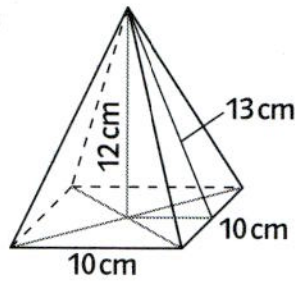

c) 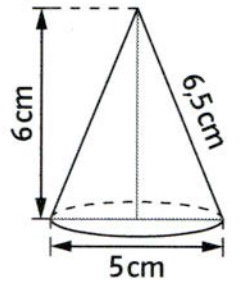

d) 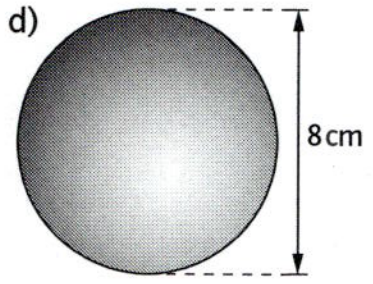

a) $V = \pi \cdot (3{,}5\,cm)^2 \cdot 5\,cm \approx 192{,}4\,cm^3$; $O = 2\pi \cdot (3{,}5\,cm)^2 + 2\pi \cdot 3{,}5\,cm \cdot 5\,cm \approx 186{,}9\,cm^2$

b) $V = \frac{1}{3} \cdot (10\,cm)^2 \cdot 12\,cm \approx 400\,cm^3$; $O = (10\,cm)^2 + 4 \cdot \frac{1}{2} \cdot 10\,cm \cdot 13\,cm \approx 360\,cm^2$

c) $V = \frac{1}{3} \cdot \pi \cdot (2{,}5\,cm)^2 \cdot 6\,cm \approx 39{,}3\,cm^3$; $O = \pi \cdot (2{,}5\,cm)^2 + \pi \cdot 2{,}5\,cm \cdot 6{,}5\,cm \approx 70{,}7\,cm^2$

d) $V = \frac{4}{3} \cdot \pi \cdot (4\,cm)^3 \approx 268{,}1\,cm^3$; $O = 4\pi \cdot (4\,cm)^2 \approx 201{,}1\,cm^2$

4 Beim Biathlon wird auf fünf der abgebildeten Scheiben geschossen.

Der innere Kreis hat einen Durchmesser von 4,5 cm, der äußere von 11,5 cm. Schießt der Biathlet liegend, zählt nur die innere Kreisfläche als Treffer. Beim Stehendschießen zählt der gesamte schwarze Bereich.

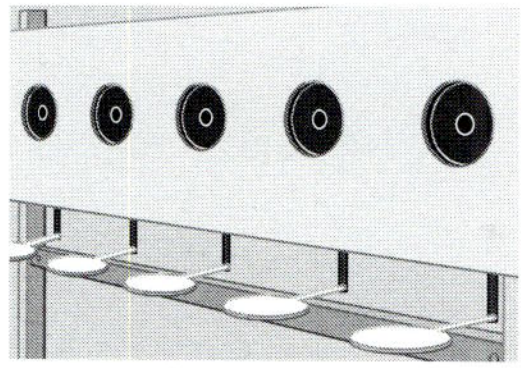

a) Die Größe der Trefferfläche beträgt beim Liegendschießen

$A = \pi \cdot (2{,}25\,cm)^2 \approx 15{,}90\,cm^2$ und beim

Stehendschießen $A = \pi \cdot (5{,}75\,cm)^2 \approx 103{,}87\,cm^2$.

b) Hat ein Schütze getroffen, klappt eine weiße Scheibe nach oben. Sie verdeckt die gesamte Trefferfläche und einen 2 cm breiten weißen Rand. Berechne, um wie viel Prozent die weiße Scheibe größer ist als die schwarze Trefferfläche beim Stehendschießen.

$d = 15{,}5\,cm$; $r = 7{,}75\,cm$;
$A = \pi \cdot (7{,}75\,cm)^2 \approx 188{,}69\,cm^2$
$(188{,}69\,cm^2 : 103{,}87\,cm^2) - 100\,\% \approx 81{,}7\,\%$
Der Flächeninhalt der weißen Scheibe ist 81,7 % größer.

5 Der Tragarm eines Krans ist 17,5 m lang.

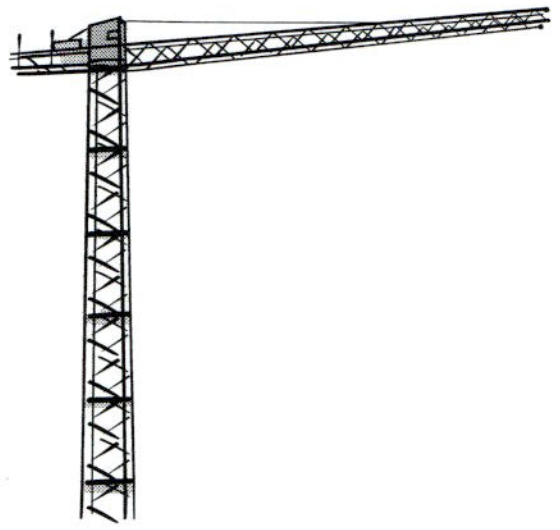

a) Berechne die Länge des Wegs, den die Spitze des Tragarms zurücklegt, wenn dieser um 120° schwenkt.

$b = 2 \cdot \pi \cdot 17{,}5\,m \cdot \frac{120°}{360°} \approx 36{,}7\,m$

Die Spitze des Tragarms legt 36,7 m zurück.

b) Berechne den Flächeninhalt des Arbeitsbereichs des Krans, wenn er um maximal 320° schwenken kann.

$A = \pi \cdot (17{,}5\,m)^2 \cdot \frac{320°}{360°} \approx 855{,}21\,m^2$

Der Flächeninhalt des Arbeitsbereichs beträgt 855,21 m².

6 Einem Würfel mit der Kantenlänge a = 10 cm werden auf allen Seiten gleich große quadratische gerade Pyramiden mit der Höhe h aufgesetzt.

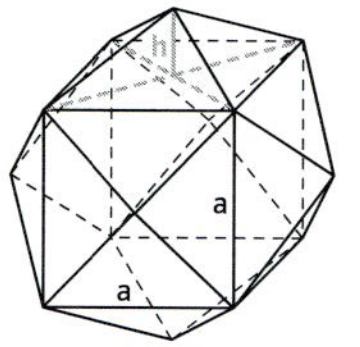

a) Berechne das Gesamtvolumen für h = 2 cm.

$V_{gesamt} = (10\,cm)^3 + 6 \cdot \frac{1}{3} \cdot (10\,cm)^2 \cdot 2\,cm = 1400\,cm^3$

b) Das Gesamtvolumen des zusammengesetzten Körpers soll doppelt so groß wie das des Würfels sein. Ermittle die Höhe der Pyramiden.

$(10\,cm)^3 = 6 \cdot \frac{1}{3} \cdot (10\,cm)^2 \cdot h$
$1000\,cm^3 = 200\,cm^2 \cdot h$
$h = 5\,cm$

7 Das abgebildete Gebäude hat ein Tonnendach (Halbzylinder). Berechne in Abhängigkeit von a:

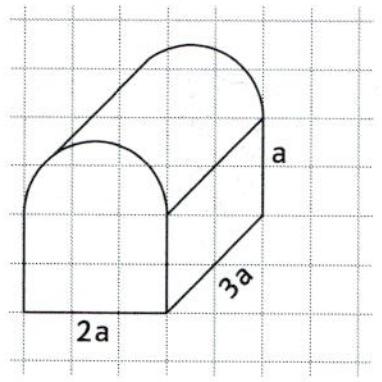

a) das Volumen V des gesamten Gebäudes.

$V = 2a \cdot 3a \cdot a + \frac{1}{2} \cdot \pi \cdot a^2 \cdot 3a = 6a^3 + 1{,}5 \cdot \pi a^3 = a^3(6 + 1{,}5\pi) \approx 10{,}71a^3$

b) die Größe der Dachfläche.

$A_{Dach} = \frac{1}{2} \cdot M_{Zylinder} = \frac{1}{2} \cdot 2\pi \cdot a \cdot 3a = 3\pi a^2 \approx 9{,}42a^2$

c) die Größe der Wandfläche.

$A_{Wand} = 2 \cdot \frac{1}{2}\pi a^2 + a \cdot (2 \cdot 2a + 2 \cdot 3a) = \pi a^2 + a \cdot 10a$

$= \pi a^2 + 10a^2 = a^2(\pi + 10) \approx 13{,}14a^2$

8 In einem kegelförmigen Glas liegen acht Metallkugeln mit einem Durchmesser von 2 cm.

Oben hat das Glas einen Durchmesser von 5 cm. Es wird mit Wasser randvoll gefüllt. Entfernt man die Kugeln, sinkt das Wasser um $\frac{1}{5}$ der Höhe.

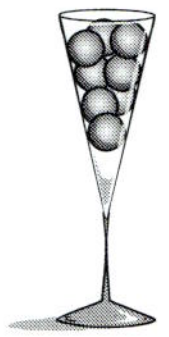

a) Berechne das Gesamtvolumen der Metallkugeln.

$V = 8 \cdot \frac{4}{3}\pi r^3 = 8 \cdot \frac{4}{3}\pi \cdot (1\,cm)^3 = \frac{32}{3}\pi$ $V_{Kugeln} \approx 33{,}51\,cm^3$

b) Berechne das Volumen des Glases in ml. [T1]

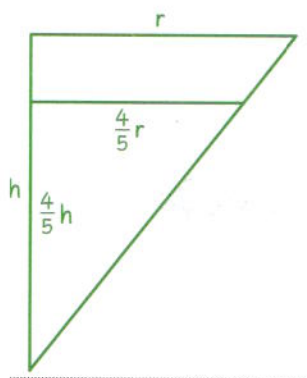

$\frac{1}{3}\pi r^2 h = V_{Kugeln} + \frac{1}{3}\pi \cdot \left(\frac{4}{5}r\right)^2 \cdot \frac{4}{5}h$

$\frac{1}{3}\pi \cdot (2{,}5\,cm)^2 \cdot h = \frac{32}{3}\pi + \frac{1}{3}\pi \cdot (2\,cm)^2 \cdot \frac{4}{5}h$

$\left(\frac{25}{12}cm^2\right)\pi h = \frac{32}{3}\pi + \left(\frac{16}{15}cm^2\right)\pi h \quad | - \left(\frac{16}{15}cm^2\right)\pi h$

$\left(\frac{61}{60}cm^2\right)\pi h = \frac{32}{3}\pi \quad | : \left(\frac{61}{60}\right)\pi\,cm^2$

$h \approx 10{,}5\,cm$

$V = \frac{1}{3}\pi \cdot (2{,}5\,cm)^2 \cdot 10{,}5\,cm \approx 68{,}7\,ml$

[T1] $V_{gesamt} = V_{Wasser} + V_{Kugeln}$; aufgrund der Strahlensätze folgt aus $h_{Wasser} = \frac{4}{5}h_{Glas}$ auch $r_{Wasser} = \frac{4}{5}r_{Glas}$.

Wachstum – absolute und relative Änderung

1 Ergänze die Tabelle zu den beschriebenen Änderungsprozessen.

Beschreibung	Änderung	Zeiteinheit	Wert nach einem Zeitschritt
a) Die Miete einer Wohnung beträgt 900 €. Sie soll jährlich um 30 € erhöht werden.	☒ absolut ☐ relativ	1 Jahr	900 € + 30 € = 930 €
b) Ein neues Auto kostet 25 000 €. Es verliert im ersten Jahr 25 % seines Wertes.	☐ absolut ☒ relativ	1 Jahr	25 000 € · 0,75 = 18 750 €
c) Eine Badewanne enthält 250 Liter Wasser. Nach Ziehen des Stöpsels fließen 10 Liter pro Minute ab.	☒ absolut ☐ relativ	1 Minute	250 l − 10 l = 240 l
d) Die Verschuldung eines Landes beträgt knapp 950 Milliarden €. Sie erhöht sich monatlich um 0,2 %.	☐ absolut ☒ relativ	1 Monat	950 Mrd. · 1,002 = 951,9 Mrd.

2 Die Tabelle zeigt die Entwicklung eines Bestandes.

t	0	1	2	3	4
B(t)	35	79	91	78	26

Berechne
a) die absolute Änderung von t = 1 zu t = 2:
$B(2) - B(1) = 91 - 79 = 12$

b) die relative Änderung von t = 3 zu t = 4:
$\frac{B(4) - B(3)}{B(3)} = \frac{26 - 78}{78} = \frac{-52}{78} = -\frac{2}{3} \approx -66{,}7\,\%$

3 a) Für einen Bestand gilt B(3) = 70. Er nimmt im Zeitintervall [3; 4] um 60 % zu. Berechne B(4).
$B(4) = 70 \cdot 1{,}6 = 112$

b) Ein Bestand nimmt im Zeitintervall [6; 7] um 20 % ab. Berechne B(6) für B(7) = 660.
$B(7) = 0{,}8 \cdot B(6)$
Einsetzen von B(7):
$660 = 0{,}8 \cdot B(6) \quad | : 0{,}8$
$B(6) = 660 : 0{,}8$
$B(6) = 825$

4 a) Die Tabelle zeigt das jährliche Bevölkerungswachstum eines Landes. Im Jahr 2012 lag das Bevölkerungswachstum des Landes bei 77 651 Menschen. Bestimme für jeden Zeitschritt die absolute und die relative Änderung des Bevölkerungswachstums.

Jahr	2013	2014	2015	2016
Wachstum	127 023	202 834	476 649	745 545
Absolute Änderung	127 023 − 77 651 = 49 372	202 834 − 127 023 = 75 811	476 649 − 202 834 = 273 815	745 545 − 476 649 = 268 896
Relative Änderung	$\frac{127\,023 - 77\,651}{77\,651} \approx +63{,}6\,\%$	$\frac{75\,811}{127\,023} \approx +59{,}7\,\%$	$\frac{273\,815}{202\,834} \approx +135\,\%$	$\frac{268\,896}{476\,649} \approx +56{,}4\,\%$

b) Ergänze die Lücken. Die kleinste absolute Änderung ereignete sich vom Jahr 2012 zum Jahr 2013. Diese Änderung war eine Erhöhung des Wachstums um 49 372 Menschen. Die relative Änderung in diesem Zeitschritt betrug ungefähr +63,6 %. Die kleinste relative Änderung ereignete sich vom Jahr 2015 zum Jahr 2016. Diese Änderung war eine Erhöhung um etwa 56,4 %.
Die absolute Änderung in diesem Zeitschritt war eine Erhöhung des Wachstums um 268 896 Menschen.

c) Erläutere, warum der Zeitschritt mit der kleinsten absoluten Änderung nicht mit dem Zeitschritt der kleinsten relativen Änderung übereinstimmt.
Bei der kleinsten absoluten Änderung von 2012 zu 2013 ist die relative Änderung mit 63,6 % deswegen recht hoch, weil der Prozentwert von knapp 50 000 im Vergleich zum Grundwert von knapp 78 000 fast zwei Drittel ausmacht. Bei der kleinsten relativen Änderung von 2015 zu 2016 ist der Prozentwert von knapp 270 000 im Vergleich zum Grundwert von knapp 480 000 aber „nur etwas mehr" als die Hälfte.

Lineares und exponentielles Wachstum (1)

1 a) Die Tabelle beschreibt einen Wachstumsvorgang. Die Werte in der Tabelle rechts sind auf zwei Dezimalen gerundet. Untersuche, ob lineares oder exponentielles Wachstum vorliegt. Begründe.

n	0	1	2	3	4	5
B(n)	10	13	16	19	22	25

Die Tabelle beschreibt einen linearen Wachstumsvorgang, da die Differenz zweier aufeinanderfolgender Werte immer konstant ist.

n	0	1	2	3	4	5
B(n)	2,00	2,40	2,88	3,46	4,15	4,98

Die Tabelle beschreibt einen exponentiellen Wachstumsvorgang, da der Quotient zweier aufeinanderfolgender Werte immer konstant ist.

b) Bestimme B(20) für beide Wachstumsvorgänge durch eine explizite Rechnung.
$d = B(1) - B(0) = 13 - 10 = 3$
$B(20) = B(0) + 20 \cdot d$
$B(20) = 10 + 20 \cdot 3 = 70$

$q = \frac{B(1)}{B(0)} = \frac{2{,}40}{2{,}00} = 1{,}2$
$B(20) = B(0) \cdot q^{20}$
$B(20) = 2{,}00 \cdot 1{,}2^{20} \approx 76{,}68$

2 Entscheide, ob es sich um ein lineares oder ein exponentielles Wachstum handelt. Notiere den Term für die explizite Berechnung des Wertes B(n) und gib an, welchen Zeitabschnitt n darstellt.

Beschreibung	Wachstum	B(n)
a) Ein Kapital von 2000 € wird zu 0,75 % für mehrere Jahre fest angelegt.	exponentiell	$B(n) = 2000 \cdot 1{,}0075^n$; n: Anzahl der Jahre
b) Als Peter 10 Jahre alt wurde, erhielt er 10 € Taschengeld pro Monat. Jedes Jahr erhält er 2 € mehr.	linear	$B(n) = 10 + 2 \cdot (n - 10)$; n (> 10): Alter von Peter
c) In Meereshöhe beträgt der Luftdruck rund 1013 hPa. Pro 1000 m Höhe nimmt er um rund 13 % ab.	exponentiell	$B(n) = 1013 \cdot 0{,}87^n$; n: Höhenmeter in 1000
d) In einem Behälter befinden sich bereits 300 l Wasser. Pro Minute fließen 5 l ab.	linear	$B(n) = 300 - 5 \cdot n$; n: Anzahl der Minuten

3 Die Bevölkerung eines Landes nimmt jährlich um 0,5 % ab. Zu Beginn der Zählung hat das Land 15 Millionen Einwohner. Wie viele Einwohner hat das Land zehn Jahre später?
$p = 0{,}5\,\% = 0{,}005;\ q = 1 - 0{,}005 = 0{,}995;\ B(10) = 15\ \text{Millionen} \cdot 0{,}995^{10} \approx 14{,}27\ \text{Millionen}$

4 Zu jeder grau unterlegten Situation gehören jeweils ein blaues und zwei graue Gleichungskärtchen. Verbinde zusammengehörige Karten. Die zugehörigen Buchstaben ergeben – richtig zusammengestellt – jeweils ein Lösungswort.

- Fionas Auto ist 20 000 € wert. Der Wert des Autos sinkt jährlich um 5 %. (F)
- Benni hat 20 000 € angespart. Von der Bank erhält er jährlich 0,8 % Zinsen. (E)
- Die Fläche eines Waldgebiets von 20 000 m² sinkt jährlich um 0,5 %. (A)

$B(n) = 20\,000 + 0{,}95^n$ (E) | $B(n) = 20\,000 \cdot 1{,}008^n$ (H) | $B(n) = 20\,000 \cdot 1{,}005^n$ (N) | $B(n) = 20\,000 \cdot 0{,}95^n$ (W)

$B(n) = 20\,000 \cdot 0{,}995^n$ (P) | $B(n) = 20\,000 + n \cdot 1{,}05$ (A) | $B(n) = 20\,000 \cdot 0{,}05^n$ (H)

$B(1) = 19\,000$ (L) | $B(5) = 25\,562$ (R) | $B(3) \approx 19\,701$ (F)

$B(1) = 20\,160$ (L) | $B(10) \approx 19\,022$ (U) | $B(8) \approx 13\,268$ (O)

$B(5) = 15\,466$ (D) | $B(10) = 11\,957$ (S) | $B(5) \approx 20\,813$ (C)

Lösungswörter: WOLF; ELCH; PFAU

Wort aus den übrigen Buchstaben: SARDINE

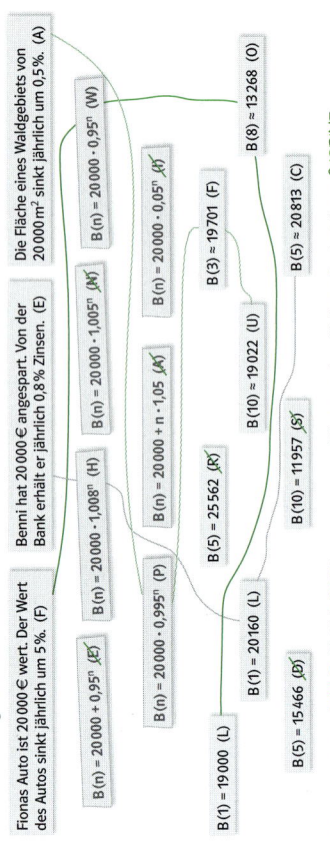

5 Ulrich bekommt bei seiner Anstellung ein Jahresgehalt von 32 000 €. Laut Arbeitsvertrag erhöht sich sein Gehalt zu Beginn jedes neuen Jahres automatisch um 2,5 % des Vorjahresgehalts.
a) Überprüfe rechnerisch, ob die folgenden Behauptungen wahr sind.
(1) Wenn Ulrich 29 Jahre lang bei demselben Unternehmen und mit demselben Arbeitsvertrag arbeitet, bekommt er zu Beginn des 30. Jahres ein Jahresgehalt, das mehr als doppelt so hoch ist wie sein erstes Jahresgehalt.

$B(n) = 32000\,€ \cdot 1{,}025^n$; $B(29) = 32000\,€ \cdot 1{,}025^{29} \approx 65485\,€ > 2 \cdot 32000\,€$ Die Behauptung stimmt.

(2) Zu Beginn des 8. Jahres übersteigt Ulrichs Jahresgehalt die Marke von 40 000 €.

$B(7) = 32000\,€ \cdot 1{,}025^7 \approx 38038\,€ < 40000\,€$ Die Behauptung stimmt nicht.

b) Fünf Jahre lang arbeitet Ulrich mit dem oben beschriebenen Arbeitsvertrag. Vom Beginn des sechsten Jahres erhöht sich sein Jahresgehalt wegen einer wirtschaftlichen Krise des Unternehmens zu Beginn jedes Jahres jedoch nur noch um 500 €. Prüfe, ob er unter diesen Voraussetzungen zu Beginn des 12. Arbeitsjahres ein Jahresgehalt von über 40 000 € bekommt.

Zu Beginn des 5. Jahres: $32000\,€ \cdot 1{,}025^4 \approx 35322\,€$; zu Beginn des 6. Jahres: $35322\,€ + 500\,€ = 35822\,€$; zu Beginn des 12. Jahres: $35822\,€ + 6 \cdot 500\,€ = 38822\,€$. Er bekommt weniger als 40 000 €.

6 Der Bienenbestand eines Imkers wächst exponentiell. Es ist $B(2) = 6000$. Bestimme $B(4)$, wenn gilt:

a) $B(1) = 5000$ $q = \frac{6000}{5000} = 1{,}2$; $B(4) = B(1) \cdot q^3 = 5000 \cdot 1{,}2^3 = 8640$

b) $B(3) = 6750$ $q = \frac{6750}{6000} = 1{,}125$; $B(4) = B(3) \cdot q = 6750 \cdot 1{,}125 \approx 7594$

7 In einen Teich werden 40 Forellen eingesetzt.

a) Nimm an, dass die Anzahl der Forellen jedes Jahr um 10 Forellen (E) bzw. 20 Forellen (F) zunimmt. Notiere die Werte für E und F in der Wertetabelle. Es handelt sich in beiden Fällen um lineares Wachstum. Die expliziten Berechnungen für diese Wachstumsprozesse lauten: E: $B(n) = 40 + 10 \cdot n$; F: $B(n) = 40 + 20 \cdot n$

Stelle mithilfe der Wertetabelle den Fall F im Koordinatensystem grafisch dar.
Wertetabelle für die Teilaufgaben a) und b):

t	0	1	2	5	10	13
E	40	50	60	90	140	170
F	40	60	80	140	240	300
G	40	44	48	64	104	138
H	40	48	58	100	248	428

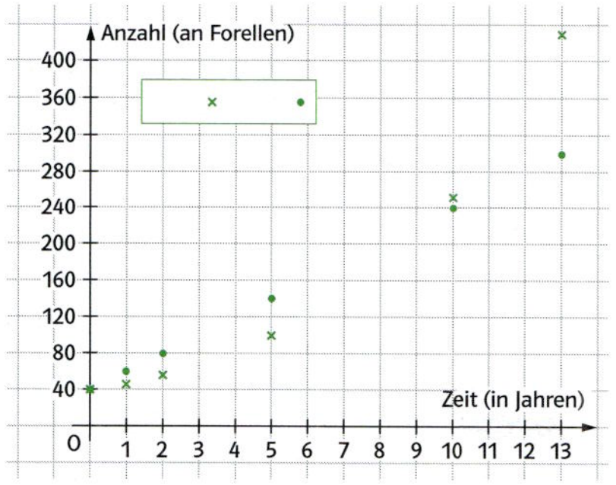

b) Nimm an, dass die Anzahl der Forellen jedes Jahr um 10 % (G) bzw. 20 % (H) zunimmt. Notiere die Werte für G und H in der Wertetabelle. Es handelt sich in beiden Fällen um exponentielles Wachstum.
Die expliziten Berechnungen für diese Wachstumsprozesse lauten:

G: $B(n) = 40 \cdot 1{,}1^n$; H: $B(n) = 40 \cdot 1{,}2^n$

Stelle mithilfe der Wertetabelle den Fall H im Koordinatensystem grafisch dar.

1 Eine Exponentialfunktion f hat die Form $f(x) = b^x$. Bestimme b.

a) $f(2) = 3$
$3 = b^2 \quad | \sqrt{\ }$
$\sqrt{3} = b$
Nach Vorraussetzung ist $b > 0$!

b) $f(-1) = \sqrt{2}$
$\sqrt{2} = b^{-1}$
$\sqrt{2} = \frac{1}{b}$
$b = \frac{1}{\sqrt{2}} = \left(\frac{\sqrt{2}}{2}\right)$

c) $f(0) = 1$
$1 = b^0$
b ist frei wählbar mit $b > 0$;
$b \neq 1$; $b \in \mathbb{R}$.

2 Beschrifte die Graphen mit den passenden Funktionsnamen.

$k(x) = \left(\frac{10}{9}\right)^x$
$j(x) = 2 \cdot 3^x$
$h(x) = 0{,}9^x$
$f(x) = 0{,}5^x$
$i(x) = 3 \cdot 4^x$
$g(x) = 3 \cdot 2^x$

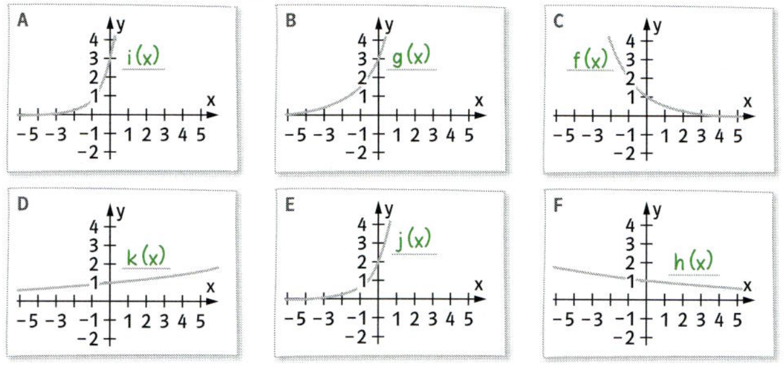

3 Ein junges, sehr erfolgreiches Internet-Unternehmen geht mit einem Preis von 50 € pro Aktie an die Börse.
a) In den ersten 5 Monaten nach dem Börsengang steigt der Wert der Aktie monatlich um 40 %. Die Exponentialfunktion, die die Entwicklung des Aktienwerts (x in Monaten; f(x) in €) beschreibt, lautet:

$f(x) = 50 \cdot 1{,}4^x$. Skizziere den Graphen von f.

b) Lies am Graphen ab, nach welcher Zeit der Aktienwert 200 € erreicht. Dies ist etwa 4,1 Monate nach Börsengang der Fall.

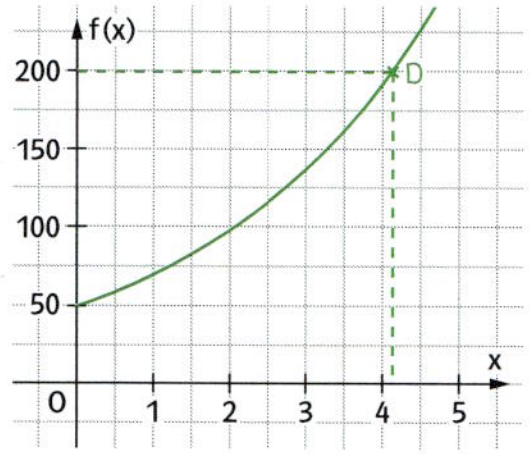

4 Eine radioaktive Substanz zerfällt so, dass ihre Masse alle 10 Tage halbiert wird.
a) Beschreibe den Zerfallsprozess mithilfe einer Exponentialfunktion $f(x) = a \cdot b^x$ (x in Tagen; f(x) in mg), wenn zu Beobachtungsbeginn 500 mg der Substanz vorhanden sind.

$f(0) = a \cdot b^0 = a = 500$
$f(10) = 500 \cdot b^{10} = 250$
$b^{10} = 250 : 500 = \frac{1}{2}$; $b = \sqrt[10]{\frac{1}{2}} \approx 0{,}933$
Also gilt: $f(x) = 500 \cdot 0{,}933^x$.

b) Bestimme, nach wie vielen Tagen noch knapp 98 mg der Substanz vorhanden sind.

$500 \cdot 0{,}933^x = 98$
$0{,}933^x = 98 : 500 = 0{,}196$
Der GTR liefert: $x \approx 23{,}5$.

5 Gegeben ist f mit $f(x) = 2^x$. Verbinde jeweils zwei zusammengehörende Kärtchen.

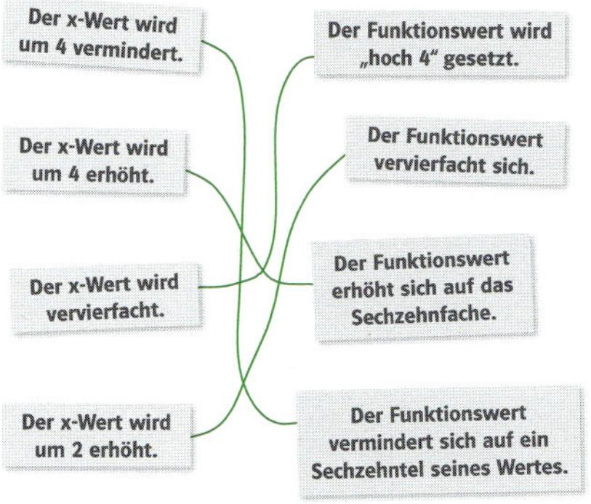
Der x-Wert wird um 4 vermindert.
Der x-Wert wird um 4 erhöht.
Der x-Wert wird vervierfacht.
Der x-Wert wird um 2 erhöht.
Der Funktionswert wird „hoch 4" gesetzt.
Der Funktionswert vervierfacht sich.
Der Funktionswert erhöht sich auf das Sechzehnfache.
Der Funktionswert vermindert sich auf ein Sechzehntel seines Wertes.

1 Schreibe als Logarithmus.

a) $3^4 = 81$ — $4 = \log_3(81)$

b) $5^{-3} = \frac{1}{125}$ — $-3 = \log_5\left(\frac{1}{125}\right)$

c) $32^{0,2} = 2$ — $0,2 = \log_{32}(2)$

d) $\left(\frac{1}{4}\right)^{-2} = 16$ — $-2 = \log_{\frac{1}{4}}(16)$

e) $(\sqrt{5})^{-4} = \frac{1}{25}$ — $-4 = \log_{\sqrt{5}}\left(\frac{1}{25}\right)$

f) $a^1 = a$ — $1 = \log_a(a)$

2 Schreibe als Potenzgleichung.

a) $\log_6(216) = 3$ — $6^3 = 216$

b) $\log_2(0,125) = -3$ — $2^{-3} = 0,125$

c) $\log_b(b^2) = 2$ — $b^2 = b^2$

3 Verbinde zusammengehörige Kärtchen und fülle die Lücken.

$\log_2(32) = 5$ — $2^5 = 32$

$\log_3(9) = 2$ — $3^2 = 9$

$\log_5(25) = 2$ — $5^2 = 25$

$\log_2(8) = 3$ — $2^3 = 8$

$\log_5(125) = 3$ — $5^3 = 125$

$\log_2(16) = 4$ — $2^4 = 16$

$\log_4(64) = 3$ — $4^3 = 64$

$\log_4(16) = 2$ — $4^2 = 16$

4 Berechne wie im Beispiel.

a) $\log_4(0,0625)$
$= \log_4\left(\frac{1}{16}\right) = \log_4\left(\frac{1}{4^2}\right)$
$= \log_4(4^{-2}) = -2$

b) $\log_2(512)$
$= \log_2(2^9)$
$= 9$

c) $\log_7(7)$
$= \log_7(7^1)$
$= 1$

d) $\log_{97}(1)$
$= \log_{97}(97^0)$
$= 0$

e) $\log_6(36)$
$= \log_6(6^2)$
$= 2$

f) $\log_3\left(\frac{1}{81}\right)$
$= \log_3\left(\frac{1}{3^4}\right)$
$= \log_3(3^{-4}) = -4$

g) $\log_{0,2}(625)$
$= \log_{\frac{1}{5}}(5^4)$
$= \log_{\frac{1}{5}}\left(\left(\frac{1}{5}\right)^{-4}\right) = -4$

h) $\log_{0,5}(0,125)$
$= \log_{\frac{1}{2}}\left(\frac{1}{8}\right) = \log_{\frac{1}{2}}\left(\frac{1}{2^3}\right)$
$= \log_{\frac{1}{2}}\left(\left(\frac{1}{2}\right)^3\right) = 3$

5 Bestimme die Lösung der Exponentialgleichung.

a) $4^x = 256$
$x = \log_4(256)$
$x = \log_4(4^4)$
$x = 4$

b) $3^{2x+1} = \frac{1}{27}$
$2x + 1 = \log_3\left(\frac{1}{27}\right)$
$2x + 1 = \log_3(3^{-3})$
$2x + 1 = -3$
$2x = -4$
$x = -2$

c) $10^x - 300 = -2 \cdot 10^x$
$3 \cdot 10^x - 300 = 0$
$3 \cdot 10^x = 300$
$10^x = 100$
$x = \log_{10}(100)$
$x = 2$

d) $8 - 8^x = -16 - 2 \cdot 8^x$
$8 + 8^x = -16$
$8^x = -24$
Diese Gleichung hat keine Lösung, da 8^x immer positiv ist.

6 Berechne, wie oft man eine Zahl vervierfachen muss, um das 1024fache dieser Zahl zu erhalten.

$a \cdot 4^x = 1024a$,
also $4^x = 1024$;
$x = \log_4(1024) = \log_4(4^5) = 5$
Man muss die Zahl fünfmal vervierfachen.

7 Berechne näherungsweise mit dem GTR. Runde auf zwei Nachkommastellen.

a) $\log_5(50) = \frac{\log(50)}{\log(5)} \approx 2,43$

b) $\log_7(0,7) = \frac{\log(0,7)}{\log(7)} \approx -0,18$

c) $\log_{\frac{1}{2}}(3) = \frac{\log(3)}{\log\left(\frac{1}{2}\right)} \approx -1,58$

8 Berechne a beziehungsweise b.

a) $\log_{2,5}(a) = 2$
$2,5^2 = a$
$a = 6,25$

b) $\log_7(a) = 3$
$7^3 = a$
$a = 343$

c) $\log_b(0,04) = 2$
$b^2 = 0,04 \quad | \sqrt{\ }$
$b = 0,2$

d) $\log_b(625) = 4$
$b^4 = 625 \quad | \sqrt[4]{\ }$
$b = 5$

9 Jeweils drei Karten gehören zusammen. Trage die zugehörigen Buchstabentripel in die Lösungszeile ein.

A | $3^x = 243$	B | $x = 3$	C | $x = \log_{243}(3)$	D | $x^5 = 243$	E | $x = -0,2$	F | $x = \frac{\log(243)}{\log\left(\frac{1}{3}\right)}$
G | $x = 0,2$	H | $x = \log_{\frac{1}{5}}(125)$	I | $x = 243^{0,2}$	J | $0,2^x = 125$	K | $\left(\frac{1}{243}\right)^x = 3$	L | $243^x = 3$
M | $x = \frac{\log(3)}{\log\left(\frac{1}{243}\right)}$	N | $x = \log_3(243)$	O | $x = 5$	P | $x = -5$	Q | $\left(\frac{1}{3}\right)^x = 243$	R | $x = -3$

Lösungen: A – N – O; B – D – I; C – G – L; E – K – M; F – P – Q; H – J – R

10 Zum 1. Januar überweist Jutta 3500 € auf ein neues Sparkonto. Sie erhält jährlich 1% Zinsen auf das bis zum jeweiligen Jahresende angesparte Geld. Nach wie vielen Jahren kann Jutta sich von dem angesparten Geld eine Sofalandschaft für 3800 € leisten?

1. Aufstellen der zugehörigen Exponentialfunktion (t in Jahren; f(t) in €): $f(t) = 3500 \cdot 1,01^t$

2. Aufstellen der zur Frage passenden Gleichung:
$3800 = 3500 \cdot 1,01^t$

3. Lösen der in Schritt 2 aufgestellten Gleichung:
$3800 = 3500 \cdot 1,01^t$
$\frac{3800}{3500} = 1,01^t$, also $1,01^t = \frac{38}{35}$ und damit:
$t = \log_{1,01}\left(\frac{38}{35}\right) = \frac{\log\left(\frac{38}{35}\right)}{\log 1,01} \approx 8,26$

4. Antwort:
Sie kann sich die Sofalandschaft nach etwa $8\frac{1}{4}$ Jahren leisten. (Da die Zinsen erst zum Ende eines Jahres ausgezahlt werden, dauert es insgesamt 9 Jahre.)

11 Eine 100° Celsius heiße Flüssigkeit wird in einen Kühlraum gestellt, der konstant bei 0° gehalten wird. Dabei verringert sich die Temperatur der Flüssigkeit um etwa 3% pro Minute.

a) Berechne, wann die Flüssigkeit eine Temperatur von 64° erreicht hat.

1. Exponentialfunktion (x in min; f(x) in °Celsius):
$f(x) = 100 \cdot 0,97^x$
2. Gleichung: $64 = 100 \cdot 0,97^x$
$\frac{64}{100} = 0,97^x$, also $0,97^x = \frac{16}{25}$ und damit:
$x = \log_{0,97}\left(\frac{16}{25}\right) = \frac{\log\left(\frac{16}{25}\right)}{\log 0,97} \approx 14,65$
3. Antwort: Nach etwa 14,7 Minuten hat die Flüssigkeit die Temperatur von 64° erreicht.

b) Zeige, dass die Flüssigkeit nach dieser Modellierung niemals auf die Temperatur des Kühlraums (0° Celsius) absinken kann.

Gleichung: $100 \cdot 0,97^x = 0$
$\Leftrightarrow 0,97^x = 0$
Diese Gleichung ist unlösbar, da $0,97^x > 0$ für alle reellen Zahlen x.

12 a) Wenn man $a^x = r$ und $a^y = s$ setzt, dann folgt:
$\log_a(a^x) = \log_a(r)$ und $\log_a(a^y) = \log_a(s)$
$\Leftrightarrow x = \log_a(r)$ $\quad \Leftrightarrow y = \log_a(s)$

b) Nach den Potenzgesetzen gilt: $a^x \cdot a^y = a^{x+y}$.

c) Zeige mithilfe der Teilaufgaben a) und b), dass allgemein gilt: $\log_a(r \cdot s) = \log_a(r) + \log_a(s)$.

$\log_a(r \cdot s) = \log_a(a^x \cdot a^y) = \log_a(a^{x+y})$
$= x + y = \log_a(r) + \log_a(s)$

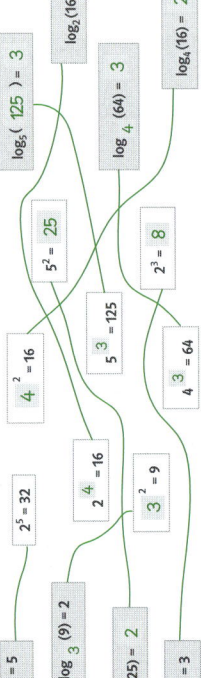

1 Die Tabelle gehört zu einem beschränkten Wachstum mit der Schranke S = 1000. Berechne den Proportionalitätsfaktor c und ergänze dann die Tabelle mithilfe der Wertetabelle deines GTR.

n	0	1	5	10	20	40
B(n)	200	300	589,7	789,5	944,6	996,2

$300 = 200 + c\cdot(1000 - 200)$ | − 200

$100 = 800\cdot c$ | : 800

$c = 0{,}125$

2 Für ein beschränktes Wachstum mit der Schranke S gilt $B(n+1) = 0{,}4\cdot B(n) + 24$ und $B(0) = 10$.

a) Ergänze die Tabelle mithilfe deines GTR.

n	0	1	2	3	4	5
B(n)	10	28	35,2	38,08	39,23	39,69

b) Bestimme die Werte B(10) und B(20) mithilfe des GTR. Schätze mit diesen Werten die Schranke S.

$B(10) \approx 39{,}997$ $B(20) \approx 39{,}9999997$

$S = 40$

3 Gib sowohl die rekursive als auch die explizite Formel für das beschränkte Wachstum an. Bestimme dafür zunächst notwendige Angaben wie den Proportionalitätsfaktor c oder die Schranke S. Die rekursive Formel kann dir dabei jeweils helfen.

a) $B(0) = 20$; $B(1) = 69$; $S = 90$

Berechnung des fehlenden c:

$B(n+1) = B(n) + c\cdot(S - B(n))$

$B(1) = B(0) + c\cdot(90 - B(0))$

$69 = 20 + c\cdot(90 - 20)$

$49 = 70c$, also $c = \frac{49}{70} = 0{,}7$

Rekursive Formel:

$B(n+1)$

$= B(n) + 0{,}7\cdot(90 - B(n))$

Explizite Formel:

$B(n) = 90 - (90 - 20)\cdot(1 - 0{,}7)^n$

$= 90 - 70\cdot 0{,}3^n$

b) $B(0) = 4$; $B(1) = 10$; $c = 0{,}3$

Berechnung des fehlenden S:

$B(n+1)$

$= B(n) + 0{,}3\cdot(S - B(n))$

$B(1) = B(0) + 0{,}3\cdot(S - B(0))$

$10 = 4 + 0{,}3\cdot(S - 4)$

$6 = 0{,}3\cdot S - 1{,}2$

$7{,}2 = 0{,}3\cdot S$, also $S = 24$

Rekursive Formel:

$B(n+1)$

$= B(n) + 0{,}3\cdot(24 - B(n))$

Explizite Formel:

$B(n) = 24 - (24 - 4)\cdot(1 - 0{,}3)^n$

$= 24 - 20\cdot 0{,}7^n$

4 In einem Teich mit 200 Goldfischen erkranken plötzlich jede Woche 10 % der noch gesunden Fische an einer Infektion.

a) Gib sowohl die rekursive als auch die explizite Formel für das beschränkte Wachstum an, das die Anzahl der erkrankten Fische pro Woche darstellt.

$S = 200$; $c = 0{,}1$; $B(0) = 0$

Rekursive Formel:

$B(n+1)$

$= B(n) + 0{,}1\cdot(200 - B(n))$

Explizite Formel:

$B(n) = 200 - 200\cdot 0{,}9^n$

b) Bestimme, wie viele Fische nach 9 Wochen erkrankt sind.

$B(9) \approx 122{,}5$; nach 9 Wochen sind 123 Fische erkrankt.

5 Eine Schokoladenfirma hat die Sorte Walnuss-Zimt auf den Markt gebracht. Eine beauftragte Werbefirma hat durch eine Umfrage ermittelt, dass 20 % aller etwa 82 Millionen Deutschen die Schokoladensorte kennen. Sie geht davon aus, dass in den ersten Wochen ihrer Werbekampagne wöchentlich 8 % aller Bundesbürger, die das Produkt bisher nicht kannten, das Produkt neu kennen lernen werden.

a) Bestimme, wie viele Bundesbürger die Schokoladensorte nach vier Wochen kennen.

$B(0) = 20\,\%$ von 82 Mio. $= 0{,}2\cdot 82$ Mio. $= 16{,}4$ Mio. ; $c = 0{,}08$; $S = 82$ Mio.

Explizite Formel: $B(n) = 82 - (82 - 16{,}4)\cdot(1 - 0{,}08)^n = 82 - 65{,}6\cdot 0{,}92^n$ (n in Wochen; B(n) in Mio.)

$B(4) = 82 - 65{,}6\cdot 0{,}92^4 \approx 35$. Nach vier Wochen kennen etwa 35 Millionen Bundesbürger die Sorte.

b) Bestimme, wie viele Bundesbürger die Schokoladensorte laut diesem Modell nach 90 Wochen kennen würden. $B(90) = 82 - 65{,}6\cdot 0{,}92^{90} \approx 81{,}96$. Fast alle 82 Millionen Bundesbürger würden sie dann kennen.

c) Erläutere, welche Modell-Annahme in der Aufgabenstellung zu einem derart unrealistischen Ergebnis wie in Teilaufgabe b) führt. Die Annahme der Schranke von (allen) 82 Mio. Bundesbürgern ist unrealistisch.

1 Entwickle eine geeignete (lineare oder exponentielle) Modellierung für die Datenreihe. Die Variable t gibt die Zeit (in h) und B(t) den von der Zeit abhängigen Bestand an.

t	0	1	2	3	4
B(t)	10	12,9	16,2	20,1	25,1

Differenzen der in gleichen Zeitabschnitten aufeinanderfolgenden Bestände:

$12{,}9 - 10 = 2{,}9$; $16{,}2 - 12{,}9 = 3{,}3$;

$20{,}1 - 16{,}2 = 3{,}9$; $25{,}1 - 20{,}1 = 5$

Quotienten der in gleichen Zeitabschnitten aufeinanderfolgenden Bestände:

$12{,}9 : 10 = 1{,}29$; $16{,}2 : 12{,}9 \approx 1{,}26$;

$20{,}1 : 16{,}2 \approx 1{,}24$; $25{,}1 : 20{,}1 \approx 1{,}25$

Die Differenzen nehmen dem Betrag nach deutlich zu, die Quotienten sind hingegen annähernd gleich. Das exponentielle Modell ist folglich besser geeignet, diese Datenreihe zu beschreiben.

Aufstellen eines Funktionsterms unter Verwendung der Daten (0 | 10) und (4 | 25,1):

Exponentielles Modell: $B(t) = a\cdot b^t$

(0 | 10) liefert die Gleichung $10 = a\cdot b^0 = a$

Mit (4 | 25,1) erhält man

$25{,}1 = 10\cdot b^4$.

$b^4 = 25{,}1 : 10 = 2{,}51$;

$b = \sqrt[4]{2{,}51} \approx 1{,}26$; Funktionsterm: $B(t) = 10\cdot 1{,}26^t$

2 Die Tabelle zeigt die Bevölkerungsentwicklung eines Landes.

Jahr	2000	2002	2004	2006	2008	2010
Bevölkerung in Mio.	3,65	3,82	4,00	4,20	4,42	4,65

a) Bestimme mithilfe des ersten und des letzten Datenpunktes eine lineare und eine exponentielle Modellfunktion (x steht für die seit 2000 vergangenen Jahre, f(x) für die Bevölkerung in Mio.). Runde den Wachstumsfaktor b beim exponentiellen Modell auf vier Nachkommastellen.

Lineare Modellierung: $f(x) = mx + n$

(0 | 3,65) liefert die Gleichung

$3{,}65 = m\cdot 0 + n$, also $n = 3{,}65$.

Mit (10 | 4,65) erhält man

$4{,}65 = m\cdot 10 + 3{,}65$, also $m = 0{,}1$.

Funktionsterm: $f(x) = 0{,}1x + 3{,}65$

Exponentielle Modellierung: $g(x) = a\cdot b^x$

(0 | 3,65) liefert die Gleichung

$3{,}65 = a\cdot b^0$, also $a = 3{,}65$.

(10 | 4,65) liefert $4{,}65 = 3{,}65\cdot b^{10}$.

$b^{10} = 4{,}65 : 3{,}65 \approx 1{,}274$; $b = \sqrt[10]{1{,}274} \approx 1{,}0245$;

Funktionsterm: $g(x) = 3{,}65\cdot 1{,}0245^x$

b) Fülle für die beiden in Teilaufgabe a) gefundenen Modellfunktionen die Tabelle aus.

Anzahl an vergangenen Jahren seit 2000	0	2	4	6	8	10
Bevölkerung in Mio.	3,65	3,82	4,00	4,20	4,42	4,65
Lineares Modell: $f(x) = 0{,}1x + 3{,}65$	3,65	3,85	4,05	4,25	4,45	4,65
Abweichung von den Originaldaten	0	+0,03	+0,05	+0,05	+0,03	0
Exponentielles Modell: $g(x) = 3{,}65\cdot 1{,}0245^x$	3,65	3,83	4,02	4,22	4,43	4,65
Abweichung von den Originaldaten	0	+0,01	+0,02	+0,02	+0,01	0

c) Entscheide anhand der Ergebnisse aus der Tabelle in Teilaufgabe b), ob eines der beiden Modelle besser geeignet ist, den Wachstumsvorgang zu beschreiben. Begründe deine Antwort.

Die Beträge der Abweichungen ergeben beim linearen Modell in der Summe 0,16, beim exponentiellen Modell jedoch nur 0,06. Deshalb eignet sich das exponentielle Modell etwas besser.

○ **1** Für einen Wachstumsvorgang gilt $B(6) = 240$. Jeweils zwei Kärtchen gehören zusammen.

Ordne die Kärtchen zu: A → 2 ; B → 3 ; C → 4 ; D → 1

A | $B(7) = 241{,}5$
B | $B(7) = 192$
C | $B(7) = 241{,}2$
D | $B(7) = 195$
1 | Absolute Änderung: −45
2 | Absolute Änderung: +1,5
3 | Relative Änderung: −20 %
4 | Relative Änderung: +0,5 %

○ **2** a) Bestimme a und b so, dass der Graph einer Exponentialfunktion f mit $f(x) = a \cdot b^x$ durch die Punkte $P(0|0{,}5)$ und $Q(2|4{,}5)$ verläuft.

Punktprobe mit Punkt P ergibt:
$0{,}5 = a \cdot b^0 = a \cdot 1 = a$
Damit gilt: $a = 0{,}5$
Punktprobe mit Punkt Q ergibt:
$4{,}5 = 0{,}5 \cdot b^2$
Berechnung von b:
$b^2 = 4{,}5 : 0{,}5 = 9$
$b = \sqrt{9} = 3$
Damit gilt: $f(x) = 0{,}5 \cdot 3^x$

b) Ergänze. Der Graph der Funktion f aus Teilaufgabe a) geht aus dem Graphen der Funktion g mit $g(x) = 3^x$ durch eine Streckung mit dem Faktor 0,5 hervor.

c) Skizziere den Graphen von f.

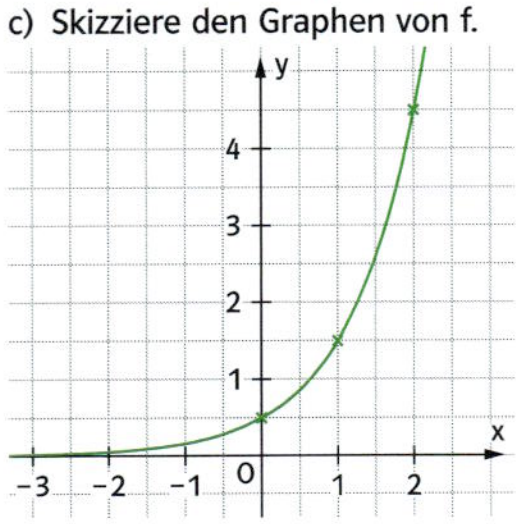

○ **3** Entscheide, ob bei der Tabelle lineares oder exponentielles Wachstum vorliegt, und begründe deine Entscheidung. Ergänze den fehlenden Wert in der Tabelle. Gib dann jeweils die explizite Formel für B(t) an.

a)

t	0	1	2	3	4	5
B(t)	0,25	1	4	16	64	256

☐ linear ☒ exponentiell

Begründung: Der Quotient q zweier aufeinanderfolgender Bestände ist immer gleich: $q = 4$.

$B(t) = B(0) \cdot q^t = 0{,}25 \cdot 4^t$

b)

t	0	1	2	3	4	5
B(t)	−3	2,5	8	13,5	19	24,5

☒ linear ☐ exponentiell

Begründung: Die Differenz d zweier aufeinanderfolgender Bestände ist immer gleich: $d = 5{,}5$.

$B(t) = B(0) + t \cdot d = -3 + t \cdot 5{,}5 = -3 + 5{,}5 \cdot t$

◐ **4** Bestimme den Logarithmus ohne den Taschenrechner.

a) $\log_4\left(\frac{1}{16}\right) = \log_4(4^{-2}) = -2$

b) $\log_3\left(\frac{1}{\sqrt{3}}\right) = \log_3\left(3^{-\frac{1}{2}}\right) = -\frac{1}{2}$

c) $\log_{\frac{1}{2}}(64) = \log_{\frac{1}{2}}\left(\left(\frac{1}{2}\right)^{-6}\right) = -6$

d) $\log_{\sqrt{5}}(25) = \log_{\sqrt{5}}\left((\sqrt{5})^4\right) = 4$

◐ **5** Bestimme die Lösung der Exponentialgleichung.
$3^x + 24 = 3^{x+2}$
$\Leftrightarrow\ 3^x - 3^{x+2} = -24$
$\Leftrightarrow\ 3^x - 9 \cdot 3^x = -24$
$\Leftrightarrow\ -8 \cdot 3^x = -24$; also $x = 1$

◐ **6** a) In einem Ort mit 18 000 Haushalten bietet eine Firma einen Hochgeschwindigkeits-Internetanschluss an. Insgesamt wird sich vermutlich die Hälfte aller Haushalte für den Anschluss entscheiden. Die Firma geht davon aus, dass jeden Monat 10 % der noch nicht versorgten Haushalte den Anschluss neu erwerben. Gib die explizite Formel und die rekursive Formel für dieses Wachstum an (n in Monaten).

$S = 9000$; $B(0) = 0$; $c = 0{,}1$
Explizite Formel: $B(n) = 9000 - 9000 \cdot 0{,}9^n$
Rekursive Formel:
$B(n+1) = B(n) + 0{,}1 \cdot (9000 - B(n))$

b) Berechne, wie viele Anschlüsse nach 10 Monaten verkauft wurden.

$B(10) = 9000 - 9000 \cdot 0{,}9^{10} \approx 5861{,}9$;
es wurden also 5861 Anschlüsse verkauft.

c) Bestimme, nach wie vielen Monaten mindestens 90 % der erwarteten Anschlüsse verkauft wurden.

90 % von $9000 = 8100$
$8100 = 9000 - 9000 \cdot 0{,}9^n$
$-900 = -9000 \cdot 0{,}9^n$; also $0{,}1 = 0{,}9^n$
$n = \log_{0{,}9}(0{,}1) = \frac{\log(0{,}1)}{\log(0{,}9)} \approx 21{,}85$; nach 22 Monaten sind mehr als 90 % der Verkäufe getätigt.

◐ **7** Die Tabelle gibt die Gesamtzahl der Accounts in Mio. an, die in einem Land bei den großen Anbietern sozialer Netzwerke aktiv genutzt werden.

Jahr	2012	2013	2014	2015	2016
Anzahl	45	50,5	56,7	63,8	72,5

a) Prüfe, ob man diesen Wachstumsvorgang im angegebenen Zeitraum eher exponentiell oder eher linear modellieren kann.
Für das Jahr 2012 setzt man $x = 0$.
Differenzen der in gleichen Zeitabschnitten aufeinanderfolgenden Bestände:
$50{,}5 - 45 = 5{,}5$; $56{,}7 - 50{,}5 = 6{,}2$;
$63{,}8 - 56{,}7 = 7{,}1$; $72{,}5 - 63{,}8 = 8{,}7$
Quotienten der in gleichen Zeitabschnitten aufeinanderfolgenden Bestände:
$50{,}5 : 45 \approx 1{,}12$; $56{,}7 : 50{,}5 \approx 1{,}12$;
$63{,}8 : 56{,}7 \approx 1{,}13$; $72{,}5 : 63{,}8 \approx 1{,}14$
Das exponentielle Modell ist besser geeignet.

b) Modelliere die Entwicklung der Accounts mithilfe des in a) gefundenen besser geeigneten Modells.
Ansatz: $f(x) = a \cdot b^x$; Punktprobe mit $(0|45)$ liefert die Gleichung $45 = a \cdot b^0$, also $a = 45$.
$(4|72{,}5)$ liefert $72{,}5 = 45 \cdot b^4$. Folglich gilt:
$b^4 = 72{,}5 : 45 \approx 1{,}611$; damit gilt:
$b = \sqrt[4]{1{,}611} \approx 1{,}13$; Funktion: $f(x) = 45 \cdot 1{,}13^x$

◐ **8** Löse die Exponentialgleichung. Runde das Ergebnis gegebenenfalls auf drei Dezimalstellen.

a) $2{,}5 \cdot 6^x = 5 \cdot 2^x$
$\Leftrightarrow\ 6^x = 2 \cdot 2^x$
$\Leftrightarrow\ 6^x : 2^x = 2$
$\Leftrightarrow\ \left(\frac{6}{2}\right)^x = 2$
$\Leftrightarrow\ 3^x = 2$
$\Leftrightarrow\ x = \log_3(2) \approx 0{,}631$

b) $7^x = 7^0 - 2$
$7^x = -1$
Keine Lösung, da 7^x für alle x positiv ist.

c) $5^{x+1} \cdot \left(\frac{1}{5}\right)^{-2x} = 9$
$\Leftrightarrow\ 5^{x+1} \cdot (5^{-1})^{-2x} = 9$
$\Leftrightarrow\ 5^{x+1} \cdot 5^{2x} = 9$
$\Leftrightarrow\ 5^{3x+1} = 9$
$\Leftrightarrow\ 3x + 1 = \log_5(9)$
$\Leftrightarrow\ 3x = \log_5(9) - 1$
$\Leftrightarrow\ x = \frac{\log_5(9) - 1}{3}$
$\Leftrightarrow\ x \approx 0{,}122$

◐ **9** Die Funktion f mit $f(x) = 2 \cdot 1{,}2^x$ beschreibt die flächenmäßige Ausbreitung eines Waldbrandes in einem Waldgebiet bis zur fünften Stunde nach Beginn der Messung (x in Stunden; f(x) in km²).

a) Das Brandgebiet wächst um 20 % pro Stunde und bedeckte zu Beginn der Messung eine Fläche von 2 km².
b) Zwei Stunden nach Beginn der Messung war das Brandgebiet $2 \cdot 1{,}2^2 \approx 2{,}88$ km² groß.
c) Fünf Stunden nach Messbeginn werden die Löscharbeiten aufgenommen. Zu diesem Zeitpunkt ist das Brandgebiet $2 \cdot 1{,}2^5 \approx 4{,}98$ km² groß.

● **10** Ein Fußball fällt aus 2 m Höhe auf den Boden. Nach dem ersten Aufprall erreicht er eine Höhe von 145 cm. Nimm eine exponentielle Abnahme an.

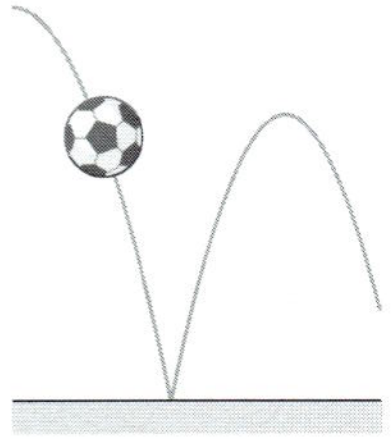

a) Bestimme eine Funktion f mit $f(x) = a \cdot b^x$, die die Ballhöhe in Abhängigkeit von der Anzahl der Aufpralle beschreibt.
$f(0) = 2$, also $a = 2$; $b = \frac{1{,}45}{2{,}00} = 0{,}725$; Funktion: $f(x) = 2 \cdot 0{,}725^x$

b) Nach wie vielen Aufprallen erreicht der Ball die Höhe von 1 m nicht mehr?
$1 = 2 \cdot 0{,}725^x$, also $0{,}5 = 0{,}725^x$; $x = \log_{0{,}725}(0{,}5) \approx 2{,}16$
Vom 3. Aufprall an wird die Höhe von 1 m nicht mehr erreicht.

c) Bestimme die Ballhöhe, die bei dieser Modellierung nach dem 50. Aufprall erreicht würde.
$f(50) = 2 \cdot 0{,}725^{50} \approx 2{,}079 \cdot 10^{-7}$ m

d) Ist das Ergebnis aus Teilaufgabe c) realistisch? Begründe.
Nein, denn der Ball würde wohl kaum 50-mal aufprallen, sondern käme vorher zum völligen Liegen.

e) Welches Problem funktionaler Modellierungen zeigt das Ergebnis von Teilaufgabe d) allgemein?
Funktionale Modellierungen gelten oft nur näherungsweise und/oder nur in einem eingeschränkten Definitions- oder Wertebereich, da noch weitere Faktoren berücksichtigt werden müssen.

Periodische Vorgänge

1 Ist die Funktion periodisch? Begründe deine Antwort.

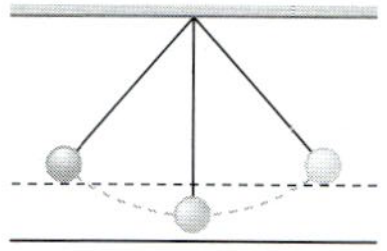

Funktion:
Zeit → Höhe des Pendelkörpers über dem Erdboden

Die Funktion ist nicht periodisch, da das Pendel mit der Zeit immer weniger ausschlägt.

2 Gib die Periodenlänge der zum Graphen gehörenden Funktion an.

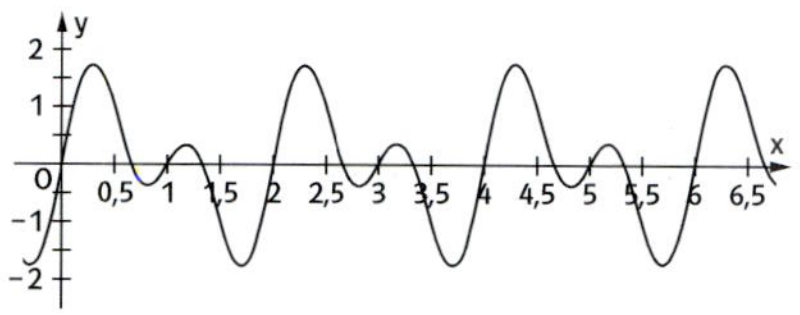

Die Periodenlänge ist 2.

3 Ein Punkt bewegt sich mit konstanter Geschwindigkeit im Uhrzeigersinn um das gleichseitige Dreieck. Zum Zeitpunkt $t = 0$ befindet er sich in der Ecke links unten, nach drei Sekunden ist er erstmals wieder dort.
a) Zeichne den Graphen der Funktion f: *Zeit t in Sekunden → Abstand des Punktes von der unteren Dreiecksseite.* Wähle auf der t-Achse zwei Kästchen für eine Sekunde.

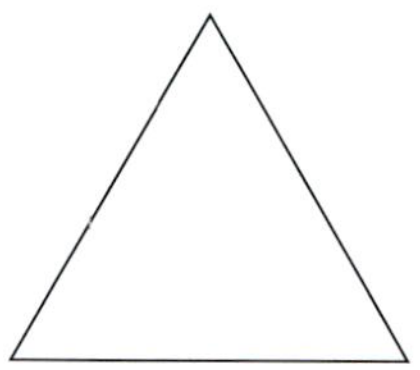

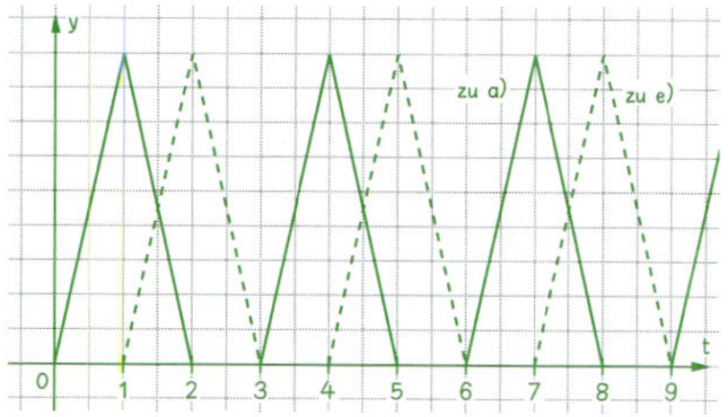

b) Gib die Periodenlänge der Funktion f an: Die Periodenlänge beträgt 3 Sekunden.

c) Wie verändert sich der Graph, wenn sich die Umlaufgeschwindigkeit des Punktes halbiert?

Der Graph wird in Richtung der t-Achse mit dem Faktor 2 gestreckt. Die neue Periondenlänge ist 6.

d) Gib an, wie sich der Graph der Funktion f ändert, wenn der Punkt bei sonst identischen Bedingungen gegen den Uhrzeigersinn um das Dreieck läuft. Zeichne den Graphen oben in das Koordinatensystem ein.

Der Graph wird um eine Einheit nach rechts verschoben. Die Periodenlänge bleibt unverändert.

4 Das Bild zeigt ein Riesenrad mit mehreren Gondeln A, B, …, H. Das Rad hat einen Radius von 10 m. Es dreht sich links herum und benötigt für eine volle Umdrehung 4 Minuten.
a) Unter welcher Bedingung ist die Funktion *Zeit → Höhe des Punkts A* periodisch? Gib die Periodenlänge an.

Sie ist periodisch mit $p = 4$ Minuten, wenn sich das Riesenrad gleichmäßig dreht.

b) Zeichne den Graphen für die Funktion *Zeit → Höhe des Punkts A* in das Koordinatensystem. Die Gerade durch die Punkte G und C entspricht der t-Achse.

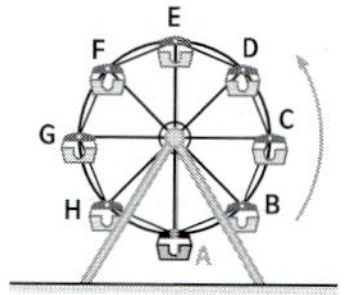

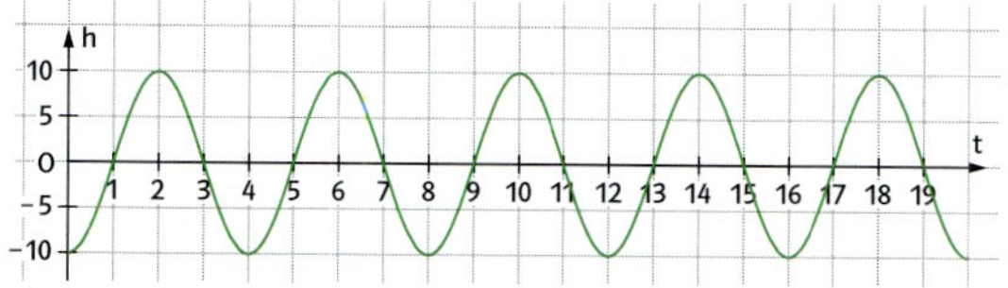

Sinusfunktion und Kosinusfunktion (1)

1 Fülle die Tabelle wie im Beispiel ohne die Hilfe des Taschenrechners aus.

Gradmaß α	10°	$\left(\frac{\pi}{4} : \pi\right) \cdot 180° = 45°$	−240°	$\left(-\frac{7\pi}{2} : \pi\right) \cdot 180° = -630°$	54°
Bogenmaß x	$\frac{10°}{180°} \cdot \pi = \frac{\pi}{18}$	$\frac{\pi}{4}$	$-\frac{240°}{180°} \cdot \pi = -\frac{4\pi}{3}$	$-\frac{7\pi}{2}$	$\frac{54°}{180°} \cdot \pi = \frac{3\pi}{10}$

2 Fülle die Tabelle aus. Runde auf eine Nachkommastelle.

Gradmaß α	38°	−166,2°	25,7°	−168°	−67,5°	311°	−820°	905,3°
Bogenmaß x	0,7	−2,9	$\frac{\pi}{7}$	−2,9	$-\frac{3\pi}{8}$	5,4	−14,3	15,8

3 Bestimme zeichnerisch Näherungswerte.

a) sin(120°) ≈ 0,85
b) cos(−150°) ≈ −0,85
c) cos(290°) ≈ 0,35
d) sin(−40°) ≈ −0,65

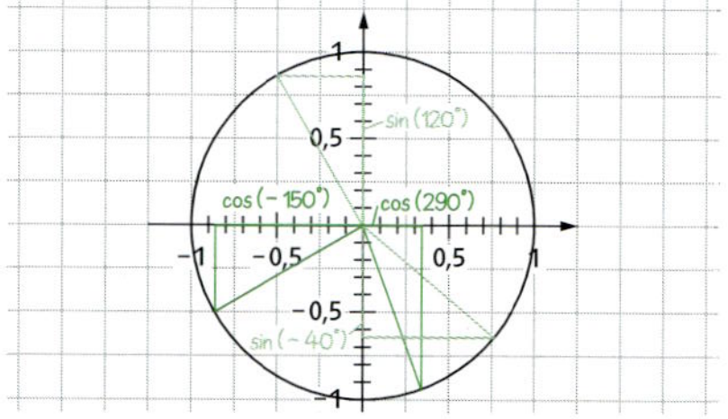

4 Ergänze die Tabelle.

	Bogenmaß x des Winkels α	sin(α) (sin(x))	cos(α) (cos(x))
0° < α < 90°	$0 < x < \frac{\pi}{2}$	> 0	> 0
90° < α < 180°	$\frac{\pi}{2} < x < \pi$	> 0	< 0
180° < α < 270°	$\pi < x < \frac{3\pi}{2}$	< 0	< 0
270° < α < 360°	$\frac{3\pi}{2} < x < 2\pi$	< 0	> 0

5 Fülle die Lücken wie im Beispiel. Am Ende muss jeweils ein Winkel zwischen 0° und 90° stehen.

sin(390°) = sin(30° + 1 · 360°) = sin(30°)
cos(780°) = cos(60° + 2 · 360°) = cos(60°)
sin(−698°) = sin(22° − 2 · 360°) = sin(22°)

6 Kreuze an, welche Aussagen auf die Sinusfunktion zutreffen und welche auf die Kosinusfunktion.

Aussage	Sinusfunktion	Kosinusfunktion
a) Die Funktion nimmt ihren kleinsten Wert bei $x = \frac{3\pi}{2}$ an.	☒	☐
b) Die Funktion nimmt keine Werte kleiner als −1 an.	☒	☒
c) Für $-\frac{\pi}{2} < x < \frac{\pi}{2}$ sind die Funktionswerte positiv.	☐	☒
d) Alle Funktionswerte wiederholen sich nach 720°.	☒	☒
e) Der Graph der Funktion schneidet die x-Achse bei $x = -\frac{5\pi}{2}$.	☐	☒
f) Für −360° < α < −180° sind die Funktionswerte positiv.	☒	☐

7 Bestimme auf drei Nachkommastellen genau.

a) sin(288°) ≈ −0,951
b) cos(4,1) ≈ −0,575
c) sin(18) ≈ −0,751
d) sin(18°) ≈ 0,309
e) cos(−6) ≈ 0,960
f) sin(100°) ≈ 0,985

8 Entscheide ohne Taschenrechner, ob das Ergebnis positiv oder negativ ist. Kreuze an.

	cos(3)	sin(−1)	sin(13)	cos(−4)	sin(2,9)
positiv			X		X
negativ	X	X		X	

Sinusfunktion und Kosinusfunktion (2)

9 Für welche Werte im Bereich von $0 \le x \le 2\pi$ gilt $\cos(x) = 0{,}8$? [T1]

$x_1 = \cos^{-1}(0{,}8) \approx 0{,}644$ (TR);
aus dem Graphen: $x_2 = 2\pi - 0{,}644 \approx 5{,}639$
Lösungen: $x_1 \approx 0{,}644$; $x_2 \approx 5{,}639$

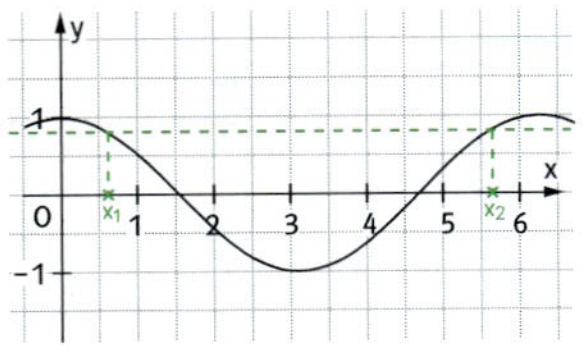

10 Ermittle zeichnerisch und rechnerisch alle Winkel mit $0 \le \alpha \le 360°$, für die gilt [T2]:

a) $\sin(\alpha) = 0{,}9$

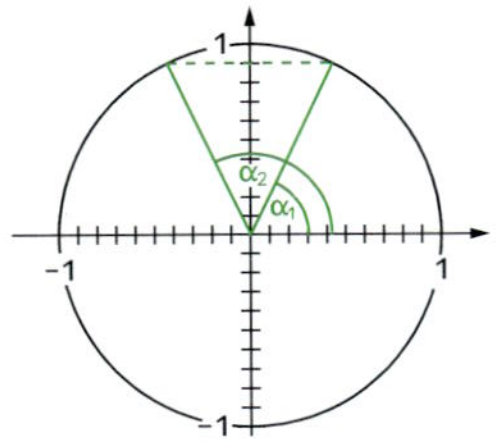

$\sin^{-1}(0{,}9) \approx 64{,}2° = \alpha_1$ (TR)
Auch der Winkel α_2 mit
$\alpha_2 = 180° - 64{,}2° = 115{,}8°$
hat diesen Sinuswert.

b) $\cos(\alpha) = -0{,}4$

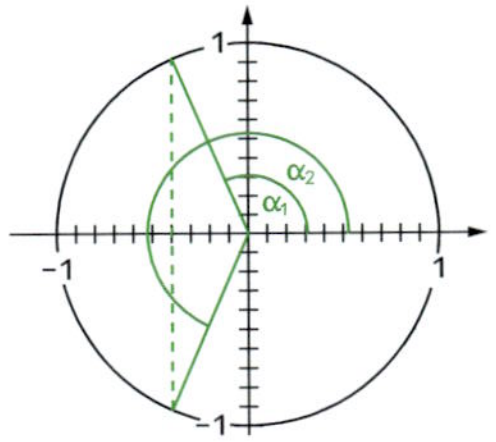

$\cos^{-1}(-0{,}4) \approx 113{,}6° = \alpha_1$ (TR)
$180° - 113{,}6° = 66{,}4°$
Auch der Winkel α_2 mit
$\alpha_2 = 180° + 66{,}4° = 246{,}4°$
hat diesen Kosinuswert.

c) $\sin(\alpha) = \frac{3}{4}$

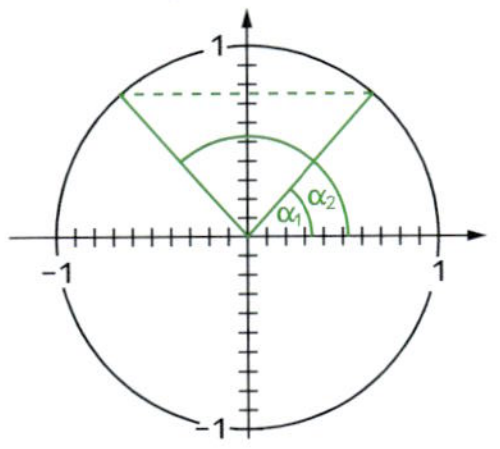

$\sin^{-1}\left(\frac{3}{4}\right) \approx 48{,}6° = \alpha_1$ (TR)
Auch der Winkel α_2 mit
$\alpha_2 = 180° - 48{,}6° = 131{,}4°$
hat diesen Sinuswert.

11 Jeweils drei Puzzleteile passen zusammen. Die Lösungstripel der zugehörigen Zahlen lauten:

(21|34|42) (22|31|43) (23|33|41) (24|32|44)

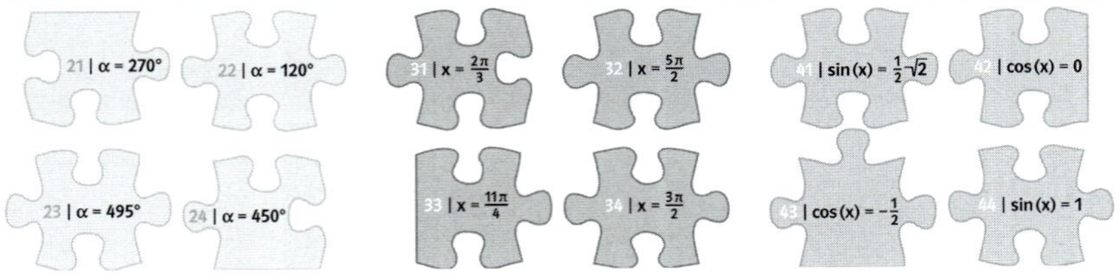

12 Entscheide mithilfe der Tabelle, ob die Punkte auf dem Graphen der Sinus- oder der Kosinusfunktion (oder auf beiden) liegen.
$A\left(\frac{9}{2}\pi \mid 1\right)$; $B\left(\frac{9}{4}\pi \mid \frac{1}{2}\sqrt{2}\right)$; $C\left(\frac{11}{4}\pi \mid -\frac{1}{2}\sqrt{2}\right)$; $D\left(\frac{5}{3}\pi \mid \frac{1}{2}\right)$; $E\left(\frac{5}{6}\pi \mid -\frac{1}{2}\sqrt{3}\right)$

Die Punkte A; B liegen auf dem Graphen der Sinusfunktion, die Punkte B; C; D; E auf dem Graphen der Kosinusfunktion.

	0	$\frac{\pi}{6}$	$\frac{\pi}{4}$	$\frac{\pi}{3}$	$\frac{\pi}{2}$
sin	0	$\frac{1}{2}$	$\frac{\sqrt{2}}{2}$	$\frac{\sqrt{3}}{2}$	1
cos	1	$\frac{\sqrt{3}}{2}$	$\frac{\sqrt{2}}{2}$	$\frac{1}{2}$	0

[T1] Bestimme zunächst mit dem TR das Bogenmaß x mit $0 < x < \frac{\pi}{2}$, für das $\cos(x) = 0{,}8$ gilt. Der Graph hilft dir, den zweiten Wert zu finden.

[T2] Bestimme zunächst am Einheitskreis zeichnerisch Näherungswerte der zugehörigen Winkel. Verwende danach den TR für noch genauere Werte.

Einfluss von Parametern

1 Gib die Amplitude |a| und die Periode p der Funktion f an.

a) $f(x) = \sin\left(\frac{x}{2}\right)$
|a| = 1 ; p = 4π

b) $f(x) = 3 \cdot \sin(\pi x)$
|a| = 3 ; p = 2

c) $f(x) = 0{,}2 \cdot \sin\left(\frac{3}{4}\pi x\right)$
|a| = 0,2 ; p = $\frac{8}{3}$

2 Gib zu jedem Graphen eine Funktionsgleichung der Form $f(x) = a \cdot \sin(b \cdot x)$ an.

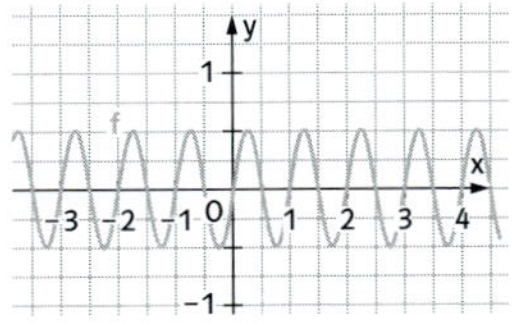

$f(x) = 0{,}5 \cdot \sin(2\pi \cdot x)$

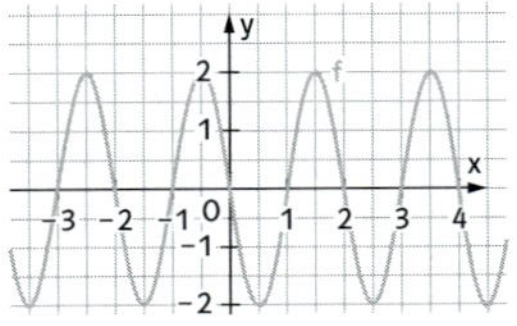

$f(x) = -2\sin(\pi \cdot x)$

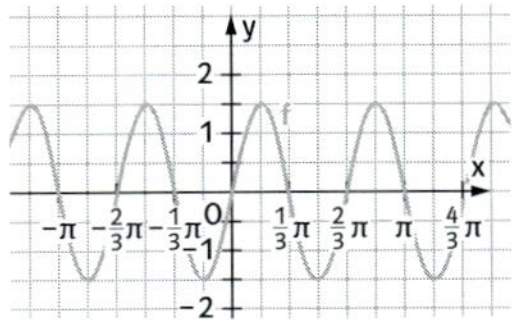

$f(x) = 1{,}5 \cdot \sin(3 \cdot x)$

3 Abgebildet ist der Graph der Funktion f mit $f(x) = a \cdot \sin(b \cdot x) + d$. Bestimme die Parameter a, b und d. Gib anschließend die Funktionsgleichung an.

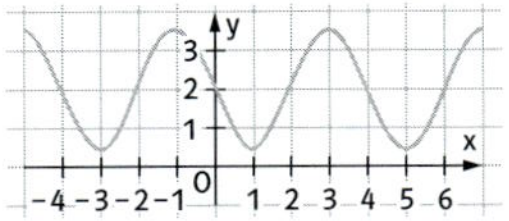

$a = -1{,}5$; $b = \frac{2\pi}{4} = \frac{\pi}{2}$; $d = 2$; $f(x) = -1{,}5 \cdot \sin\left(\frac{\pi}{2} \cdot x\right) + 2$

4 Gegeben ist die Funktion f mit
$f(x) = -2{,}5 \cdot \sin\left(\frac{2\pi}{3}x - \pi\right)$

a) Bringe die Funktionsgleichung in die Form $f(x) = a \cdot \sin(b \cdot (x - c))$.
$f(x) = -2{,}5 \cdot \sin\left(\frac{2\pi}{3} \cdot \left(x - \frac{3}{2}\right)\right)$

b) Amplitude |a| = 2,5 ; Periode p = 3 ;
Verschiebung um 1,5 in x-Richtung

c) Skizziere den Graphen von f für $-3 \le x \le 6$.

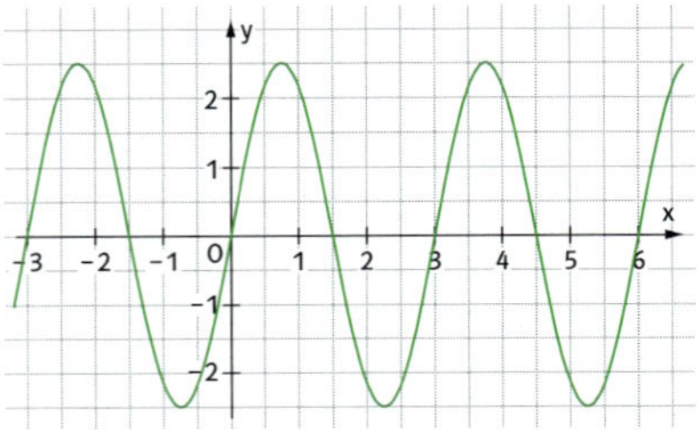

5 Skizziere zunächst den Graphen der Funktion f mit $f(x) = \sin(x)$, dann den Graphen von g und schließlich den Graphen von s.
g: Streckung des Graphen von f in x-Richtung mit dem Faktor 2.
s: Verschiebung des Graphen von g um π Einheiten nach rechts

$s(x) = \sin\left(\frac{1}{2}(x - \pi)\right)$

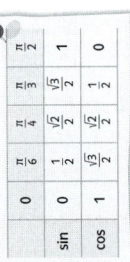

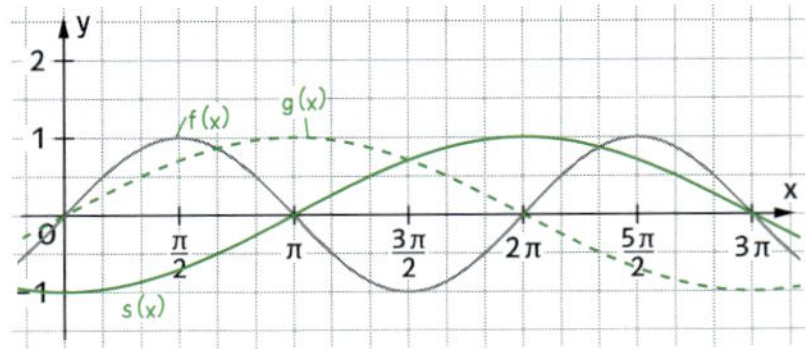

6 a) Bringe den Funktionsterm der Funktion f mit $f(x) = \frac{3}{2} \cdot \sin\left(\frac{1}{2}x - \frac{3}{2}\right) - \frac{3}{2}$ in die Form $a \cdot \sin(b \cdot (x - c)) + d$.

$f(x) = \frac{3}{2} \cdot \sin\left(\frac{1}{2}x - \frac{3}{2}\right) - \frac{3}{2}$
$= \frac{3}{2} \cdot \sin\left(\frac{1}{2} \cdot (x - 3)\right) - \frac{3}{2}$

b) Beschreibe, durch welche Streckungen und Verschiebungen der Graph von f aus dem Graphen der Funktion g mit $g(x) = \sin(x)$ entsteht.

1. Strecken mit dem Faktor 1,5 in y-Richtung
2. Strecken mit dem Faktor 2 in x-Richtung
3. Verschieben um 3 in x-Richtung
4. Verschieben um −1,5 in y-Richtung

1 Das Diagramm zeigt, wie weit ein schwingendes Pendel von der Ruhelage abweicht (t in s; y in cm). Aus dem Diagramm und der Wertetabelle lassen sich die Parameter für eine Modellierung mit $f(t) = a \cdot \sin(b \cdot t) + d$ näherungsweise bestimmen.

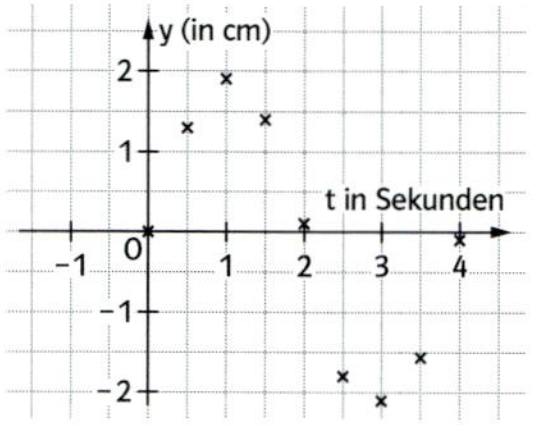

t	y
0	0
0,5	1,3
1	1,9
1,5	1,4
2	0,1
2,5	−1,8
3	−2,1

Die Amplitude beträgt $|a| \approx$ 2, die Verschiebung in y-Richtung ist $d \approx$ 0, und die Periodenlänge ist $p \approx$ 4, also $b = \frac{2\pi}{p} \approx \frac{\pi}{2}$.

Der Funktionsterm lautet also: $f(t) = 2 \cdot \sin\left(\frac{\pi}{2} \cdot t\right)$.

2 Ein Marsmobil misst rund um die Uhr die Temperatur auf dem Mars und ermittelt daraus den täglichen Mittelwert. Die Tabelle zeigt die mittleren Temperaturen an jedem 100. Marstag. Diese Datenreihe soll durch eine Funktion f mit $f(x) = a \cdot \sin(b \cdot (x - c)) + d$ modelliert werden (x in Marstagen; f(x) in °C).

Anzahl an Marstagen	0	100	200	300	400	500	600	700	800	900	1000	1100	1200	1300	1400
Temperatur (in °C)	−78	−61	−40	−17	−8	−28	−63	−82	−65	−39	−19	−12	−35	−60	−80

a) Mittelwert der Maxima: $(-8 - 12) : 2 = -10$

Mittelwert der Minima: $(-78 - 82 - 80) : 3 = -80$

Zeitintervall zwischen den Extremstellen: 700

b) Skizziere den (modellierten) Graphen von f mithilfe der in Teilaufgabe a) gefundenen Werte in das Koordinatensystem.

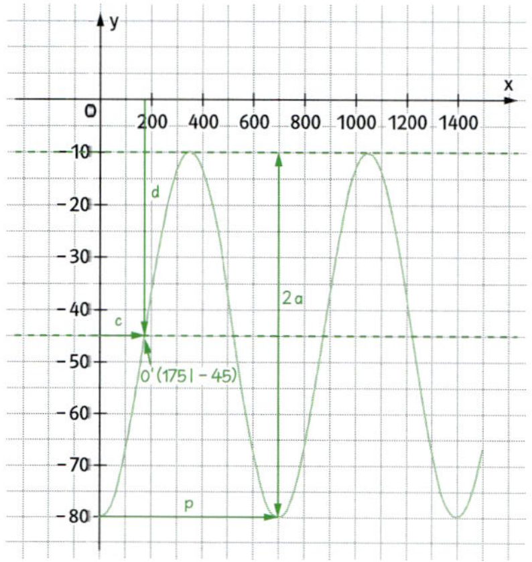

c) Bestimme die Parameter a, d und b.

$a = \frac{y_{max} - y_{min}}{2} = \frac{-10 + 80}{2} = 35$;

$d = \frac{y_{max} + y_{min}}{2} = \frac{-10 - 80}{2} = -45$

Periode p = 700.

Damit gilt: $b = \frac{2\pi}{700} \approx 0{,}009$.

d) Stelle die Parameter a und d sowie die Periode p grafisch dar.

e) Bestimme den Parameter c mithilfe der ersten Maximalstelle x_{max} des Graphen: $c = x_{max} - \frac{p}{4} = 350 - \frac{700}{4} = 350 - 175 = 175$

f) Die modellierte Funktionsgleichung lautet: $f(x) = 35 \cdot \sin(0{,}009 \cdot (x - 175)) - 45$.

g) Ein Marsjahr hat etwa 700 Marstage und hat somit fast doppelt so viele Tage wie ein Erdjahr.

h) Berechne für die in Teilaufgabe f) modellierte Funktion f die Funktionswerte f(200), f(600), f(900) und f(1200) mit dem Taschenrechner. Trage sowohl diese Taschenrechnerwerte als auch die entsprechenden Temperaturwerte aus der Datenreihe ein. Beurteile damit die Genauigkeit der Modellierung.

Taschenrechnerwerte (in °C)	$f(200) \approx -37{,}2$	$f(600) \approx -67{,}1$	$f(900) \approx -36{,}6$	$f(1200) \approx -38{,}1$
Datenreihenwerte (in °C)	−40	−63	−39	−35

Zumindest in dieser Auswahl weichen die Funktionswerte nicht weit von den Werten der Datenreihe ab.

Der Sachverhalt wird durch die Modellierung vermutlich in guter Näherung beschrieben.

○ **1** Ist die Funktion *Zeit (in Kalendermonaten) → Anzahl an Schulferientagen in Niedersachsen* periodisch? Begründe.

Die Ferienzeiten (Winterferien, Osterferien, Pfingstferien, Sommerferien, Herbstferien und Weihnachtsferien) liegen in der Regel jedes Jahr in etwas anderen Wochen/Monaten, sodass man hier höchstens von einer annähernd periodischen Funktion (mit der Periodenlänge 12 Monate) sprechen kann.

○ **2** Untersuche, ob die Funktionen f und g in dem hier abgebildeten Ausschnitt periodisch sind, und gib gegebenenfalls die Periode an.

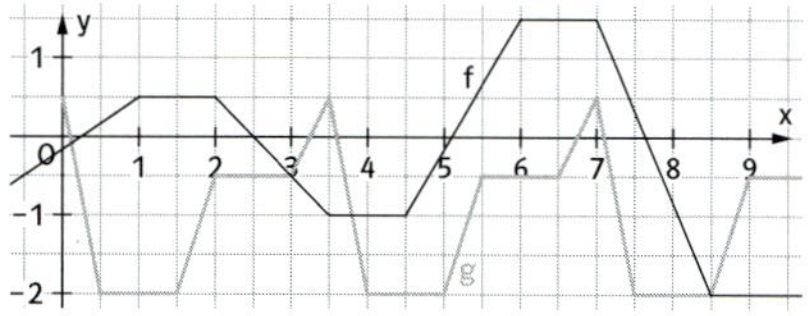

Funktion f: nicht periodisch

Funktion g: periodisch mit der Periode 3,5

○ **3** a) Bestimme die Sinuswerte zeichnerisch mithilfe des Einheitskreises so genau wie möglich.

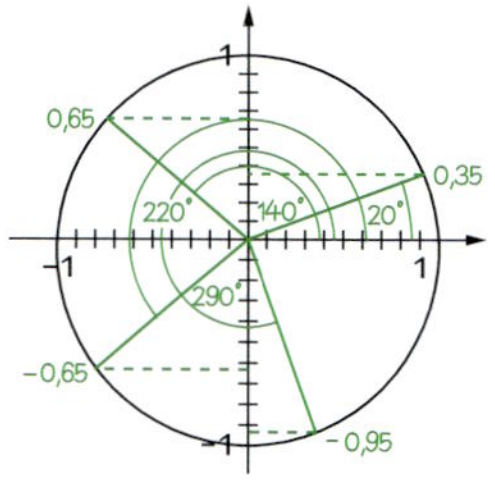

$\sin(140°) \approx 0{,}65$ $\sin(20°) \approx 0{,}35$

$\sin(290°) \approx -0{,}95$ $\sin(220°) \approx -0{,}65$

b) Gib mithilfe des TR die Kosinuswerte auf zwei Nachkommastellen gerundet an.

$\cos(140°) \approx -0{,}77$ $\cos(20) \approx 0{,}94$

$\cos(290°) \approx 0{,}34$ $\cos(40) \approx -0{,}67$

○ **4** a) Bestimme das Bogenmaß x für den Winkel α und berechne anschließend jeweils sin(x).

$\alpha = 54°;\ x = \frac{54°}{180°} \cdot \pi = 0{,}3\pi$; $\sin(x) \approx 0{,}81$ $\alpha = 216°;\ x = \frac{216°}{180°} \cdot \pi = 1{,}2\pi$; $\sin(x) \approx -0{,}59$

b) Bestimme den Winkel α für das Bogenmaß x und berechne anschließend jeweils cos(α).

$x = \frac{\pi}{5};\ \alpha = \frac{\frac{\pi}{5}}{\pi} \cdot 180° = 36°$; $\cos(\alpha) \approx 0{,}81$ $x = 1{,}9;\ \alpha = \frac{1{,}9}{\pi} \cdot 180° \approx 109°$; $\cos(\alpha) \approx -0{,}33$

◒ **5** a) Schreibe den Funktionsnamen an den zugehörigen Graphen.

$f(x) = \cos\left(x - \frac{\pi}{2}\right)$ $g(x) = \sin(x + \pi)$

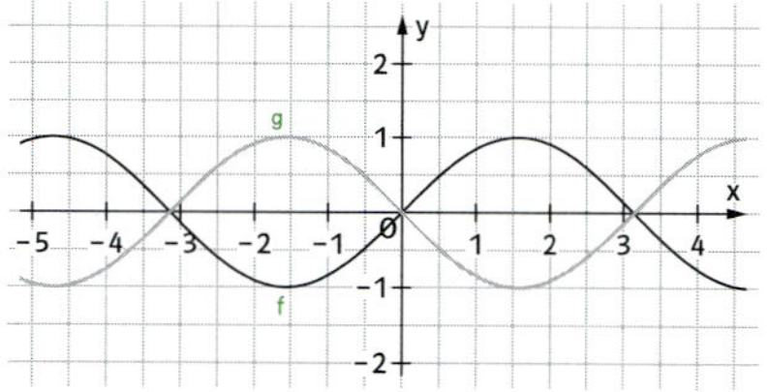

b) Trage anhand der Graphen die fehlenden Parameter in die Lücken ein.

$h(x) = 1{,}5 \cdot \cos(2 \cdot x)$; $k(x) = -2 \cdot \sin(x) + 0{,}5$

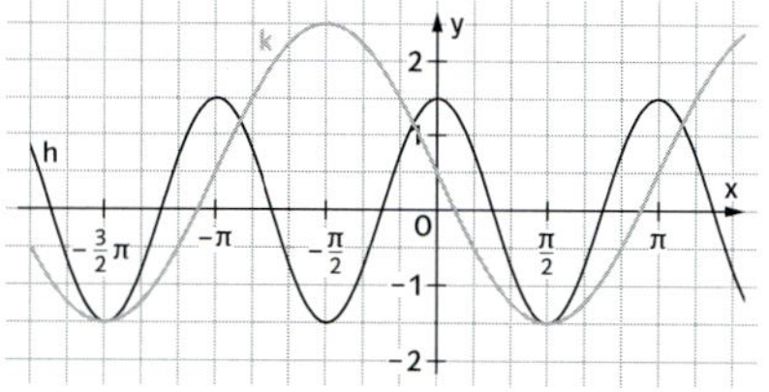

◒ **6** a) Fülle die Lücken.

$\sin(2 \cdot 30°) = \sin(60°) = \frac{1}{2}\sqrt{3}$

$2 \cdot \sin(30°) = 2 \cdot 0{,}5 = 1$

b) Fülle die Lücke. Beachte die Lösung von Teilaufgabe a).
„Wenn man den Sinuswert vom Doppelten eines Winkels α bestimmt, so erhält man im Allgemeinen nicht den doppelten Sinuswert von α."

7 Alle vier in den Einheitskreis eingezeichneten rechtwinkligen Dreiecke haben den Winkel α.

a) Punkt A hat die Koordinaten (u | v). Ergänze in der Grafik die Koordinaten der Punkte B, C und D.

b) Fülle die Lücken mit 180° oder 360°.

$\sin(180° - \alpha) = \sin(\alpha)$; $\cos(360° - \alpha) = \cos(\alpha)$

$\sin(180° + \alpha) = -\sin(\alpha)$; $\cos(180° + \alpha) = -\cos(\alpha)$

$\sin(360° - \alpha) = -\sin(\alpha)$; $\cos(180° - \alpha) = -\cos(\alpha)$

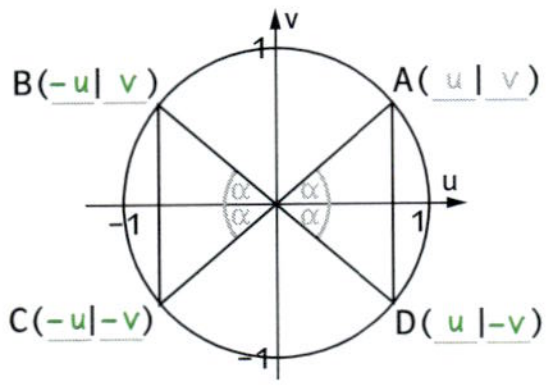

8 a) Schreibe den Funktionsnamen an den zugehörigen Graphen.

$f(x) = 2\cos\left(\pi\left(x - \frac{1}{2}\right)\right) + 2$; $g(x) = 2\sin(2x) + 2$

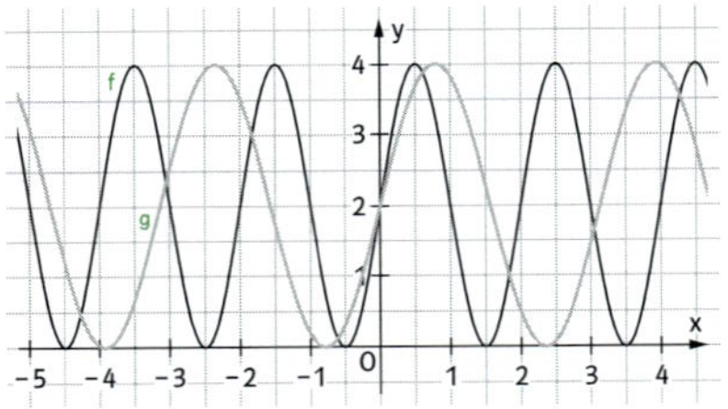

b) Skizziere den Graphen der Funktion h in das Koordinatensystem.

$h(x) = \frac{3}{2}\sin\left(x - \frac{3}{2}\pi\right) - 1$

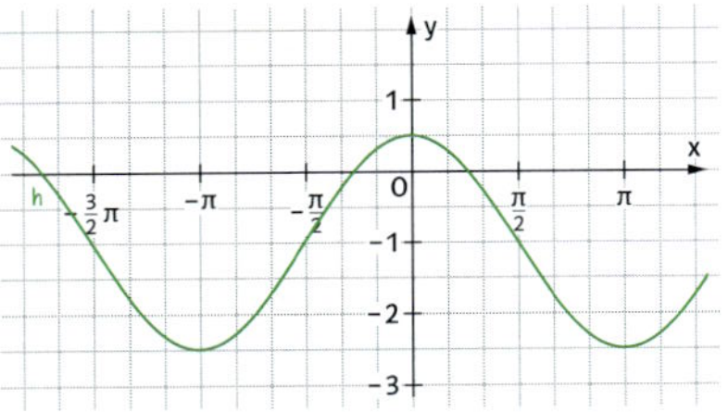

9 Bestimme ohne TR alle reellen Zahlen x mit $-3\pi \leq x \leq 3\pi$, für die gilt:

a) $\sin(x) = 1$ $\quad -\frac{3}{2}\pi;\ \frac{1}{2}\pi;\ \frac{5}{2}\pi$

b) $\cos(x) = 0$ $\quad -\frac{5}{2}\pi;\ -\frac{3}{2}\pi;\ -\frac{1}{2}\pi;\ \frac{1}{2}\pi;\ \frac{3}{2}\pi;\ \frac{5}{2}\pi$

c) $\sin(x) = 0$ $\quad -3\pi;\ -2\pi;\ -\pi;\ 0;\ \pi;\ 2\pi;\ 3\pi$

d) $\cos(x) = -1$ $\quad -3\pi;\ -\pi;\ \pi;\ 3\pi$

10 An der Kaimauer eines Seehafens ist ein Wasserstandsmesser befestigt, an dem man die Höhe des Wasserpegels über Grund ablesen kann. Im Laufe eines Tages werden folgende Wasserstände abgelesen:

Hochwasser:

03:15 Uhr	15:51 Uhr
5,15 m	4,85 m

Niedrigwasser:

09:45 Uhr	21:57 Uhr
3,60 m	3,40 m

Modelliere diesen Vorgang mit einer Funktion $f(t) = a \cdot \sin(b \cdot t) + d$, wobei t die seit 00:00 Uhr dieses Tages vergangene Zeit (in h) und f(t) die Wasserhöhe über Grund (in m) darstellt. [T1]

Umrechnung der Uhrzeiten:

03:15 Uhr → 3,25h; 15:51 Uhr → 15,85h; 09:45 Uhr → 9,75h; 21:57 Uhr → 21,95h

Bestimmung des Mittelwerts der Abstände zwischen den Hoch- sowie den Niedrigwasserzeitpunkten:

15,85h − 3,25h = 12,6h; 21,95h − 9,75h = 12,2h; Mittelwert (also Periode p): (12,6h + 12,2h) : 2 = 12,4h

Bestimmung des Parameters b: Da p = 12,4 ist, gilt für b: $b = 2\pi : p = 2\pi : 12{,}4 = \pi : 6{,}2$.

Mittelwerte der Hoch- und Tiefpunkte:

$y_{min} = (3{,}40 + 3{,}60) : 2 = 3{,}50$; $y_{max} = (5{,}15 + 4{,}85) : 2 = 5{,}00$

Also gilt: $a = (y_{max} - y_{min}) : 2 = (5{,}00 - 3{,}50) : 2 = 0{,}75$ und $d = (y_{max} + y_{min}) : 2 = (5{,}00 + 3{,}50) : 2 = 4{,}25$.

Die Funktionsgleichung lautet: $f(t) = 0{,}75 \cdot \sin\left(\frac{\pi}{6{,}2} \cdot t\right) + 4{,}25$.

[T1] Die Uhrzeiten müssen in Stunden(anteile) umgewandelt werden, die seit 00:00 Uhr dieses Tages vergangen sind. Außerdem muss zur Bestimmung der Periode zunächst der Mittelwert der Abstände zwischen den beiden Hochwasser- und den beiden Niedrigwasserzeitpunkten bestimmt werden.

Beilage zum Arbeitsheft Lambacher Schweizer 10, Niedersachsen

ISBN: 978-3-12-733567-5
ISBN: 978-3-12-733568-2

Illustrationen: imprint, Zusmarshausen; Annette Liese, Dortmund; media office gmbH, Kornwestheim; Dorothee Wolters, Köln
Satz: imprint, Zusmarshausen

1 Berechne den Umfang. Zeichne dann eine Strecke, die so lang ist wie der Umfang des Kreises.

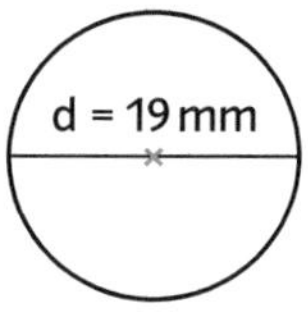

$U = \pi \cdot d$

$U =$ ______________

$U \approx$ ______________ mm

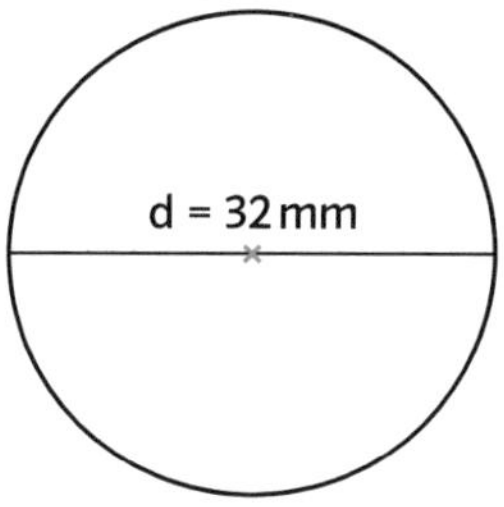

____

____

____

a)

b)

2 Die Pizzeria „Toscana" wirbt mit einer Maxipizza, die einen Umfang von 1 Meter haben soll. Sabine glaubt nicht, dass es eine so große Pizza gibt, und berechnet den Durchmesser der Pizza: ______________.

Die Jumbo-Pizza mit einem Durchmesser von 36 cm hat sogar einen Umfang von ______________.

3 Bestimme den Umfang der gesamten Figur (1 Kästchenlänge = 0,4 cm).

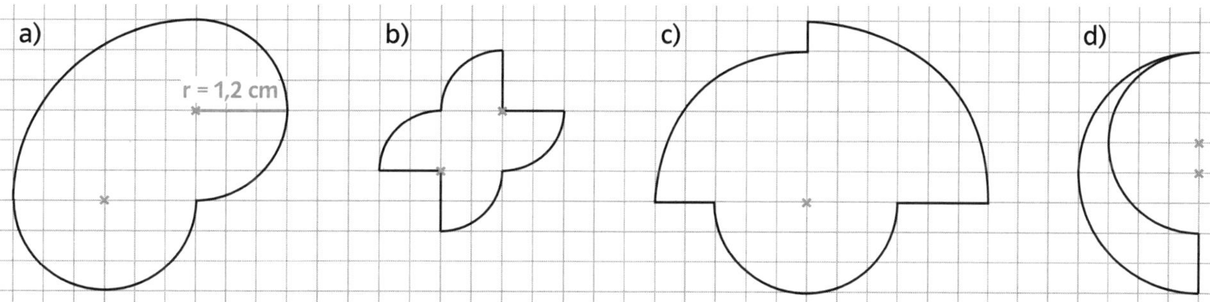

4 Im Stadion ist eine Runde auf der Innenbahn 400 m lang.

a) Berechne den Abstand d der beiden parallelen Laufbahnen.

b) Joel läuft die 400 m in 1:17 min. Berechne Joels durchschnittliche Geschwindigkeit in $\frac{km}{h}$.

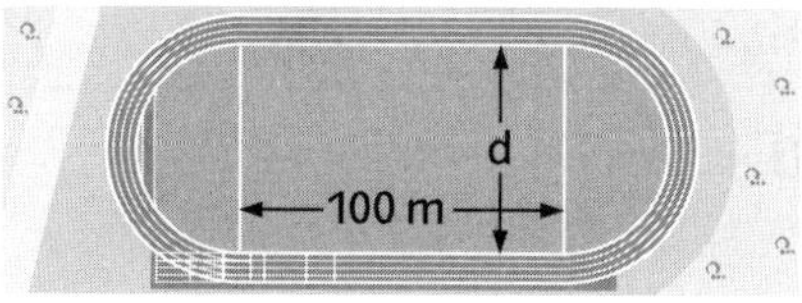

1 Bestimme jeweils die Länge des Kreisbogens und den Flächeninhalt des Kreisausschnittes.

a) $r = 5\,cm$; $\alpha = 80°$

$b = 2 \cdot \pi \cdot 5\,cm \cdot \frac{80°}{360°}$

b ≈ ______

$A = \frac{}{360°} \cdot \pi \cdot ()^2$

A ≈ ______

b) $r = 3{,}5\,cm$; $\alpha = 63°$

b = ______

b ≈ ______

A = ______

A ≈ ______

c) $d = 5\,cm$; $\alpha = 40°$

b = ______

b ≈ ______

A = ______

A ≈ ______

2 Bestimme jeweils den zugehörigen Mittelpunktswinkel α sowie den Flächeninhalt A bzw. die Bogenlänge b.

a) $r = 8\,cm$; $b = 5\,cm$

$\alpha = \frac{5\,cm \cdot 360°}{2 \cdot \pi \cdot 8\,cm}$

α ≈ ______

A = ______

A ≈ ______

b) $r = 6{,}5\,dm$; $A = 10\,dm^2$

$\alpha = \frac{ \cdot 360°}{\pi \cdot ()^2}$

α ≈ ______

b = ______

b ≈ ______

c) $d = 6\,m$; $b = 9\,m$

α = ______

α ≈ ______

A = ______

A ≈ ______

3 Berechne die fehlenden Größen der Kreisausschnitte.

	a)	b)	c)
Mittelpunktswinkel α	60°	200°	150°
Radius r	4 cm		
Bogenlänge b		370 dm	
Flächeninhalt A			2094,4 mm^2

4 Berechne den Flächeninhalt und den Umfang der blau gefärbten Flächen. (1 Karo entspricht 0,5 cm.) [T1]

a)

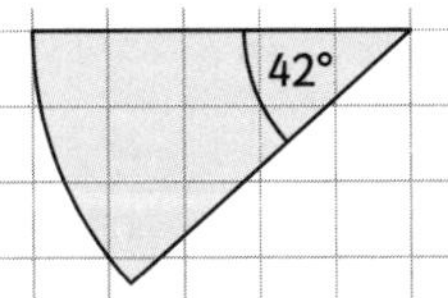

A = ______

U = ______

b)

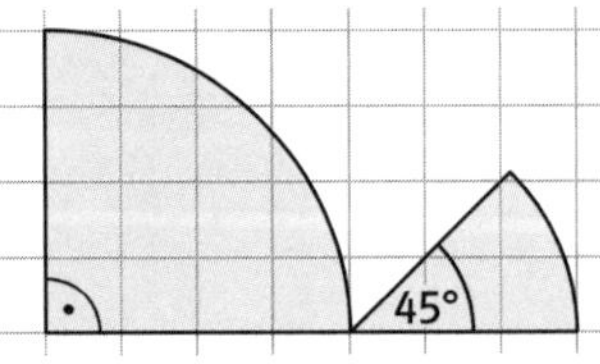

A = ______

U = ______

c)

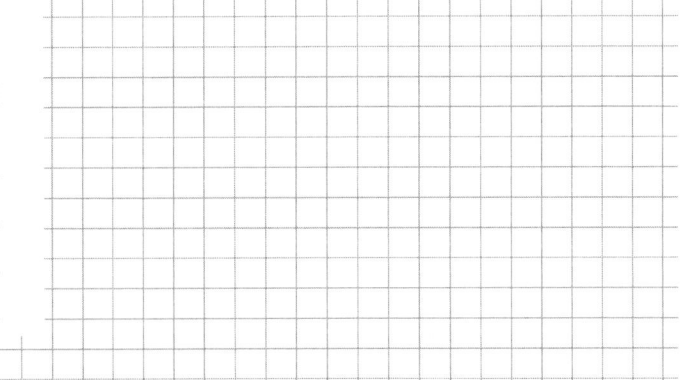

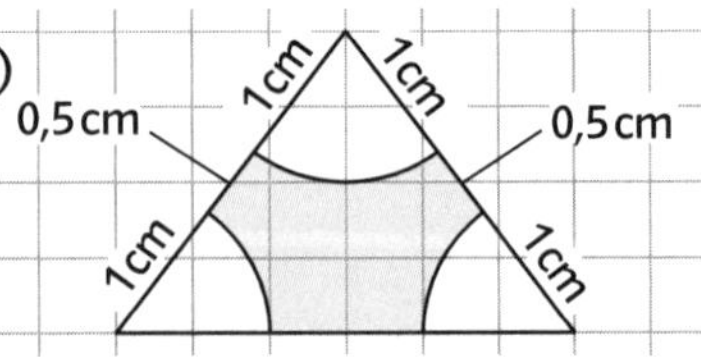

A = ______

U = ______

[T1] In Teilaufgabe c) solltest du beachten, dass die Winkelsumme im Dreieck 180° beträgt.

5 Gib den im Gradmaß gegebenen Winkel α als vollständig gekürztes Vielfaches von π im Bogenmaß x an.

α im Gradmaß	18°	72°	80°	300°	320°
x im Bogenmaß					

6 Rechne den im Bogenmaß gegebenen Winkel x in das Gradmaß α um. Runde auf eine ganze Gradzahl.

x im Bogenmaß	$\frac{\pi}{6}$	$\frac{\pi}{15}$	$\frac{6\pi}{5}$	1,8	6,2
α im Gradmaß					

7 Berechne den Flächeninhalt und den Umfang der blau gefärbten Flächen. (1 Karo entspricht 0,5 cm.)

a)

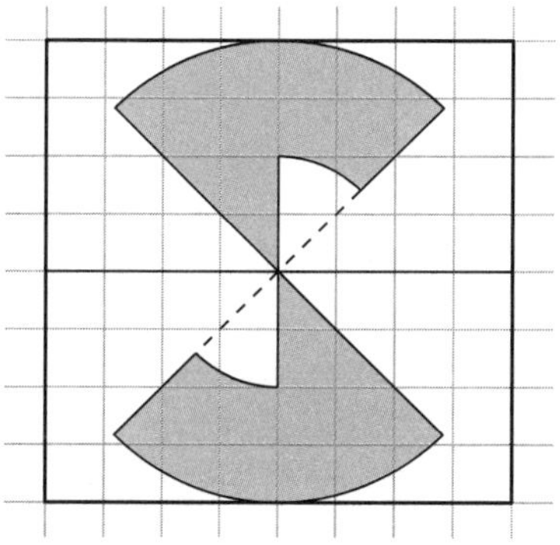

A =

U =

b)

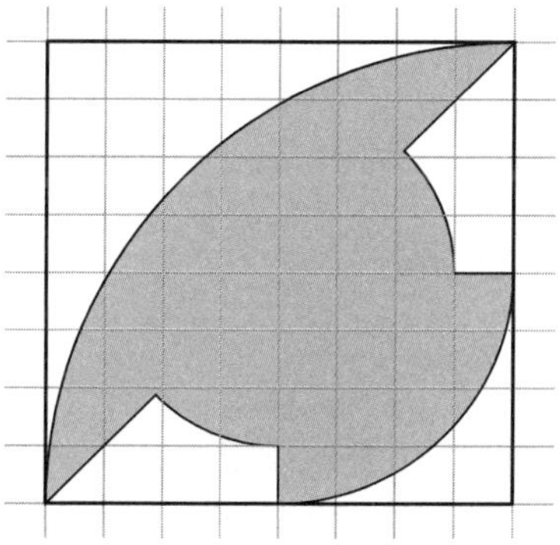

A =

U =

8 a) In einem Kreis ist ein Kreisbogen viermal so lang wie der Radius des Kreises. Berechne den Mittelpunktswinkel α, der zu diesem Kreisbogen gehört.

$b = 2\pi \cdot r \cdot \frac{\alpha}{360°}$; $b = 4r$, daraus folgt:

b) Kann es einen Kreisbogen geben, der siebenmal so lang ist wie der Radius des Kreises? Begründe.

1 Berechne die fehlenden Werte des Zylinders.

$V = G \cdot h$ | $M = 2\pi r \cdot h$ | $O = 2G + M$

	r	d	h	G	M	O	V
a)		8 cm	12 cm				
b)	7 m				791,68 m^2		
c)		5 dm				66,76 dm^2	

2 Zum Abstützen einer Autobahnbrücke sollen zehn Betonsäulen gefertigt werden. Jede soll eine Höhe von 3,50 m und einen Durchmesser von 1,50 m haben.

a) Berechne, wie viel Beton benötigt wird.

b) Berechne die Masse der Lieferung in Tonnen, wenn Beton eine Dichte von 2,4 kg/dm^3 hat.

c) Berechne die Kosten, wenn der Lieferant 65 € je m^3 Beton verlangt.

3 Eine Ananasdose mit einem Inhalt von 580 ml hat einen Durchmesser von 8,5 cm.

a) Berechne die Höhe und den Oberflächeninhalt der Ananasdose.

b) Die Dose ist mit einer Banderole aus Papier umklebt. Der Klebefalz ist 1 cm breit. Der Abstand der Banderole von der Grund- bzw. Deckfläche beträgt 2 mm. Bestimme Höhe, Breite und Flächeninhalt der Banderole.

Höhe: ______ ; Breite: ______ ;

Flächeninhalt: ______

4 a) Gib das Volumen des Nudelholzes in Abhängigkeit von a an.

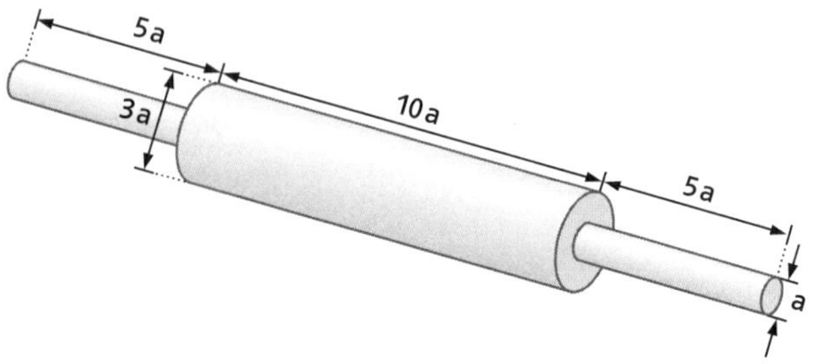

b) Berechne das Volumen des Nudelholzes für $a = 3$ cm.

1 Berechne das Volumen des Körpers. Gib das Ergebnis in Kubikdezimetern an.

a)

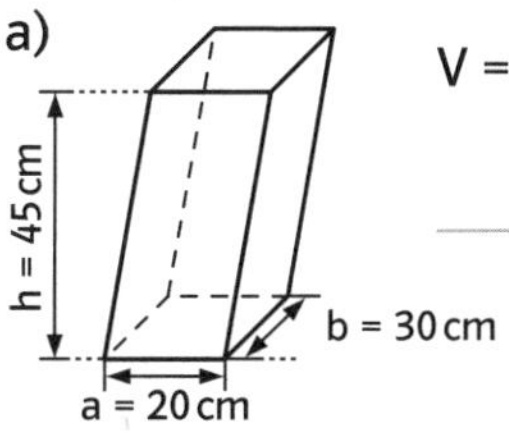

V = ____________________

b)

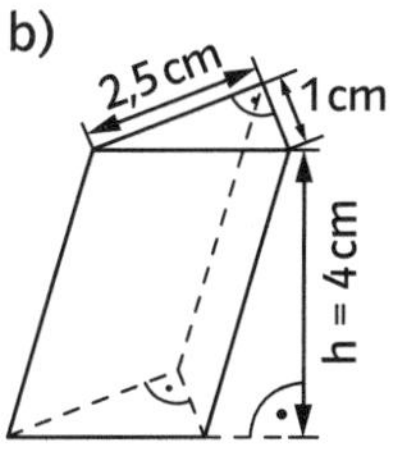

V = ____________________

c)

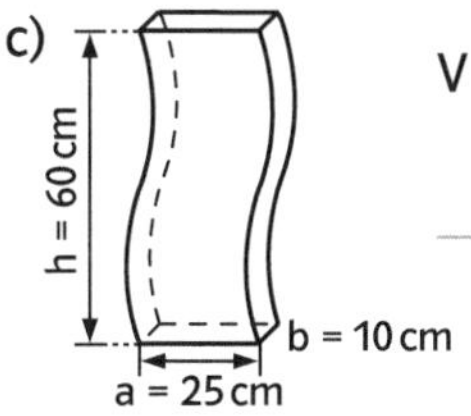

V = ____________________

d)

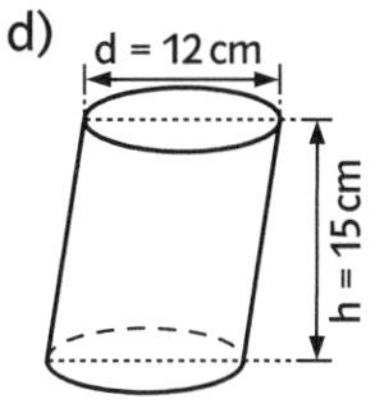

V = ____________________

2 Welche Körper haben das gleiche Volumen? Gib die Formel in Abhängigkeit von a, b und c oder d an.

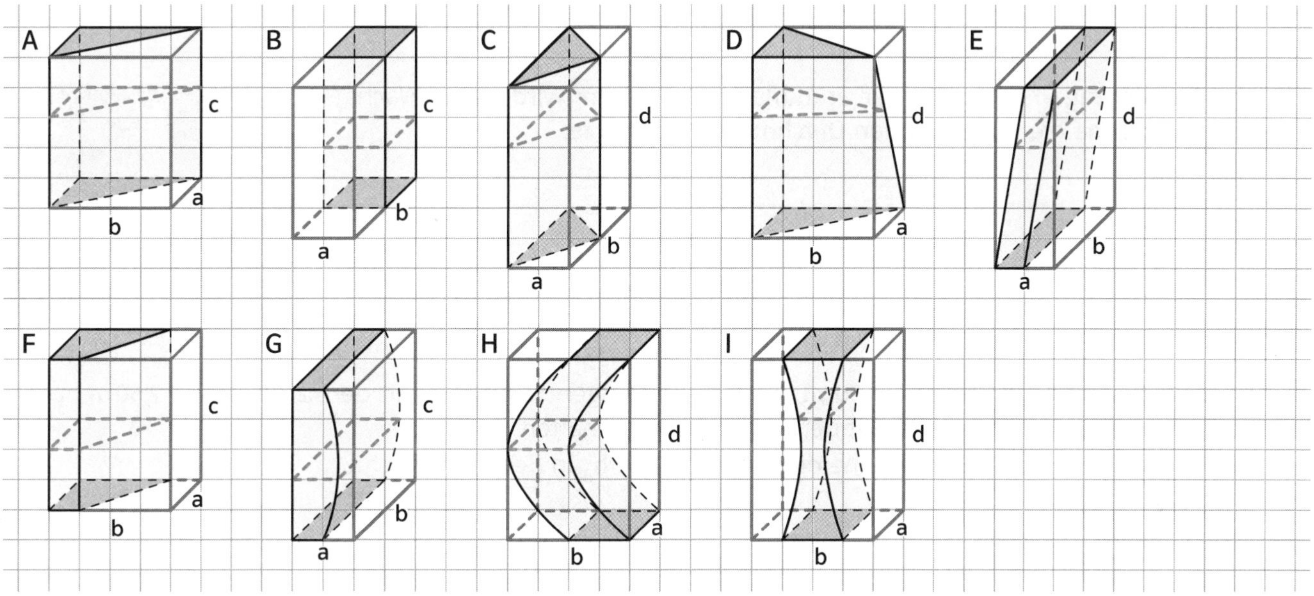

Die Körper ____________ haben das gleiche Volumen. ____________________

Auch die Körper ____________ sind volumengleich. ____________________

3 In der Abbildung siehst du fünf Körper. Sie werden durch parallel zur Grundfläche verlaufende Ebenen geschnitten. Begründe, welche Körper das gleiche Volumen besitzen. Berechne für diese Körper das Volumen.

____

____

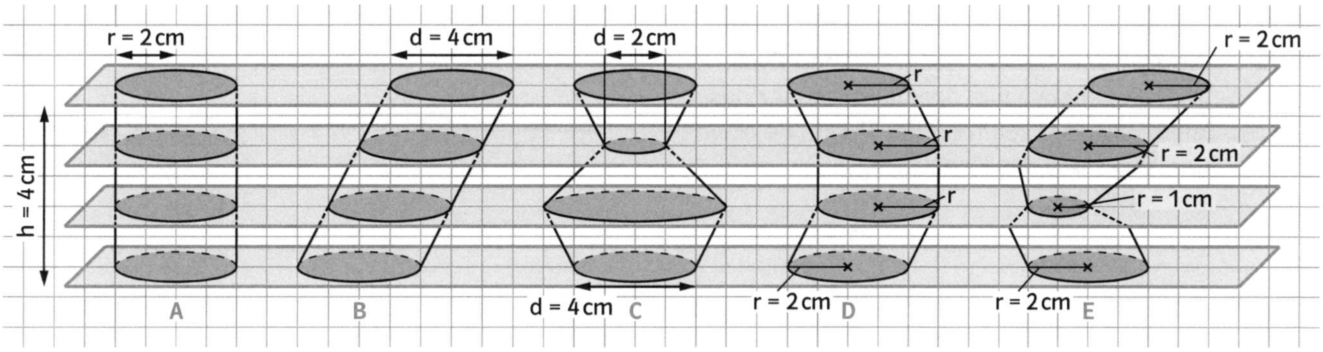

1 a) Berechne die gesuchten Größen der Körper.

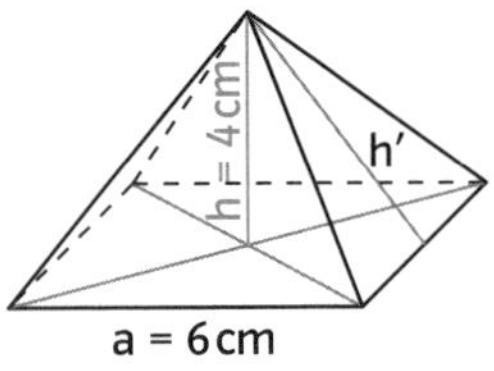

V = ______ cm^3

h′ = ______ cm

O = ______ cm^2

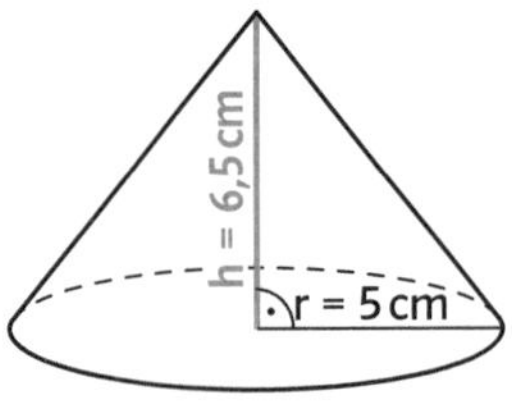

V ≈ ______ cm^3

s ≈ ______ cm

O ≈ ______ cm^2

b) Der Radius des Kegels aus a) wird verdreifacht. Untersuche, wie sich dadurch das Volumen verändert.

2 Eine kegelförmige Kerze mit einer Grundfläche von 80 cm^2 wird aus 1 l Wachs gegossen. Berechne die Höhe und den Durchmesser der Kerze.

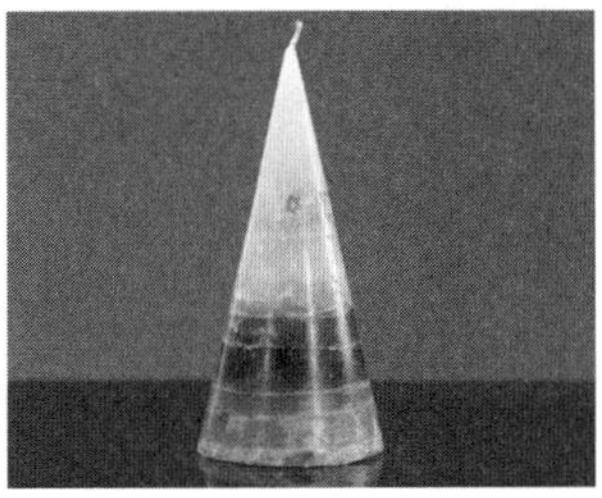

Die Kerze ist ____ cm hoch und hat einen Durchmesser von etwa ______ cm.

3 Ein Turm, dessen Grundfläche die Form eines regelmäßigen Sechsecks mit der Kantenlänge 2,50 m hat, soll als Dach eine gerade Pyramide mit der Höhe von 9 m erhalten.

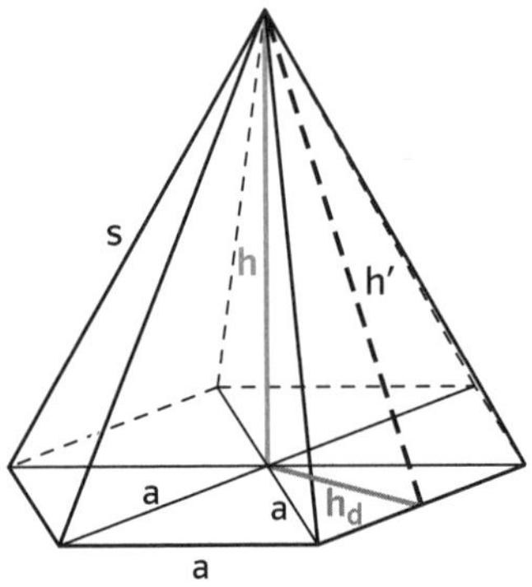

a) Berechne die Dreieckshöhe h_d in der Grundfläche.

b) Berechne die Höhe h′ des Mantels.

c) Berechne, wie viele Quadratmeter Kupferblech für das Dach benötigt werden, wenn man für Überlappung und Verschnitt 8 % hinzurechnet.

d) Berechne die Materialkosten, wenn 1 m^2 Kupferblech 80 € plus 19 % Mehrwertsteuer kostet.

4 Eine Pyramide und ein Kegel haben beide die Höhe a. Die Kantenlänge der quadratischen Pyramide beträgt 2 a, ebenso wie der Durchmesser des Kegels. Zeige, dass das Volumen der Pyramide etwa 27 % größer ist als das des Kegels.

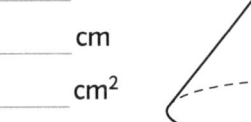

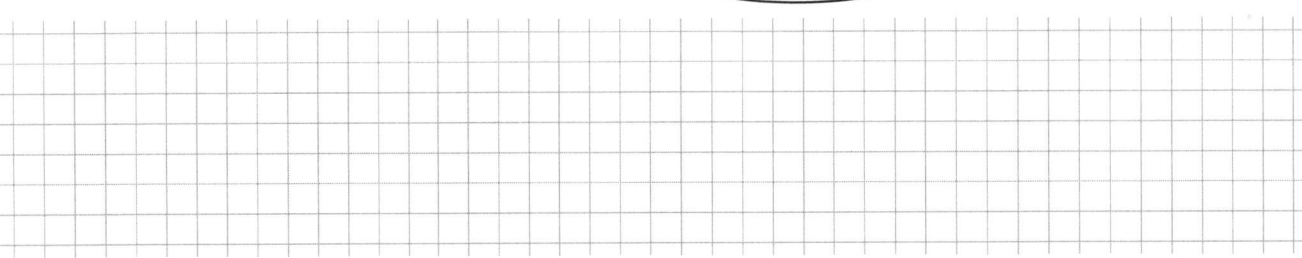

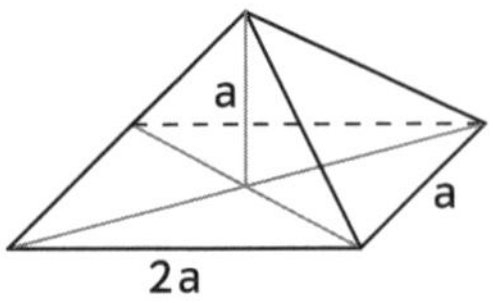

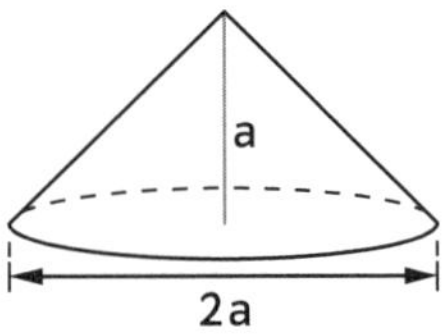

1 Berechne die fehlenden Werte der Kugel.

$V = \frac{4}{3}\pi r^3$ $\quad$ $O = 4\pi r^2$

	a)	b)	c)
r	6 cm		
O		254,5 dm^2	
V			33,5 m^3

2 Claes Oldenburg fertigte 1977 drei riesige Betonkugeln (Durchmesser 3,5 m) für die erste Skulptur-Ausstellung am Aasee in Münster.
a) Die Kugeln müssen regelmäßig von Schmutz und Graffiti befreit werden. Pro Quadratmeter rechnet man dabei mit drei Arbeitsstunden. Wie lange braucht man, um die drei Kugeln sachgerecht zu säubern?

O_{Kugeln} = ____________________

Lässt man den Teil der Kugeln, die Kontakt mit dem Boden haben, außer Acht, benötigt man rund __________ Arbeitsstunden zum Säubern.

b) Berechne das Gewicht einer Kugel, wenn ein Kubikmeter Beton 2400 kg wiegt.

V_{Kugel} = ____________________

Eine Kugel wiegt __________ kg = __________ t.

3 Paula besitzt eine halbkugelförmige Schale. Der Innendurchmesser der Schale beträgt 32 cm. Sie gießt den Inhalt der randvoll mit Wasser gefüllten Schale in ein zylinderförmiges Gefäß mit einem Innendurchmesser von 32 cm. Wie hoch steht die Flüssigkeit in dem Gefäß?

V_{Schale} = ____________________

$h_{Flüssigkeit}$ = ____________________

Die Flüssigkeit steht im Zylinder __________ hoch.

4 Die Gesamthöhe h_g des Stehaufmännchens ist viermal so hoch wie der Radius r der Halbkugel.
a) Fertige den Längsschnitt des Körpers als Skizze an.
b) Berechne das Volumen des Körpers in Abhängigkeit von r.

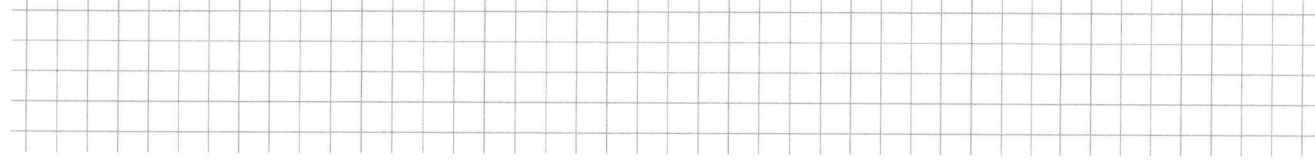

Skizze:

c) Zeige, dass für den Oberflächeninhalt gilt: $O = \pi \cdot r^2(2 + \sqrt{10})$. [T1]

[T1] Berechne zuerst die Mantellinie s mit dem Satz des Pythagoras.

○ **1** Berechne die fehlenden Werte eines Kreises. Notiere.

	a)	b)	c)	d)
r	5 cm			
d		4 km		
U			7,0 dm	
A				176,7 m^2

○ **2** Färbe den Kreisausschnitt. Berechne seine Bogenlänge b und Fläche A für $r = 3\,cm$.

a)

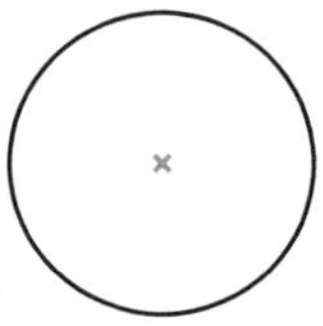

$\frac{1}{6}$-Kreis

b)

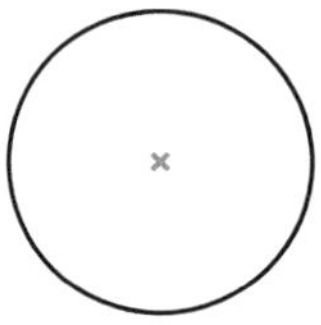

$\frac{3}{4}$-Kreis

c)

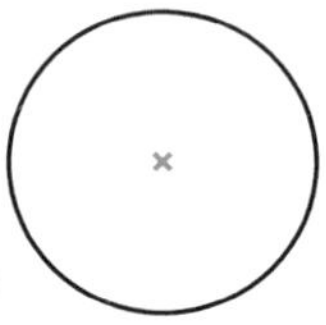

$\frac{1}{5}$-Kreis

$b = 2\pi \cdot$ ____ cm $\cdot \frac{}{360°} \approx$ ____ cm ____________ ____________

$A = \pi \cdot ($ ____ cm$)^2 \cdot \frac{}{360°} \approx$ ____ cm^2 ____________ ____________

○ **3** Berechne das Volumen und den Oberflächeninhalt des Körpes.

a)

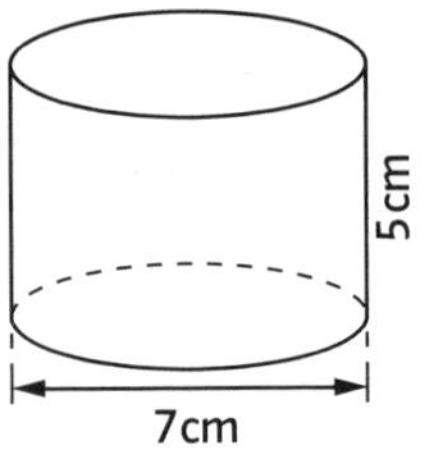

b)

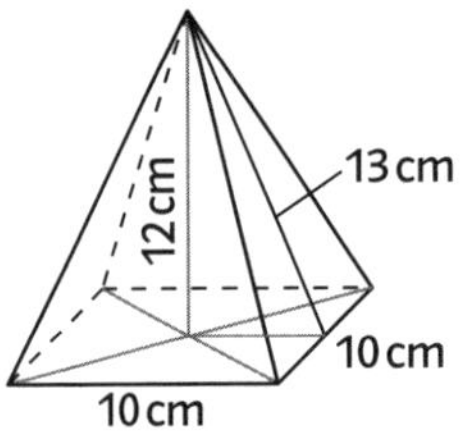

c)

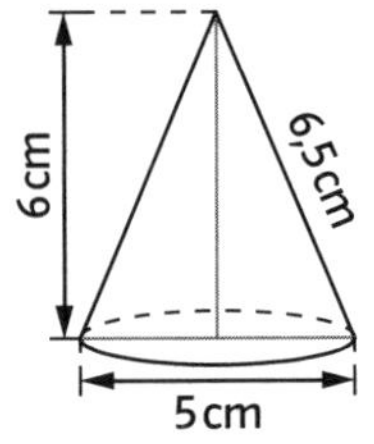

d)

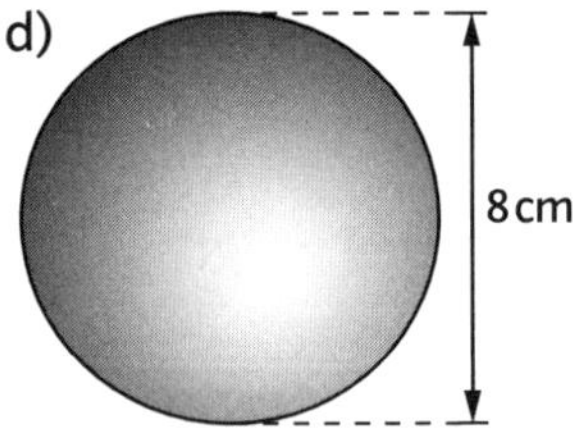

a) $V = \pi \cdot ($ cm$)^2 \cdot$ cm ≈ cm^3; $O = 2\pi \cdot ($ cm$)^2 + 2\pi \cdot$ cm · cm ≈ cm^2

b) ____________

c) ____________

d) ____________

◒ **4** Beim Biathlon wird auf fünf der abgebildeten Scheiben geschossen. Der innere Kreis hat einen Durchmesser von 4,5 cm, der äußere von 11,5 cm. Schießt der Biathlet liegend, zählt nur die innere Kreisfläche als Treffer. Beim Stehendschießen zählt der gesamte schwarze Bereich.

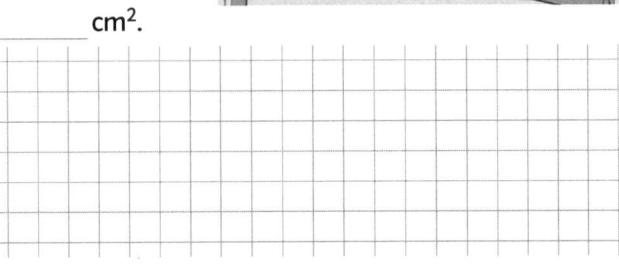

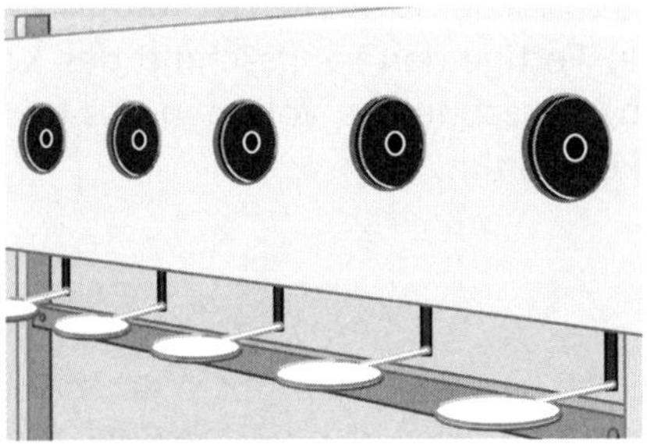

a) Die Größe der Trefferfläche beträgt beim Liegendschießen

A = ____________ ≈ ____________ cm^2 und beim

Stehendschießen A = ____________ ≈ ____________ cm^2.

b) Hat ein Schütze getroffen, klappt eine weiße Scheibe nach oben. Sie verdeckt die gesamte Trefferfläche und einen 2 cm breiten weißen Rand. Berechne, um wie viel Prozent die weiße Scheibe größer ist als die schwarze Trefferfläche beim Stehendschießen.

5 Der Tragarm eines Krans ist 17,5 m lang.

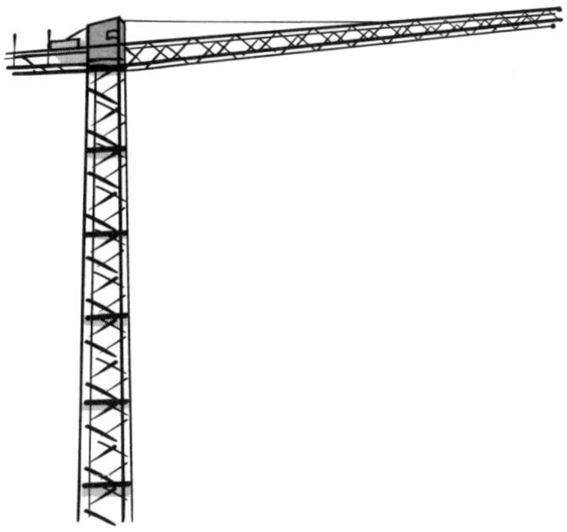

a) Berechne die Länge des Wegs, den die Spitze des Tragarms zurücklegt, wenn dieser um 120° schwenkt.

b) Berechne den Flächeninhalt des Arbeitsbereichs des Krans, wenn er um maximal 320° schwenken kann.

6 Einem Würfel mit der Kantenlänge $a = 10\,cm$ werden auf allen Seiten gleich große quadratische gerade Pyramiden mit der Höhe h aufgesetzt.

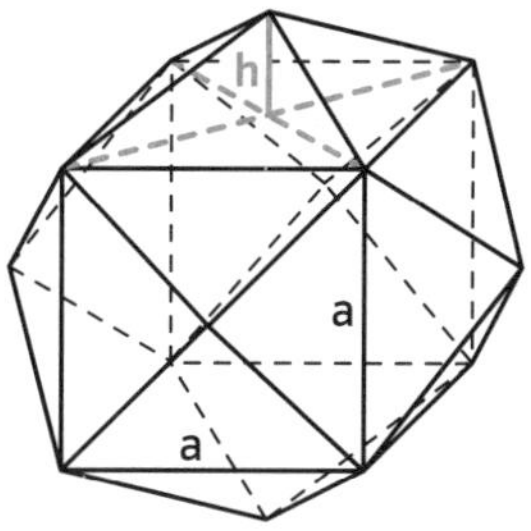

a) Berechne das Gesamtvolumen für $h = 2\,cm$.

$V_{gesamt} =$

b) Das Gesamtvolumen des zusammengesetzten Körpers soll doppelt so groß wie das des Würfels sein. Ermittle die Höhe der Pyramiden.

7 Das abgebildete Gebäude hat ein Tonnendach (Halbzylinder). Berechne in Abhängigkeit von a:

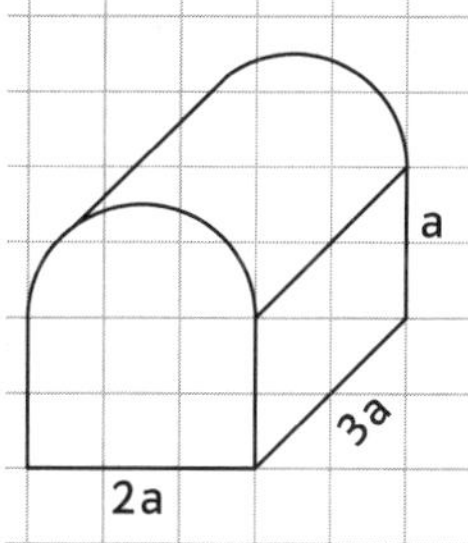

a) das Volumen V des gesamten Gebäudes.

b) die Größe der Dachfläche.

c) die Größe der Wandfläche.

8 In einem kegelförmigen Glas liegen acht Metallkugeln mit einem Durchmesser von 2 cm. Oben hat das Glas einen Durchmesser von 5 cm. Es wird mit Wasser randvoll gefüllt. Entfernt man die Kugeln, sinkt das Wasser um $\frac{1}{5}$ der Höhe.

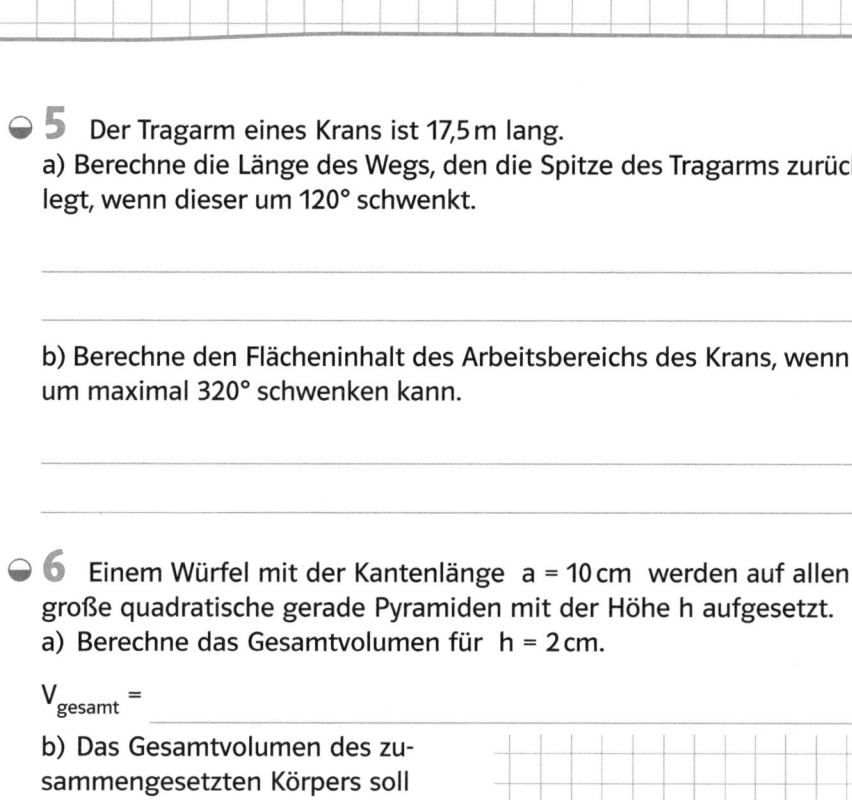

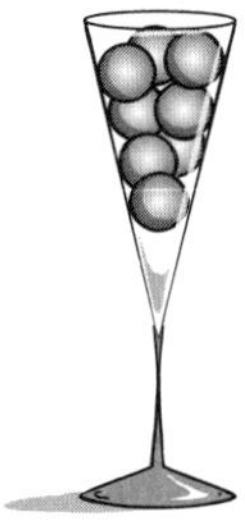

a) Berechne das Gesamtvolumen der Metallkugeln.

$V_{Kugeln} \approx$ ______ cm^3

b) Berechne das Volumen des Glases in ml. [T1]

[T1] $V_{gesamt} = V_{Wasser} + V_{Kugeln}$; aufgrund der Strahlensätze folgt aus $h_{Wasser} = \frac{4}{5} h_{Glas}$ auch $r_{Wasser} = \frac{4}{5} r_{Glas}$.

Wachstum – absolute und relative Änderung

1 Ergänze die Tabelle zu den beschriebenen Änderungsprozessen.

Beschreibung	Änderung	Zeiteinheit	Wert nach einem Zeitschritt
a) Die Miete einer Wohnung beträgt 900 €. Sie soll jährlich um 30 € erhöht werden.	☒ absolut ☐ relativ	1 Jahr	900 € +
b) Ein neues Auto kostet 25 000 €. Es verliert im ersten Jahr 25 % seines Wertes.	☐ absolut ☐ relativ		
c) Eine Badewanne enthält 250 Liter Wasser. Nach Ziehen des Stöpsels fließen 10 Liter pro Minute ab.	☐ absolut ☐ relativ		
d) Die Verschuldung eines Landes beträgt knapp 950 Milliarden €. Sie erhöht sich monatlich um 0,2 %.	☐ absolut ☐ relativ		

2 Die Tabelle zeigt die Entwicklung eines Bestandes.

t	0	1	2	3	4
B(t)	35	79	91	78	26

Berechne

a) die absolute Änderung von $t = 1$ zu $t = 2$:

b) die relative Änderung von $t = 3$ zu $t = 4$:

3 a) Für einen Bestand gilt $B(3) = 70$. Er nimmt im Zeitintervall [3; 4] um 60 % zu. Berechne $B(4)$.

b) Ein Bestand nimmt im Zeitintervall [6; 7] um 20 % ab. Berechne $B(6)$ für $B(7) = 660$.

4 a) Die Tabelle zeigt das jährliche Bevölkerungswachstum eines Landes. Im Jahr 2012 lag das Bevölkerungswachstum des Landes bei 77 651 Menschen. Bestimme für jeden Zeitschritt die absolute und die relative Änderung des Bevölkerungswachstums.

Jahr	2013	2014	2015	2016
Wachstum	127 023	202 834	476 649	745 545
Absolute Änderung	127 023 − 77 651 =			
Relative Änderung	$\frac{127\,023 - 77\,651}{}$ ≈			

b) Ergänze die Lücken. Die kleinste absolute Änderung ereignete sich vom Jahr ________ zum Jahr ________. Diese Änderung war eine Erhöhung des Wachstums um ________ Menschen. Die relative Änderung in diesem Zeitschritt betrug ungefähr ________ %. Die kleinste relative Änderung ereignete sich vom Jahr ________ zum Jahr ________. Diese Änderung war eine Erhöhung um etwa ________ %. Die absolute Änderung in diesem Zeitschritt war eine Erhöhung des Wachstums um ________ Menschen.

c) Erläutere, warum der Zeitschritt mit der kleinsten absoluten Änderung nicht mit dem Zeitschritt der kleinsten relativen Änderung übereinstimmt.

1 a) Die Tabelle beschreibt einen Wachstumsvorgang. Die Werte in der Tabelle rechts sind auf zwei Dezimalen gerundet. Untersuche, ob lineares oder exponentielles Wachstum vorliegt. Begründe.

n	0	1	2	3	4	5
B(n)	10	13	16	19	22	25

Die Tabelle beschreibt ______

n	0	1	2	3	4	5
B(n)	2,00	2,40	2,88	3,46	4,15	4,98

Die Tabelle beschreibt ______

b) Bestimme B(20) für beide Wachstumsvorgänge durch eine explizite Rechnung.

d = ______

B(20) = ______

q = ______

B(20) = ______

2 Entscheide, ob es sich um ein lineares oder ein exponentielles Wachstum handelt. Notiere den Term für die explizite Berechnung des Wertes B(n) und gib an, welchen Zeitabschnitt n darstellt.

Beschreibung	Wachstum	B(n)
a) Ein Kapital von 2000 € wird zu 0,75 % für mehrere Jahre fest angelegt.		
b) Als Peter 10 Jahre alt wurde, erhielt er 10 € Taschengeld pro Monat. Jedes Jahr erhält er 2 € mehr.		
c) In Meereshöhe beträgt der Luftdruck rund 1013 hPa. Pro 1000 m Höhe nimmt er um rund 13 % ab.		
d) In einem Behälter befinden sich bereits 300 l Wasser. Pro Minute fließen 5 l ab.		

3 Die Bevölkerung eines Landes nimmt jährlich um 0,5 % ab. Zu Beginn der Zählung hat das Land 15 Millionen Einwohner. Wie viele Einwohner hat das Land zehn Jahre später?

______

4 Zu jeder grau unterlegten Situation gehören jeweils ein blaues und zwei graue Gleichungskärtchen. Verbinde zusammengehörige Karten. Die zugehörigen Buchstaben ergeben – richtig zusammengestellt – jeweils ein Lösungswort.

Fionas Auto ist 20 000 € wert. Der Wert des Autos sinkt jährlich um 5 %. (F)

Benni hat 20 000 € angespart. Von der Bank erhält er jährlich 0,8 % Zinsen. (E)

Die Fläche eines Waldgebiets von 20 000 m² sinkt jährlich um 0,5 %. (A)

$B(n) = 20000 + 0{,}95^n$ (E)

$B(n) = 20000 \cdot 1{,}008^n$ (H)

$B(n) = 20000 \cdot 1{,}005^n$ (N)

$B(n) = 20000 \cdot 0{,}95^n$ (W)

$B(n) = 20000 \cdot 0{,}995^n$ (P)

$B(n) = 20000 + n \cdot 1{,}05$ (A)

$B(n) = 20000 \cdot 0{,}05^n$ (I)

$B(1) = 19000$ (L)

$B(5) = 25562$ (R)

$B(3) \approx 19701$ (F)

$B(1) = 20160$ (L)

$B(10) \approx 19022$ (U)

$B(8) \approx 13268$ (O)

$B(5) = 15466$ (D)

$B(10) = 11957$ (S)

$B(5) \approx 20813$ (C)

Lösungswörter: ______

Wort aus den übrigen Buchstaben: ______

5 Ulrich bekommt bei seiner Anstellung ein Jahresgehalt von 32 000 €. Laut Arbeitsvertrag erhöht sich sein Gehalt zu Beginn jedes neuen Jahres automatisch um 2,5 % des Vorjahresgehalts.

a) Überprüfe rechnerisch, ob die folgenden Behauptungen wahr sind.

(1) Wenn Ulrich 29 Jahre lang bei demselben Unternehmen und mit demselben Arbeitsvertrag arbeitet, bekommt er zu Beginn des 30. Jahres ein Jahresgehalt, das mehr als doppelt so hoch ist wie sein erstes Jahresgehalt.

(2) Zu Beginn des 8. Jahres übersteigt Ulrichs Jahresgehalt die Marke von 40 000 €.

b) Fünf Jahre lang arbeitet Ulrich mit dem oben beschriebenen Arbeitsvertrag. Vom Beginn des sechsten Jahres erhöht sich sein Jahresgehalt wegen einer wirtschaftlichen Krise des Unternehmens zu Beginn jedes Jahres jedoch nur noch um 500 €. Prüfe, ob er unter diesen Voraussetzungen zu Beginn des 12. Arbeitsjahres ein Jahresgehalt von über 40 000 € bekommt.

6 Der Bienenbestand eines Imkers wächst exponentiell. Es ist $B(2) = 6000$. Bestimme $B(4)$, wenn gilt:

a) $B(1) = 5000$

b) $B(3) = 6750$

7 In einen Teich werden 40 Forellen eingesetzt.

a) Nimm an, dass die Anzahl der Forellen jedes Jahr um 10 Forellen (E) bzw. 20 Forellen (F) zunimmt. Notiere die Werte für E und F in der Wertetabelle. Es handelt sich in beiden Fällen um ______ Wachstum. Die expliziten Berechnungen für diese Wachstumsprozesse lauten: E: $B(n) =$ ______ ; F: $B(n) =$ ______

Stelle mithilfe der Wertetabelle den Fall F im Koordinatensystem grafisch dar.

Wertetabelle für die Teilaufgaben a) und b):

t	0	1	2	5	10	13
E						
F						
G						
H						

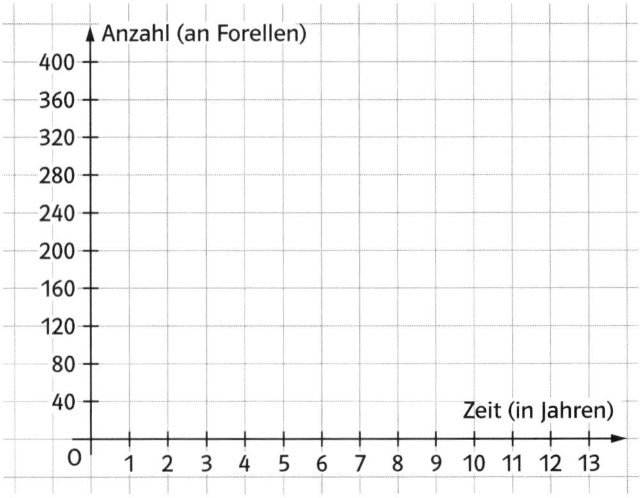

b) Nimm an, dass die Anzahl der Forellen jedes Jahr um 10 % (G) bzw. 20 % (H) zunimmt. Notiere die Werte für G und H in der Wertetabelle. Es handelt sich in beiden Fällen um ______ Wachstum.

Die expliziten Berechnungen für diese Wachstumsprozesse lauten:

G: $B(n) =$ ______ ; H: $B(n) =$ ______

Stelle mithilfe der Wertetabelle den Fall H im Koordinatensystem grafisch dar.

1 Eine Exponentialfunktion f hat die Form $f(x) = b^x$. Bestimme b.

a) $f(2) = 3$ b) $f(-1) = \sqrt{2}$ c) $f(0) = 1$

2 Beschrifte die Graphen mit den passenden Funktionsnamen.

$k(x) = \left(\frac{10}{9}\right)^x$

$j(x) = 2 \cdot 3^x$

$h(x) = 0{,}9^x$

$f(x) = 0{,}5^x$

$i(x) = 3 \cdot 4^x$

$g(x) = 3 \cdot 2^x$

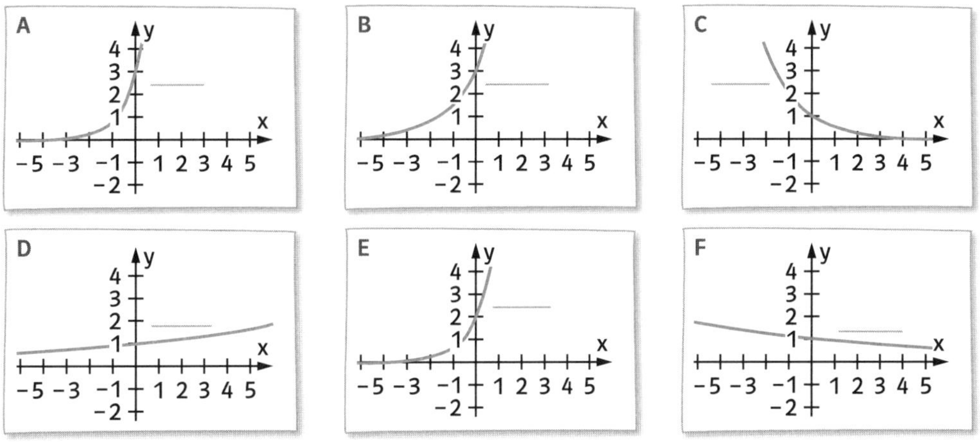

3 Ein junges, sehr erfolgreiches Internet-Unternehmen geht mit einem Preis von 50 € pro Aktie an die Börse.

a) In den ersten 5 Monaten nach dem Börsengang steigt der Wert der Aktie monatlich um 40 %. Die Exponentialfunktion, die die Entwicklung des Aktienwerts (x in Monaten; f(x) in €) beschreibt, lautet:

f(x) = ____________ . Skizziere den Graphen von f.

b) Lies am Graphen ab, nach welcher Zeit der Aktienwert 200 € erreicht. Dies ist etwa ____________ Monate nach Börsengang der Fall.

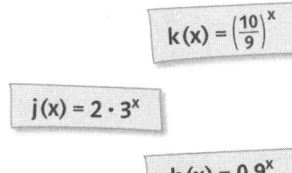

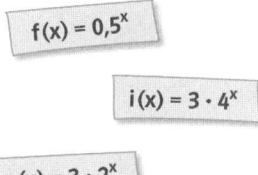

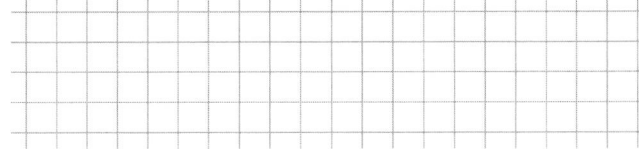

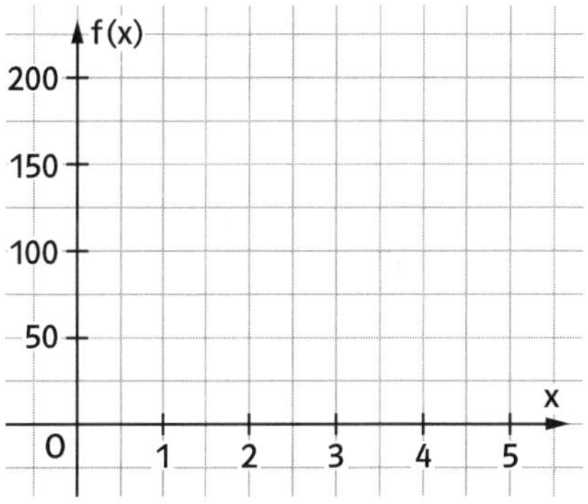

4 Eine radioaktive Substanz zerfällt so, dass ihre Masse alle 10 Tage halbiert wird.

a) Beschreibe den Zerfallsprozess mithilfe einer Exponentialfunktion $f(x) = a \cdot b^x$ (x in Tagen; f(x) in mg), wenn zu Beobachtungsbeginn 500 mg der Substanz vorhanden sind.

b) Bestimme, nach wie vielen Tagen noch knapp 98 mg der Substanz vorhanden sind.

5 Gegeben ist f mit $f(x) = 2^x$. Verbinde jeweils zwei zusammengehörende Kärtchen.

Der x-Wert wird um 4 vermindert.

Der Funktionswert wird „hoch 4" gesetzt.

Der x-Wert wird um 4 erhöht.

Der Funktionswert vervierfacht sich.

Der x-Wert wird vervierfacht.

Der Funktionswert erhöht sich auf das Sechzehnfache.

Der x-Wert wird um 2 erhöht.

Der Funktionswert vermindert sich auf ein Sechzehntel seines Wertes.

1 Schreibe als Logarithmus.

a) $3^4 = 81$ ________

b) $5^{-3} = \frac{1}{125}$ ________

c) $32^{0,2} = 2$ ________

d) $\left(\frac{1}{4}\right)^{-2} = 16$ ________

e) $(\sqrt{5})^{-4} = \frac{1}{25}$ ________

f) $a^1 = a$ ________

2 Schreibe als Potenzgleichung.

a) $\log_6(216) = 3$ ________

b) $\log_2(0{,}125) = -3$ ________

c) $\log_b(b^2) = 2$ ________

3 Verbinde zusammengehörige Kärtchen und fülle die Lücken.

- $\log_{\square}(32) = 5$
- $\log_{\square}(9) = 2$
- $\log_5(25) = \square$
- $\log_2(\square) = 3$
- $2^5 = 32$
- $2^{\square} = 16$
- $\square^2 = 9$
- $\square^2 = 16$
- $5^{\square} = 125$
- $4^{\square} = 64$
- $5^2 = \square$
- $2^3 = \square$
- $\log_5(\square) = \square$
- $\log_2(16) = \square$
- $\log_{\square}(64) = \square$
- $\log_4(16) = \square$

4 Berechne wie im Beispiel.

a) $\log_4(0{,}0625)$

$= \log_4\left(\frac{1}{16}\right) = \log_4\left(\frac{1}{4^2}\right)$

$= \log_4(4^{-2}) = -2$

b) $\log_2(512)$

= ________

= ________

c) $\log_7(7)$

= ________

= ________

d) $\log_{97}(1)$

= ________

= ________

e) $\log_6(36)$

= ________

= ________

f) $\log_3\left(\frac{1}{81}\right)$

= ________

= ________

g) $\log_{0,2}(625)$

$= \log_{\frac{1}{5}}(5^4)$

= ________

h) $\log_{0,5}(0{,}125)$

= ________

= ________

5 Bestimme die Lösung der Exponentialgleichung.

a) $4^x = 256$

$x = \log_4(256)$

$x = \log_4(4^{\square})$

$x =$ ________

b) $3^{2x+1} = \frac{1}{27}$

c) $10^x - 300 = -2 \cdot 10^x$

d) $8 - 8^x = -16 - 2 \cdot 8^x$

6 Berechne, wie oft man eine Zahl vervierfachen muss, um das 1024fache dieser Zahl zu erhalten.

7 Berechne näherungsweise mit dem GTR. Runde auf zwei Nachkommastellen.

a) $\log_5(50) =$ ________

b) $\log_7(0{,}7) =$ ________

c) $\log_{\frac{1}{2}}(3) =$ ________

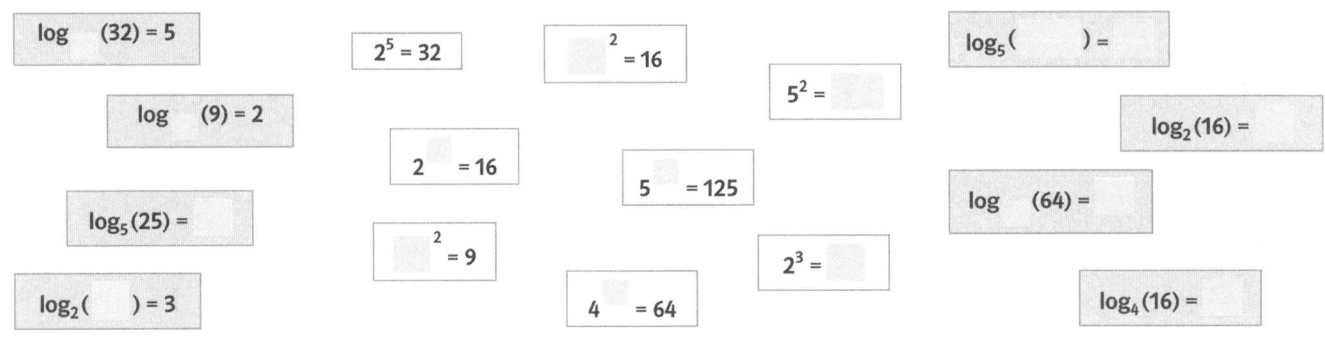

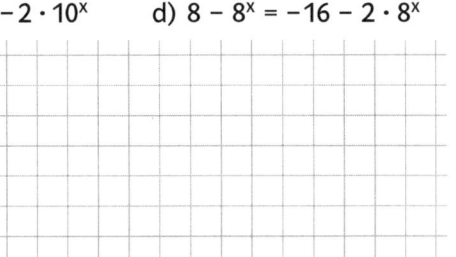

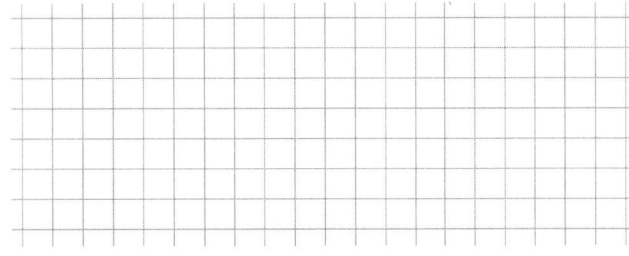

8 Berechne a beziehungsweise b.

a) $\log_{2,5}(a) = 2$ b) $\log_7(a) = 3$ c) $\log_b(0{,}04) = 2$ d) $\log_b(625) = 4$

9 Jeweils drei Karten gehören zusammen. Trage die zugehörigen Buchstabentripel in die Lösungszeile ein.

A | $3^x = 243$

B | $x = 3$

C | $x = \log_{243}(3)$

D | $x^5 = 243$

E | $x = -0{,}2$

F | $x = \frac{\log(243)}{\log\left(\frac{1}{3}\right)}$

G | $x = 0{,}2$

H | $x = \log_{\frac{1}{5}}(125)$

I | $x = 243^{0{,}2}$

J | $0{,}2^x = 125$

K | $\left(\frac{1}{243}\right)^x = 3$

L | $243^x = 3$

M | $x = \frac{\log(3)}{\log\left(\frac{1}{243}\right)}$

N | $x = \log_3(243)$

O | $x = 5$

P | $x = -5$

Q | $\left(\frac{1}{3}\right)^x = 243$

R | $x = -3$

Lösungen: A – N –

10 Zum 1. Januar überweist Jutta 3500 € auf ein neues Sparkonto. Sie erhält jährlich 1 % Zinsen auf das bis zum jeweiligen Jahresende angesparte Geld. Nach wie vielen Jahren kann Jutta sich von dem angesparten Geld eine Sofalandschaft für 3800 € leisten?

1. Aufstellen der zugehörigen Exponentialfunktion (t in Jahren; f(t) in €): $f(t) = 3500 \cdot$ ____

2. Aufstellen der zur Frage passenden Gleichung:

$3800 =$ ____

3. Lösen der in Schritt 2 aufgestellten Gleichung:

4. Antwort:

11 Eine 100° Celsius heiße Flüssigkeit wird in einen Kühlraum gestellt, der konstant bei 0° gehalten wird. Dabei verringert sich die Temperatur der Flüssigkeit um etwa 3 % pro Minute.

a) Berechne, wann die Flüssigkeit eine Temperatur von 64° erreicht hat.

b) Zeige, dass die Flüssigkeit nach dieser Modellierung niemals auf die Temperatur des Kühlraums (0° Celsius) absinken kann.

12 a) Wenn man $a^x = r$ und $a^y = s$ setzt, dann folgt:

$\log_a(a^x) = \log_a(r)$ und $\log_a(a^y) =$ ____

$\Leftrightarrow x = \log_a(r)$ $\Leftrightarrow$ ____

b) Nach den Potenzgesetzen gilt: $a^x \cdot a^y =$ ____.

c) Zeige mithilfe der Teilaufgaben a) und b), dass allgemein gilt: $\log_a(r \cdot s) = \log_a(r) + \log_a(s)$.

$\log_a(r \cdot s) = \log_a(a^x \cdot a^y) =$ ____

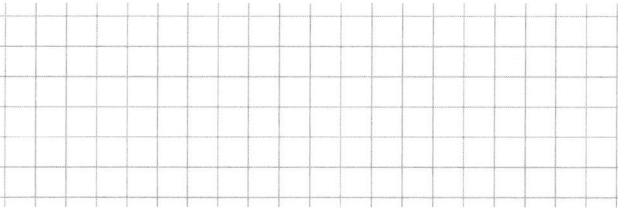

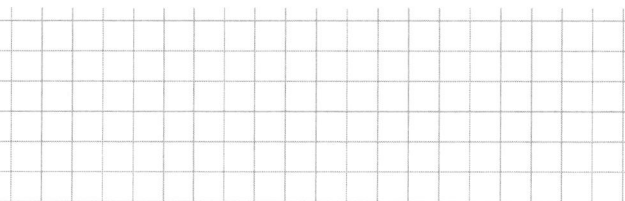

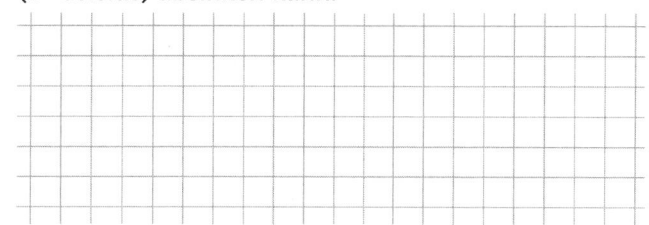

1 Die Tabelle gehört zu einem beschränkten Wachstum mit der Schranke S = 1000. Berechne den Proportionalitätsfaktor c und ergänze dann die Tabelle mithilfe der Wertetabelle deines GTR.

n	0	1	5	10	20	40
B(n)	200	300				

300 = 200 + c·(____ – ____) | – ____

____ | : ____

2 Für ein beschränktes Wachstum mit der Schranke S gilt B(n + 1) = 0,4 · B(n) + 24 und B(0) = 10.

a) Ergänze die Tabelle mithilfe deines GTR.

n	0	1	2	3	4	5
B(n)	10					

b) Bestimme die Werte B(10) und B(20) mithilfe des GTR. Schätze mit diesen Werten die Schranke S.

B(10) ≈ ____ B(20) ≈ ____

S = ____

3 Gib sowohl die rekursive als auch die explizite Formel für das beschränkte Wachstum an. Bestimme dafür zunächst notwendige Angaben wie den Proportionalitätsfaktor c oder die Schranke S. Die rekursive Formel kann dir dabei jeweils helfen.

a) B(0) = 20; B(1) = 69; S = 90

Berechnung des fehlenden c:

B(n + 1) = B(n) + c·(S – B(n))

B(1) = B(0) + c·(____ – B(0))

69 = ____

Rekursive Formel:

B(n + 1)

= ____

Explizite Formel:

B(n) = ____

= ____

b) B(0) = 4; B(1) = 10; c = 0,3

4 In einem Teich mit 200 Goldfischen erkranken plötzlich jede Woche 10 % der noch gesunden Fische an einer Infektion.

a) Gib sowohl die rekursive als auch die explizite Formel für das beschränkte Wachstum an, das die Anzahl der erkrankten Fische pro Woche darstellt.

b) Bestimme, wie viele Fische nach 9 Wochen erkrankt sind.

5 Eine Schokoladenfirma hat die Sorte Walnuss-Zimt auf den Markt gebracht. Eine beauftragte Werbefirma hat durch eine Umfrage ermittelt, dass 20 % aller etwa 82 Millionen Deutschen die Schokoladensorte kennen. Sie geht davon aus, dass in den ersten Wochen ihrer Werbekampagne wöchentlich 8 % aller Bundesbürger, die das Produkt bisher nicht kannten, das Produkt neu kennen lernen werden.

a) Bestimme, wie viele Bundesbürger die Schokoladensorte nach vier Wochen kennen.

B(0) = 20 % von 82 Mio. = ____ ; c = ____ ; S = ____

Explizite Formel: B(n) = ____

B(4) = ____

b) Bestimme, wie viele Bundesbürger die Schokoladensorte laut diesem Modell nach 90 Wochen kennen würden. ____

c) Erläutere, welche Modell-Annahme in der Aufgabenstellung zu einem derart unrealistischen Ergebnis wie in Teilaufgabe b) führt. ____

1 Entwickle eine geeignete (lineare oder exponentielle) Modellierung für die Datenreihe. Die Variable t gibt die Zeit (in h) und B(t) den von der Zeit abhängigen Bestand an.

t	0	1	2	3	4
B(t)	10	12,9	16,2	20,1	25,1

Differenzen der in gleichen Zeitabschnitten aufeinanderfolgenden Bestände:

12,9 − 10 = ____ ; ____ − ____ = ____ ;

____ − ____ = ____ ; ____ − ____ = ____

Quotienten der in gleichen Zeitabschnitten aufeinanderfolgenden Bestände:

12,9 : 10 = ____ ; ____ : ____ ≈ ____ ;

____ : ____ ≈ ____ ; ____ : ____ ≈ ____

Die Differenzen nehmen dem Betrag nach ____ ____, die Quotienten sind hingegen ____. Das ____ Modell ist folglich besser geeignet, diese Datenreihe zu beschreiben.

Aufstellen eines Funktionsterms unter Verwendung der Daten (0 | 10) und (____ | ____):

2 Die Tabelle zeigt die Bevölkerungsentwicklung eines Landes.

Jahr	2000	2002	2004	2006	2008	2010
Bevölkerung in Mio.	3,65	3,82	4,00	4,20	4,42	4,65

a) Bestimme mithilfe des ersten und des letzten Datenpunktes eine lineare und eine exponentielle Modellfunktion (x steht für die seit 2000 vergangenen Jahre, f(x) für die Bevölkerung in Mio.). Runde den Wachstumsfaktor b beim exponentiellen Modell auf vier Nachkommastellen.

Lineare Modellierung: $f(x) = mx + n$

Exponentielle Modellierung: $g(x) = a \cdot b^x$

b) Fülle für die beiden in Teilaufgabe a) gefundenen Modellfunktionen die Tabelle aus.

Anzahl an vergangenen Jahren seit 2000	0	2	4	6	8	10
Bevölkerung in Mio.	3,65	3,82	4,00	4,20	4,42	4,65
Lineares Modell: f(x) = ____						
Abweichung von den Originaldaten						
Exponentielles Modell: g(x) = ____						
Abweichung von den Originaldaten						

c) Entscheide anhand der Ergebnisse aus der Tabelle in Teilaufgabe b), ob eines der beiden Modelle besser geeignet ist, den Wachstumsvorgang zu beschreiben. Begründe deine Antwort.

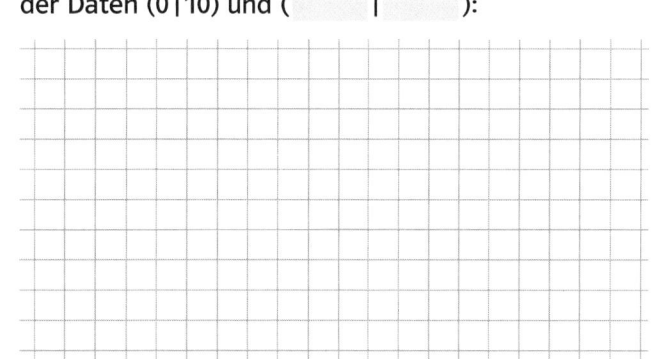

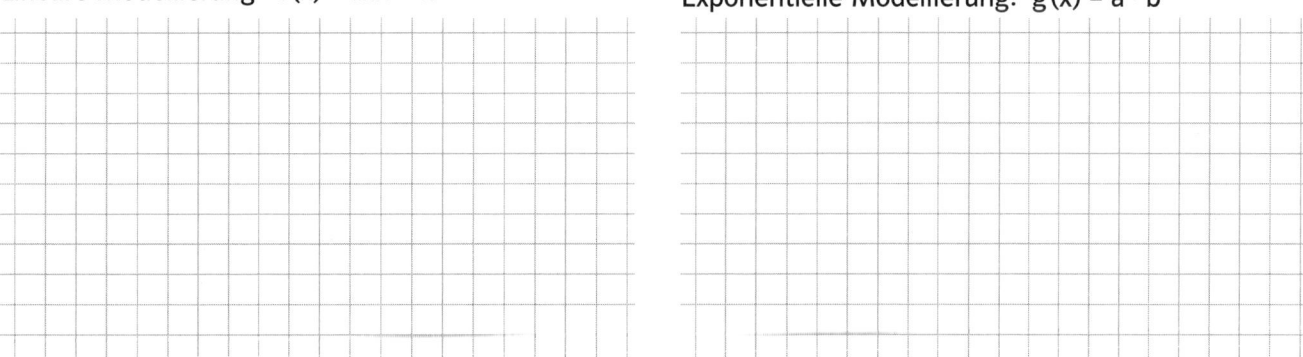

Training

1 Für einen Wachstumsvorgang gilt $B(6) = 240$. Jeweils zwei Kärtchen gehören zusammen.

Ordne die Kärtchen zu: A → ___ ; ___ → ___ ; ___ → ___ ; ___ → ___

A | $B(7) = 241{,}5$

B | $B(7) = 192$

C | $B(7) = 241{,}2$

D | $B(7) = 195$

1 | Absolute Änderung: −45

2 | Absolute Änderung: +1,5

3 | Relative Änderung: −20 %

4 | Relative Änderung: +0,5 %

2 a) Bestimme a und b so, dass der Graph einer Exponentialfunktion f mit $f(x) = a \cdot b^x$ durch die Punkte $P(0\,|\,0{,}5)$ und $Q(2\,|\,4{,}5)$ verläuft.

Punktprobe mit Punkt P ergibt:

0,5 = ___

Damit gilt: a = ___

Punktprobe mit Punkt Q ergibt:

4,5 = ___

Berechnung von b:

___

___

Damit gilt: f(x) = ___

b) Ergänze. Der Graph der Funktion f aus Teilaufgabe a) geht aus dem Graphen der Funktion g mit $g(x) = 3^x$ durch ___ ___ hervor.

c) Skizziere den Graphen von f.

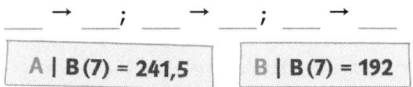

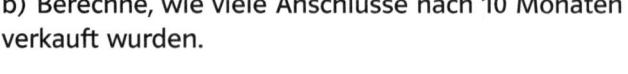

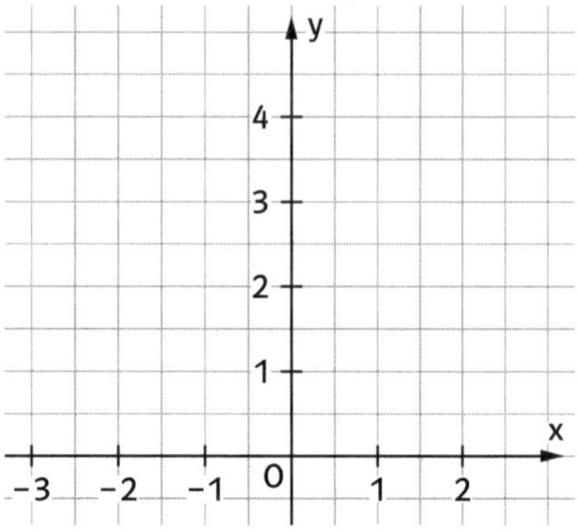

3 Entscheide, ob bei der Tabelle lineares oder exponentielles Wachstum vorliegt, und begründe deine Entscheidung. Ergänze den fehlenden Wert in der Tabelle. Gib dann jeweils die explizite Formel für B(t) an.

a)

t	0	1	2	3	4	5
B(t)	0,25	1	4	16	64	

☐ linear ☐ exponentiell

Begründung: ___

B(t) = ___

b)

t	0	1	2	3	4	5
B(t)	−3	2,5	8	13,5	19	

☐ linear ☐ exponentiell

Begründung: ___

B(t) = ___

4 Bestimme den Logarithmus ohne den Taschenrechner.

a) $\log_4\left(\frac{1}{16}\right) =$ ___

b) $\log_3\left(\frac{1}{\sqrt[4]{3}}\right) =$ ___

c) $\log_{\frac{1}{2}}(64) =$ ___

d) $\log_{\sqrt{5}}(25) =$ ___

5 Bestimme die Lösung der Exponentialgleichung.

$3^x + 24 = 3^{x+2}$

6 a) In einem Ort mit 18 000 Haushalten bietet eine Firma einen Hochgeschwindigkeits-Internetanschluss an. Insgesamt wird sich vermutlich die Hälfte aller Haushalte für den Anschluss entscheiden. Die Firma geht davon aus, dass jeden Monat 10 % der noch nicht versorgten Haushalte den Anschluss neu erwerben. Gib die explizite Formel und die rekursive Formel für dieses Wachstum an (n in Monaten).

b) Berechne, wie viele Anschlüsse nach 10 Monaten verkauft wurden.

___

c) Bestimme, nach wie vielen Monaten mindestens 90 % der erwarteten Anschlüsse verkauft wurden.

7 Die Tabelle gibt die Gesamtzahl der Accounts in Mio. an, die in einem Land bei den großen Anbietern sozialer Netzwerke aktiv genutzt werden.

Jahr	2012	2013	2014	2015	2016
Anzahl	45	50,5	56,7	63,8	72,5

a) Prüfe, ob man diesen Wachstumsvorgang im angegebenen Zeitraum eher exponentiell oder eher linear modellieren kann.

Für das Jahr 2012 setzt man $x =$ ______ .

Differenzen der in gleichen Zeitabschnitten aufeinanderfolgenden Bestände:

50,5 − 45 = ______ ; ______ − ______ = ______ ;

______ − ______ = ______ ; ______ − ______ = ______

Quotienten der in gleichen Zeitabschnitten aufeinanderfolgenden Bestände:

50,5 : 45 ≈ ______ ; ______ : ______ ≈ ______ ;

______ : ______ ≈ ______ ; ______ : ______ ≈ ______

Das ______________ Modell ist besser geeignet.

b) Modelliere die Entwicklung der Accounts mithilfe des in a) gefundenen besser geeigneten Modells.

8 Löse die Exponentialgleichung. Runde das Ergebnis gegebenenfalls auf drei Dezimalstellen.

a) $2{,}5 \cdot 6^x = 5 \cdot 2^x$

b) $7^x = 7^0 - 2$

c) $5^{x+1} \cdot \left(\frac{1}{5}\right)^{-2x} = 9$

9 Die Funktion f mit $f(x) = 2 \cdot 1{,}2^x$ beschreibt die flächenmäßige Ausbreitung eines Waldbrandes in einem Waldgebiet bis zur fünften Stunde nach Beginn der Messung (x in Stunden; f(x) in km^2).

a) Das Brandgebiet wächst um ______ % pro Stunde und bedeckte zu Beginn der Messung eine Fläche von ______ km^2.

b) Zwei Stunden nach Beginn der Messung war das Brandgebiet ______ km^2 groß.

c) Fünf Stunden nach Messbeginn werden die Löscharbeiten aufgenommen. Zu diesem Zeitpunkt ist das Brandgebiet ______ km^2 groß.

10 Ein Fußball fällt aus 2 m Höhe auf den Boden. Nach dem ersten Aufprall erreicht er eine Höhe von 145 cm. Nimm eine exponentielle Abnahme an.

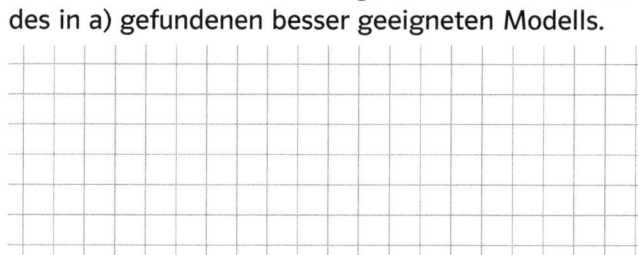

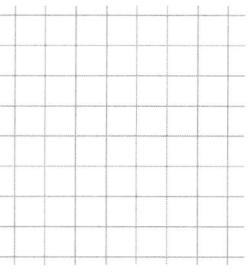

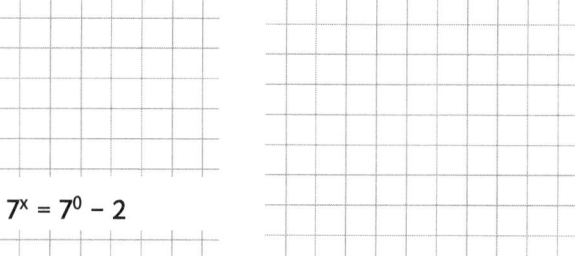

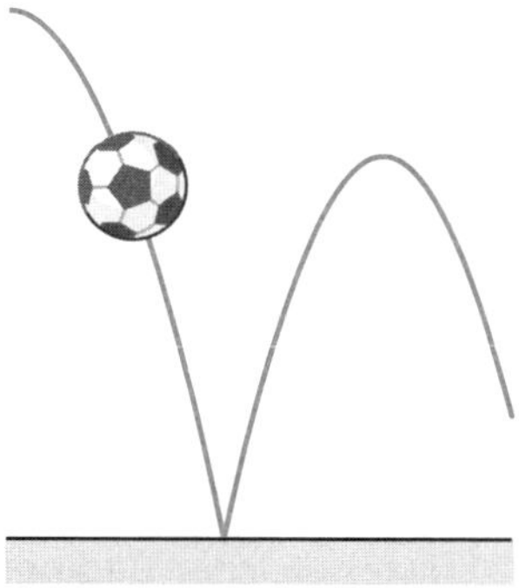

a) Bestimme eine Funktion f mit $f(x) = a \cdot b^x$, die die Ballhöhe in Abhängigkeit von der Anzahl der Aufpralle beschreibt.

b) Nach wie vielen Aufprallen erreicht der Ball die Höhe von 1 m nicht mehr?

c) Bestimme die Ballhöhe, die bei dieser Modellierung nach dem 50. Aufprall erreicht würde.

d) Ist das Ergebnis aus Teilaufgabe c) realistisch? Begründe.

e) Welches Problem funktionaler Modellierungen zeigt das Ergebnis von Teilaufgabe d) allgemein?

Periodische Vorgänge

1 Ist die Funktion periodisch? Begründe deine Antwort.

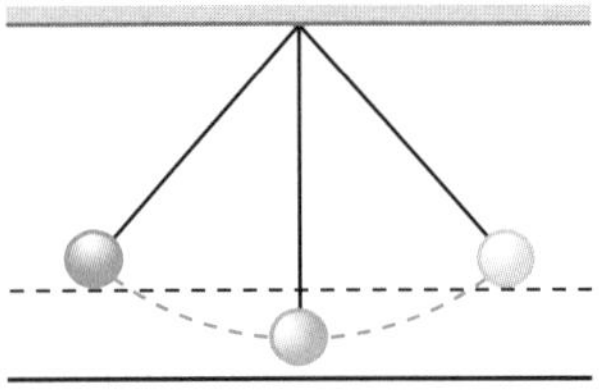

Funktion:
Zeit → Höhe des Pendelkörpers über dem Erdboden

2 Gib die Periodenlänge der zum Graphen gehörenden Funktion an.

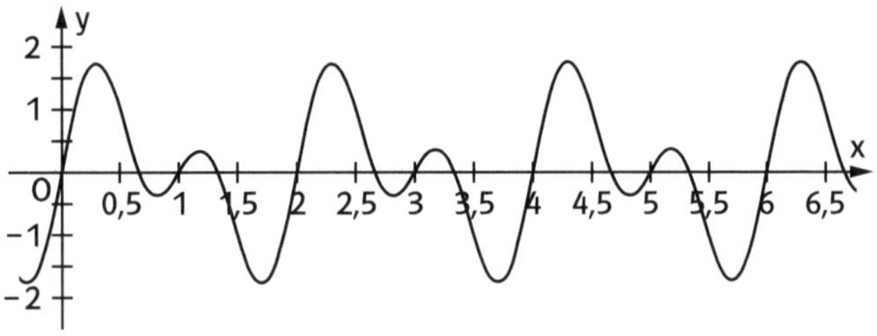

3 Ein Punkt bewegt sich mit konstanter Geschwindigkeit im Uhrzeigersinn um das gleichseitige Dreieck. Zum Zeitpunkt $t = 0$ befindet er sich in der Ecke links unten, nach drei Sekunden ist er erstmals wieder dort.

a) Zeichne den Graphen der Funktion f: *Zeit t in Sekunden → Abstand des Punktes von der unteren Dreiecksseite.* Wähle auf der t-Achse zwei Kästchen für eine Sekunde.

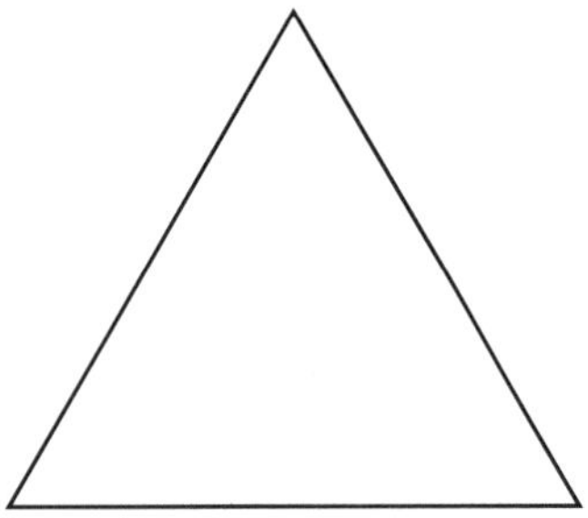

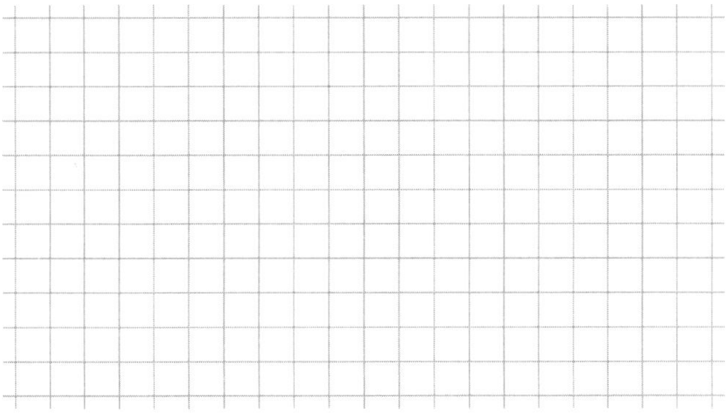

b) Gib die Periodenlänge der Funktion f an:

c) Wie verändert sich der Graph, wenn sich die Umlaufgeschwindigkeit des Punktes halbiert?

d) Gib an, wie sich der Graph der Funktion f ändert, wenn der Punkt bei sonst identischen Bedingungen gegen den Uhrzeigersinn um das Dreieck läuft. Zeichne den Graphen oben in das Koordinatensystem ein.

4 Das Bild zeigt ein Riesenrad mit mehreren Gondeln A, B, …, H. Das Rad hat einen Radius von 10 m. Es dreht sich links herum und benötigt für eine volle Umdrehung 4 Minuten.

a) Unter welcher Bedingung ist die Funktion *Zeit → Höhe des Punkts A* periodisch? Gib die Periodenlänge an.

b) Zeichne den Graphen für die Funktion *Zeit → Höhe des Punkts A* in das Koordinatensystem. Die Gerade durch die Punkte G und C entspricht der t-Achse.

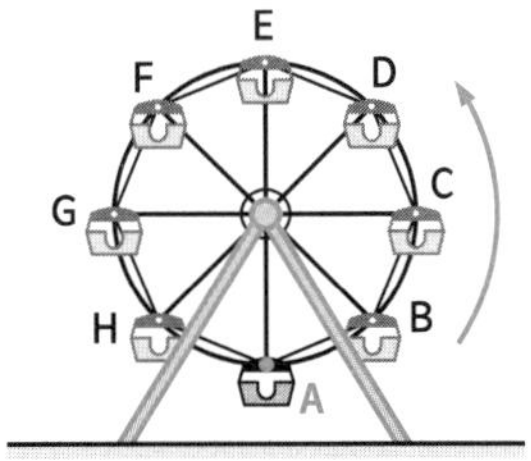

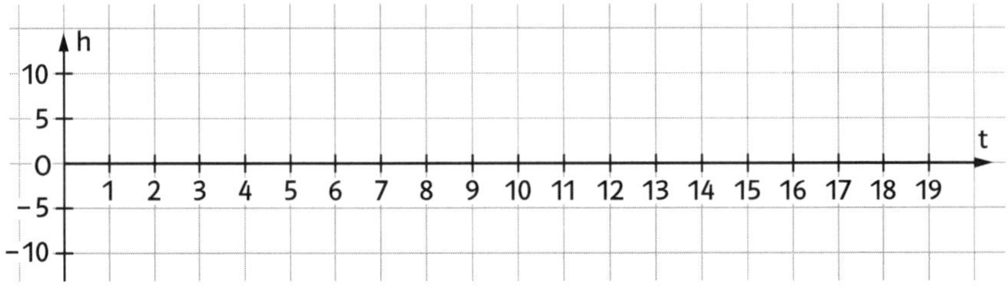

1 Fülle die Tabelle wie im Beispiel ohne die Hilfe des Taschenrechners aus.

Gradmaß α	10°		−240°		54°
Bogenmaß x	$\frac{10°}{180°} \cdot \pi = \frac{\pi}{18}$	$\frac{\pi}{4}$		$-\frac{7\pi}{2}$	

2 Fülle die Tabelle aus. Runde auf eine Nachkommastelle.

Gradmaß α	38°			−168°		311°	−820°	
Bogenmaß x		−2,9	$\frac{\pi}{7}$		$-\frac{3\pi}{8}$			15,8

3 Bestimme zeichnerisch Näherungswerte.

a) sin (120°) ≈ ______

b) cos (−150°) ≈ ______

c) cos (290°) ≈ ______

d) sin (−40°) ≈ ______

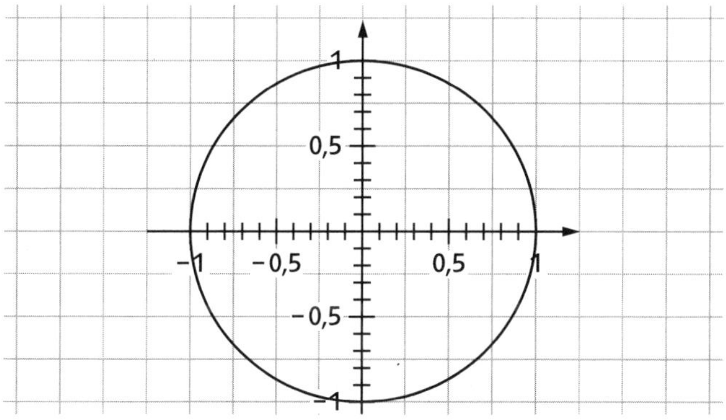

4 Ergänze die Tabelle.

	Bogenmaß x des Winkels α	sin (α) (sin (x))	cos (α) (cos (x))
0° < α < 90°	$0 < x < \frac{\pi}{2}$	> 0	> 0
90° < α < 180°			
180° < α < 270°			
270° < α < 360°			

5 Fülle die Lücken wie im Beispiel. Am Ende muss jeweils ein Winkel zwischen 0° und 90° stehen.

sin (390°) = sin (30° + 1 · 360°) = sin (30°)

cos (780°) = cos (______ + ______ · 360°) = cos (______)

sin (−698°) = sin (______ − ______ · 360°) = sin (______)

6 Kreuze an, welche Aussagen auf die Sinusfunktion zutreffen und welche auf die Kosinusfunktion.

Aussage	Sinusfunktion	Kosinusfunktion
a) Die Funktion nimmt ihren kleinsten Wert bei $x = \frac{3\pi}{2}$ an.	☐	☐
b) Die Funktion nimmt keine Werte kleiner als −1 an.	☐	☐
c) Für $-\frac{\pi}{2} < x < \frac{\pi}{2}$ sind die Funktionswerte positiv.	☐	☐
d) Alle Funktionswerte wiederholen sich nach 720°.	☐	☐
e) Der Graph der Funktion schneidet die x-Achse bei $x = -\frac{5\pi}{2}$.	☐	☐
f) Für −360° < α < −180° sind die Funktionswerte positiv.	☐	☐

7 Bestimme auf drei Nachkommastellen genau.

a) sin (288°) ≈ ______

b) cos (4,1) ≈ ______

c) sin (18) ≈ ______

d) sin (18°) ≈ ______

e) cos (−6) ≈ ______

f) sin (100°) ≈ ______

8 Entscheide ohne Taschenrechner, ob das Ergebnis positiv oder negativ ist. Kreuze an.

	cos (3)	sin (−1)	sin (13)	cos (−4)	sin (2,9)
positiv					
negativ					

9 Für welche Werte im Bereich von $0 \leq x \leq 2\pi$ gilt $\cos(x) = 0{,}8$? [T1]

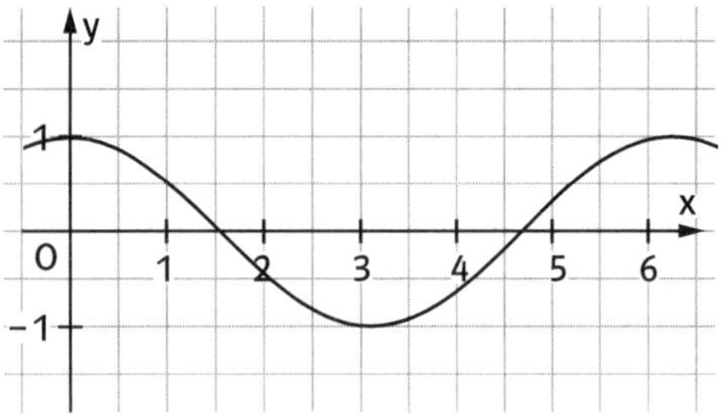

10 Ermittle zeichnerisch und rechnerisch alle Winkel mit $0 \leq \alpha \leq 360°$, für die gilt [T2]:

a) $\sin(\alpha) = 0{,}9$

b) $\cos(\alpha) = -0{,}4$

c) $\sin(\alpha) = \frac{3}{4}$

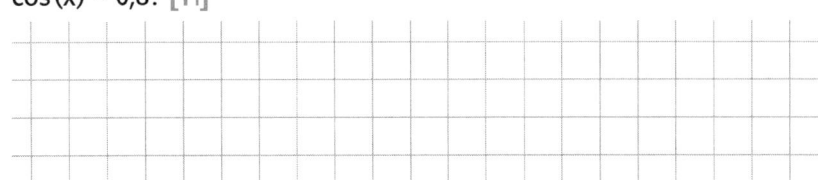

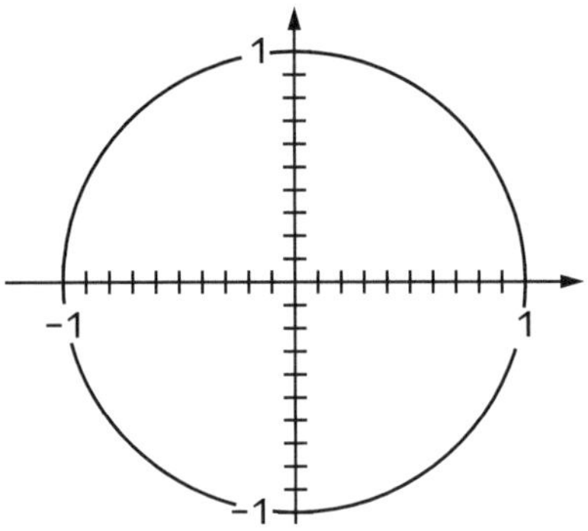

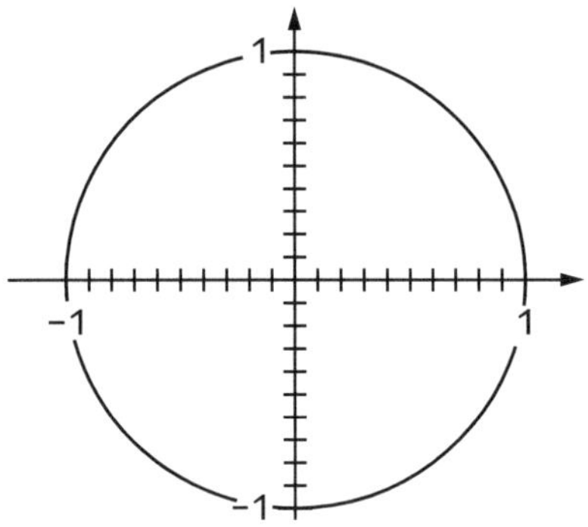

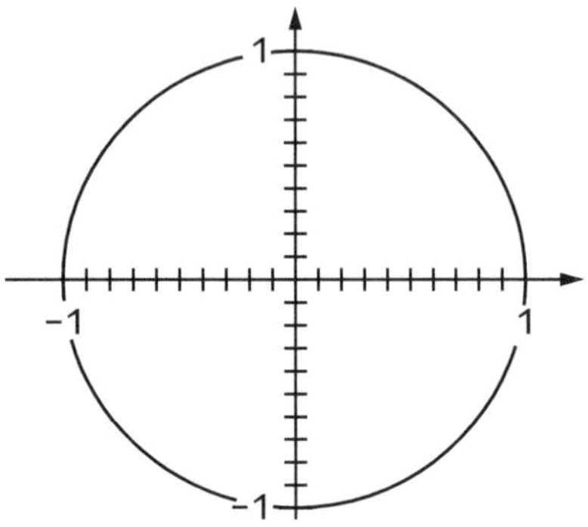

$\sin^{-1}(0{,}9) \approx$ ______ $= \alpha_1$ (TR)

Auch der Winkel α_2 mit

$\alpha_2 =$ ______ − ______ = ______

hat diesen Sinuswert.

11 Jeweils drei Puzzleteile passen zusammen. Die Lösungstripel der zugehörigen Zahlen lauten:

(21|34|) ______ ______ ______

- 21 | $\alpha = 270°$
- 22 | $\alpha = 120°$
- 23 | $\alpha = 495°$
- 24 | $\alpha = 450°$
- 31 | $x = \frac{2\pi}{3}$
- 32 | $x = \frac{5\pi}{2}$
- 33 | $x = \frac{11\pi}{4}$
- 34 | $x = \frac{3\pi}{2}$
- 41 | $\sin(x) = \frac{1}{2}\sqrt{2}$
- 42 | $\cos(x) = 0$
- 43 | $\cos(x) = -\frac{1}{2}$
- 44 | $\sin(x) = 1$

12 Entscheide mithilfe der Tabelle, ob die Punkte auf dem Graphen der Sinus- oder der Kosinusfunktion (oder auf beiden) liegen.

$A\left(\frac{9}{2}\pi \mid 1\right)$; $B\left(\frac{9}{4}\pi \mid \frac{1}{2}\sqrt{2}\right)$; $C\left(\frac{11}{4}\pi \mid -\frac{1}{2}\sqrt{2}\right)$; $D\left(\frac{5}{3}\pi \mid \frac{1}{2}\right)$; $E\left(\frac{5}{6}\pi \mid -\frac{1}{2}\sqrt{3}\right)$

Die Punkte ______ liegen auf dem Graphen der Sinusfunktion, die Punkte ______ auf dem Graphen der Kosinusfunktion.

	0	$\frac{\pi}{6}$	$\frac{\pi}{4}$	$\frac{\pi}{3}$	$\frac{\pi}{2}$
sin	0	$\frac{1}{2}$	$\frac{\sqrt{2}}{2}$	$\frac{\sqrt{3}}{2}$	1
cos	1	$\frac{\sqrt{3}}{2}$	$\frac{\sqrt{2}}{2}$	$\frac{1}{2}$	0

[T1] Bestimme zunächst mit dem TR das Bogenmaß x mit $0 < x < \frac{\pi}{2}$, für das $\cos(x) = 0{,}8$ gilt. Der Graph hilft dir, den zweiten Wert zu finden.

[T2] Bestimme zunächst am Einheitskreis zeichnerisch Näherungswerte der zugehörigen Winkel. Verwende danach den TR für noch genauere Werte.

1 Gib die Amplitude |a| und die Periode p der Funktion f an.

a) $f(x) = \sin\left(\frac{x}{2}\right)$
|a| = ______ ; p = ______

b) $f(x) = 3 \cdot \sin(\pi x)$
|a| = ______ ; p = ______

c) $f(x) = 0{,}2 \cdot \sin\left(\frac{3}{4}\pi x\right)$
|a| = ______ ; p = ______

2 Gib zu jedem Graphen eine Funktionsgleichung der Form $f(x) = a \cdot \sin(b \cdot x)$ an.

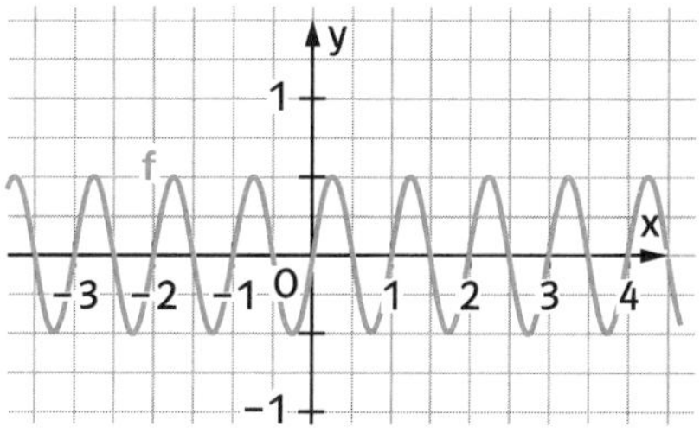

______

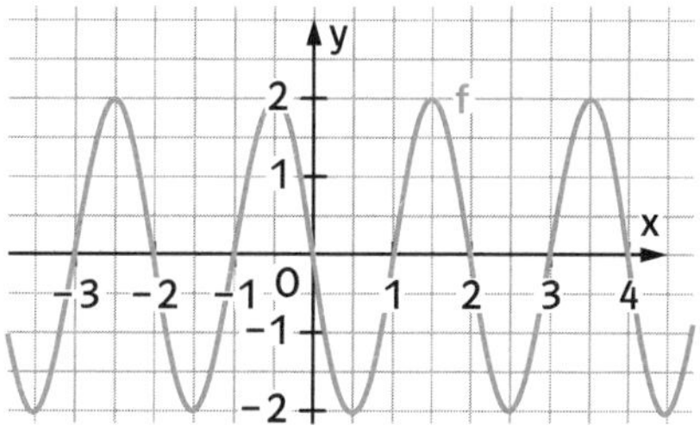

______

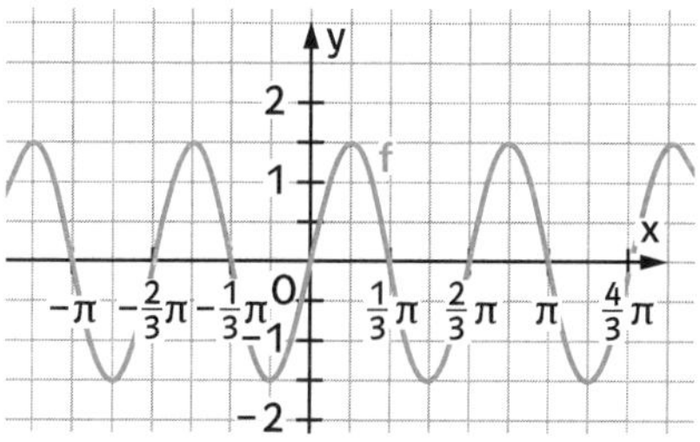

______

3 Abgebildet ist der Graph der Funktion f mit $f(x) = a \cdot \sin(b \cdot x) + d$. Bestimme die Parameter a, b und d. Gib anschließend die Funktionsgleichung an.

a = ______ ; b = ______ ; d = ______ ; f(x) = ______

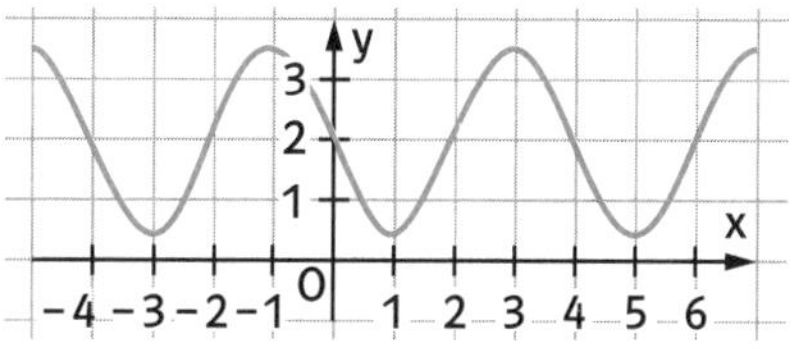

4 Gegeben ist die Funktion f mit
$f(x) = -2{,}5 \cdot \sin\left(\frac{2\pi}{3}x - \pi\right)$

a) Bringe die Funktionsgleichung in die Form $f(x) = a \cdot \sin(b \cdot (x - c))$.

f(x) = ______

b) Amplitude |a| = ______ ; Periode p = ______ ;
Verschiebung um ______ in x-Richtung

c) Skizziere den Graphen von f für $-3 \le x \le 6$.

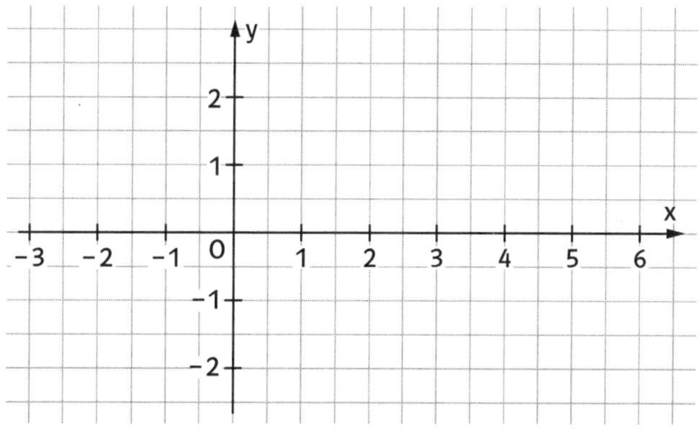

5 Skizziere zunächst den Graphen der Funktion f mit $f(x) = \sin(x)$, dann den Graphen von g und schließlich den Graphen von s.
g: Streckung des Graphen von f in x-Richtung mit dem Faktor 2.
s: Verschiebung des Graphen von g um π Einheiten nach rechts

s(x) = ______

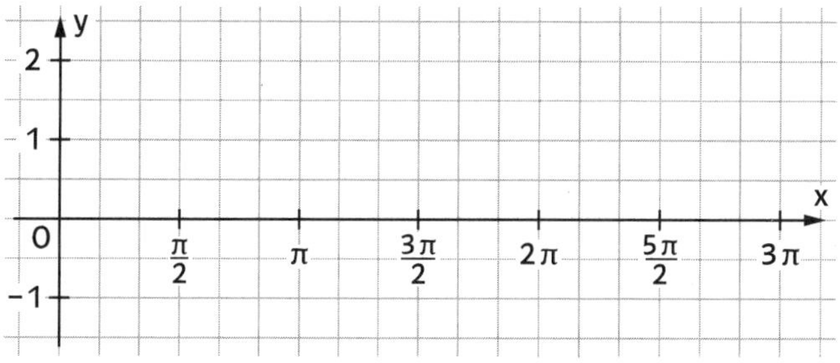

6 a) Bringe den Funktionsterm der Funktion f mit $f(x) = \frac{3}{2} \cdot \sin\left(\frac{1}{2}x - \frac{3}{2}\right) - \frac{3}{2}$ in die Form $a \cdot \sin(b \cdot (x - c)) + d$.

$f(x) = \frac{3}{2} \cdot \sin\left(\frac{1}{2}x - \frac{3}{2}\right) - \frac{3}{2}$

= ______

b) Beschreibe, durch welche Streckungen und Verschiebungen der Graph von f aus dem Graphen der Funktion g mit $g(x) = \sin(x)$ entsteht.

1. Strecken mit dem Faktor 1,5 in y-Richtung
2. ______
3. ______
4. ______

1 Das Diagramm zeigt, wie weit ein schwingendes Pendel von der Ruhelage abweicht (t in s; y in cm). Aus dem Diagramm und der Wertetabelle lassen sich die Parameter für eine Modellierung mit $f(t) = a \cdot \sin(b \cdot t) + d$ näherungsweise bestimmen.

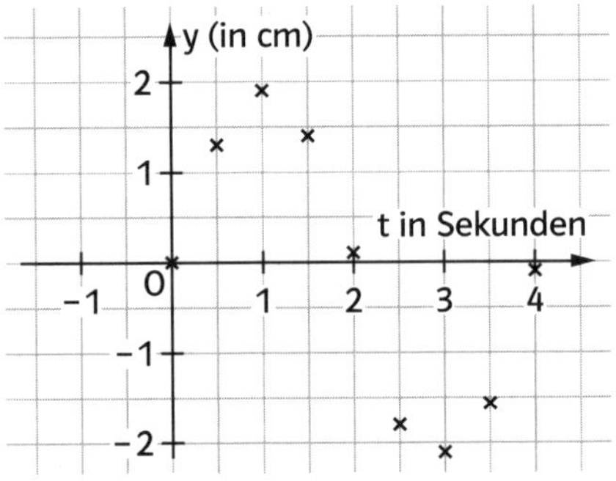

t	y
0	0
0,5	1,3
1	1,9
1,5	1,4
2	0,1
2,5	−1,8
3	−2,1

Die Amplitude beträgt $|a| \approx$ ____, die Verschiebung in y-Richtung ist $d \approx$ ____, und die Periodenlänge ist $p \approx$ ____, also $b = \frac{2\pi}{p} \approx$ ____.

Der Funktionsterm lautet also:

____________________.

2 Ein Marsmobil misst rund um die Uhr die Temperatur auf dem Mars und ermittelt daraus den täglichen Mittelwert. Die Tabelle zeigt die mittleren Temperaturen an jedem 100. Marstag. Diese Datenreihe soll durch eine Funktion f mit $f(x) = a \cdot \sin(b \cdot (x - c)) + d$ modelliert werden (x in Marstagen; f(x) in °C).

Anzahl an Marstagen	0	100	200	300	400	500	600	700	800	900	1000	1100	1200	1300	1400
Temperatur (in °C)	−78	−61	−40	−17	−8	−28	−63	−82	−65	−39	−19	−12	−35	−60	−80

a) Mittelwert der Maxima: ____________________

Mittelwert der Minima: ____________________

Zeitintervall zwischen den Extremstellen: ____________

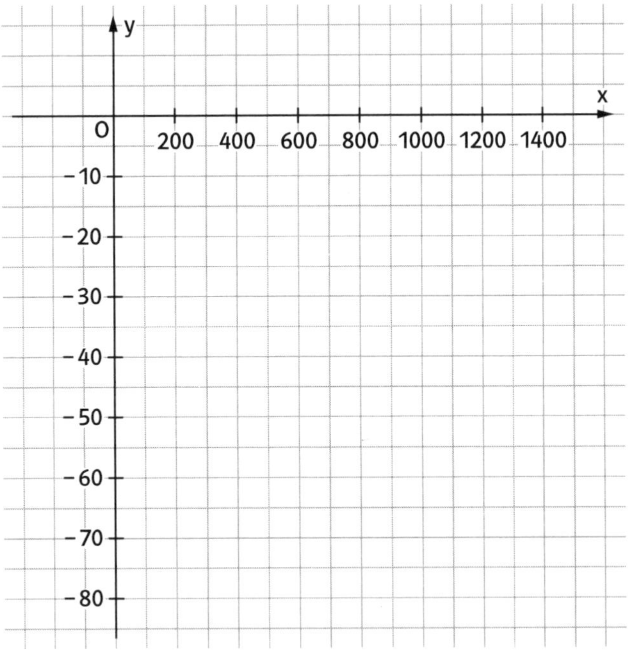

b) Skizziere den (modellierten) Graphen von f mithilfe der in Teilaufgabe a) gefundenen Werte in das Koordinatensystem.

c) Bestimme die Parameter a, d und b.

a = ____________________;

d = ____________________

Periode p = ____________.

Damit gilt: b = ____________________.

d) Stelle die Parameter a und d sowie die Periode p grafisch dar.

e) Bestimme den Parameter c mithilfe der ersten Maximalstelle x_{max} des Graphen: c = ____________________

f) Die modellierte Funktionsgleichung lautet: f(x) = ____________________.

g) Ein Marsjahr hat etwa ____________ Marstage und hat somit fast ____________ so viele Tage wie ein Erdjahr.

h) Berechne für die in Teilaufgabe f) modellierte Funktion f die Funktionswerte f(200), f(600), f(900) und f(1200) mit dem Taschenrechner. Trage sowohl diese Taschenrechnerwerte als auch die entsprechenden Temperaturwerte aus der Datenreihe ein. Beurteile damit die Genauigkeit der Modellierung.

Taschenrechnerwerte (in °C)	f(200) ≈			
Datenreihenwerte (in °C)				

____

____

○ **1** Ist die Funktion *Zeit (in Kalendermonaten) → Anzahl an Schulferientagen in Niedersachsen* periodisch? Begründe.

____

____

____

____

____

○ **2** Untersuche, ob die Funktionen f und g in dem hier abgebildeten Ausschnitt periodisch sind, und gib gegebenenfalls die Periode an.

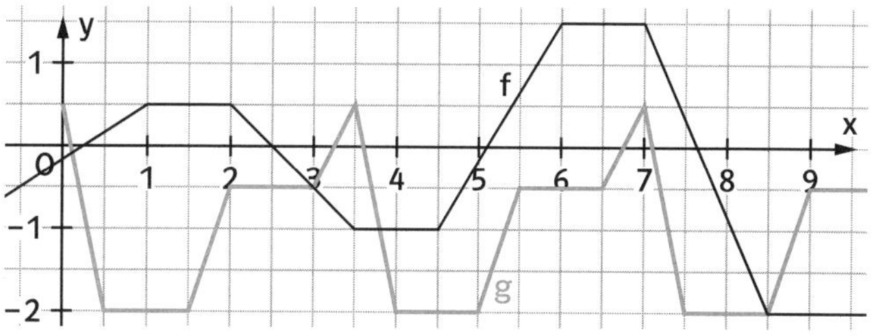

Funktion f: ______________________________

Funktion g: ______________________________

○ **3** a) Bestimme die Sinuswerte zeichnerisch mithilfe des Einheitskreises so genau wie möglich.

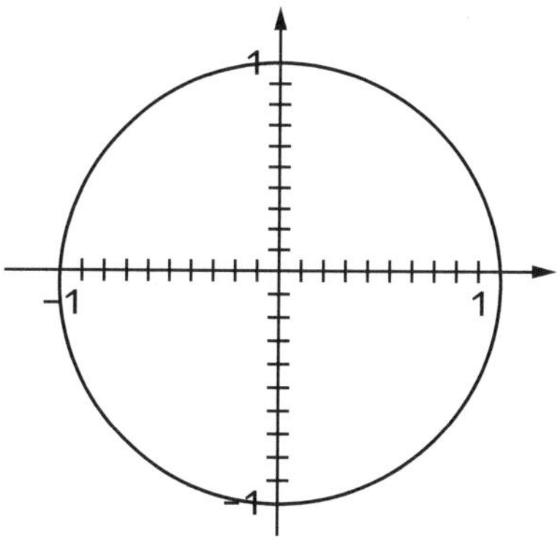

sin (140°) ≈ ________ sin (20°) ≈ ________

sin (290°) ≈ ________ sin (220°) ≈ ________

b) Gib mithilfe des TR die Kosinuswerte auf zwei Nachkommastellen gerundet an.

cos (140°) ≈ ________ cos (20) ≈ ________

cos (290°) ≈ ________ cos (40) ≈ ________

○ **4** a) Bestimme das Bogenmaß x für den Winkel α und berechne anschließend jeweils sin (x).

$\alpha = 54°$; x = ________ ; sin (x) ≈ ________ $\alpha = 216°$; x = ________ ; sin (x) ≈ ________

b) Bestimme den Winkel α für das Bogenmaß x und berechne anschließend jeweils cos (α).

$x = \frac{\pi}{5}$; α = ________ ; cos (α) ≈ ________ $x = 1{,}9$; α = ________ ; cos (α) ≈ ________

◒ **5** a) Schreibe den Funktionsnamen an den zugehörigen Graphen.

$f(x) = \cos\left(x - \frac{\pi}{2}\right)$ $g(x) = \sin(x + \pi)$

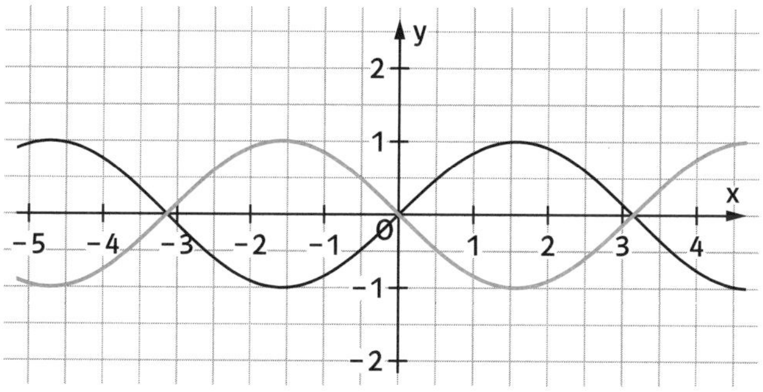

b) Trage anhand der Graphen die fehlenden Parameter in die Lücken ein.

h (x) = ____ · cos(____ · x); k (x) = ____ · sin (x) + ____

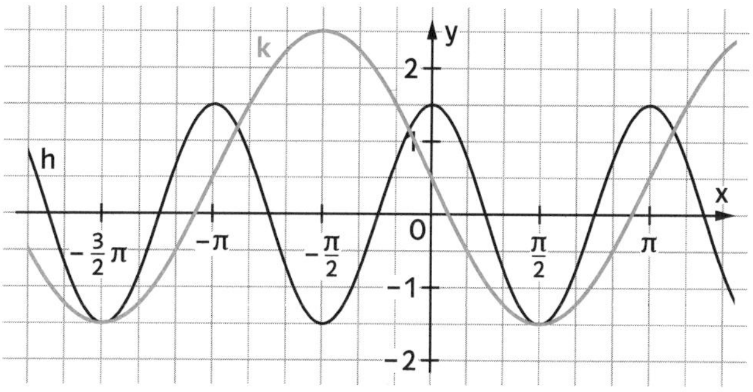

◒ **6** a) Fülle die Lücken.

sin (2 · 30°) = sin (60°) = ________

2 · sin (30°) = 2 · ________ = ________

b) Fülle die Lücke. Beachte die Lösung von Teilaufgabe a).
„Wenn man den Sinuswert vom Doppelten eines Winkels α bestimmt, so erhält man im Allgemeinen nicht ______________________________."

7 Alle vier in den Einheitskreis eingezeichneten rechtwinkligen Dreiecke haben den Winkel α.

a) Punkt A hat die Koordinaten $(u \mid v)$. Ergänze in der Grafik die Koordinaten der Punkte B, C und D.

b) Fülle die Lücken mit 180° oder 360°.

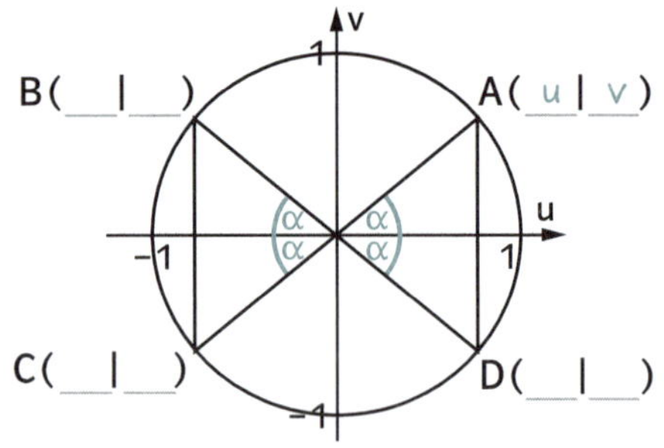

$\sin(180^\circ - \alpha) = \sin(\alpha)$;	$\cos(\_\_\_\_ - \alpha) = \cos(\alpha)$
$\sin(\_\_\_\_ + \alpha) = -\sin(\alpha)$;	$\cos(\_\_\_\_ + \alpha) = -\cos(\alpha)$
$\sin(\_\_\_\_ - \alpha) = -\sin(\alpha)$;	$\cos(\_\_\_\_ - \alpha) = -\cos(\alpha)$

8 a) Schreibe den Funktionsnamen an den zugehörigen Graphen.

$f(x) = 2\cos\left(\pi\left(x - \frac{1}{2}\right)\right) + 2$; $\quad g(x) = 2\sin(2x) + 2$

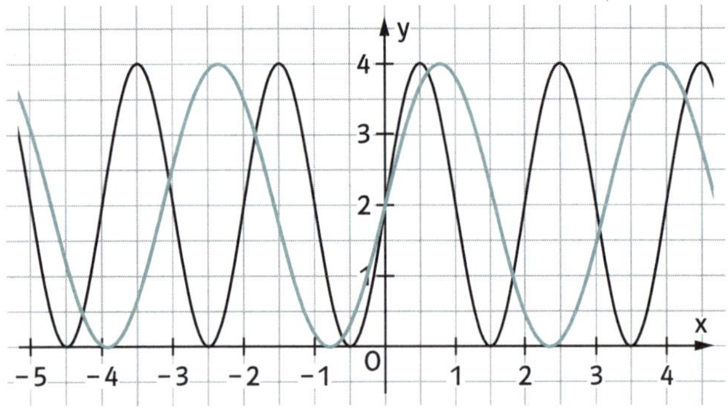

b) Skizziere den Graphen der Funktion h in das Koordinatensystem.

$h(x) = \frac{3}{2}\sin\left(x - \frac{3}{2}\pi\right) - 1$

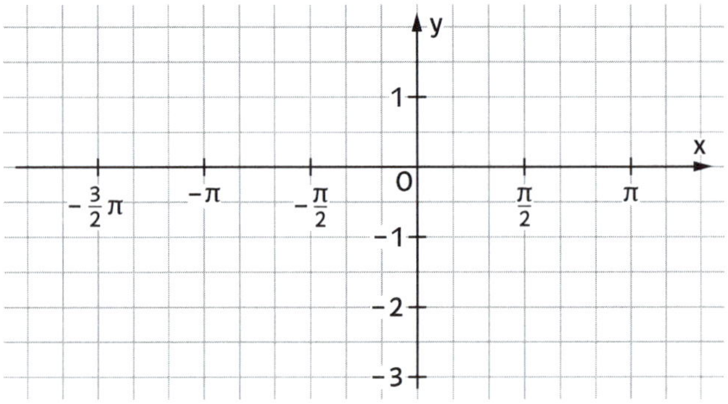

9 Bestimme ohne TR alle reellen Zahlen x mit $-3\pi \leqq x \leqq 3\pi$, für die gilt:

a) $\sin(x) = 1$ __________

b) $\cos(x) = 0$ __________

c) $\sin(x) = 0$ __________

d) $\cos(x) = -1$ __________

10 An der Kaimauer eines Seehafens ist ein Wasserstandsmesser befestigt, an dem man die Höhe des Wasserpegels über Grund ablesen kann. Im Laufe eines Tages werden folgende Wasserstände abgelesen:

Hochwasser:

03:15 Uhr	15:51 Uhr
5,15 m	4,85 m

Niedrigwasser:

09:45 Uhr	21:57 Uhr
3,60 m	3,40 m

Modelliere diesen Vorgang mit einer Funktion $f(t) = a \cdot \sin(b \cdot t) + d$, wobei t die seit 00:00 Uhr dieses Tages vergangene Zeit (in h) und f(t) die Wasserhöhe über Grund (in m) darstellt. [T1]

[T1] Die Uhrzeiten müssen in Stunden(anteile) umgewandelt werden, die seit 00:00 Uhr dieses Tages vergangen sind. Außerdem muss zur Bestimmung der Periode zunächst der Mittelwert der Abstände zwischen den beiden Hochwasser- und den beiden Niedrigwasserzeitpunkten bestimmt werden.